石墨烯的
制备、结构及应用研究

杨 杰 李环亭 江兆潭 著

吉林科学技术出版社

图书在版编目（CIP）数据

石墨烯的制备、结构及应用研究 / 杨杰，李环亭，江兆潭著. -- 长春 : 吉林科学技术出版社，2022.4
ISBN 978-7-5578-9188-6

Ⅰ. ①石… Ⅱ. ①杨… ②李… ③江… Ⅲ. ①石墨－纳米材料－制备－研究 Ⅳ. ①TB383

中国版本图书馆 CIP 数据核字 (2022) 第 072859 号

石墨烯的制备、结构及应用研究

著　　杨　杰　李环亭　江兆潭
出 版 人　宛　霞
责任编辑　王明玲
封面设计　李　宝
制　　版　宝莲洪图
幅面尺寸　185mm × 260mm
开　　本　16
字　　数　260 千字
印　　张　11.625
印　　数　1-1500 册
版　　次　2022年4月第1版
印　　次　2022年4月第1次印刷

出　　版　吉林科学技术出版社
发　　行　吉林科学技术出版社
地　　址　长春市南关区福祉大路5788号出版大厦A座
邮　　编　130118
发行部电话/传真　0431-81629529　81629530　81629531
81629532　81629533　81629534
储运部电话　0431-86059116
编辑部电话　0431-81629510
印　　刷　廊坊市印艺阁数字科技有限公司

书　　号　ISBN 978-7-5578-9188-6
定　　价　68.00元

简　介

石墨烯是目前非常重要的一种新材料，具有卓越的力学、电学、热学和阻隔的性能，但疏水性、生物不相容性等缺点限制了其在诸多方面的应用。本书从石墨烯的发展出发，深入浅出地介绍了石墨烯结构、特性、制备方法及应用等方面，概括了科研工作者这些年在石墨烯领域的知识沉淀。此外，本书详细阐述了石墨烯的制备、结构及应用，适合于石墨烯领域各个层次、阶段的研究人员学习和阅读。

前　言

石墨烯是由碳原子组成的仅有的一个碳原子厚度的二维材料，其厚度为 0.335 nm。石墨烯具有独特的机械性能、电学性能及导热性能。利用其优异的性能并和其他材料进行复合以获得更优渥的新型复合材料，使其在新材料、新能源、环保废水处理等多个领域发挥重要的应用价值。石墨烯是碳族材料的基本单元，表现出多种优异的物理化学性质，如超大的比表面积、高的电子迁移速率、良好的化学性能、良好的热导性等，因而应用非常广泛，主要集中在纳米电子器件、碳晶体管、光电感应设备、储氢材料等领域。

石墨烯具有独特的二维原子晶体结构以及众多优异性能，如高机械强度、高载流子迁移率、高光学透明性等，这些优异的力学、电学和光学等特性使石墨烯成为化学物理学和材料学等领域的研究热点。本书结合近几年国内外研究现状，综述了机械剥离法、化学剥离法和化学气相沉积法等三种制备石墨烯的方法，并分析了各种方法的优点和不足之处，介绍了石墨烯应用的研究进展，并对其未来的发展进行了展望。

目录

第一章　引言……1

第一节　石墨烯的发现……1

第二节　石墨烯的基本结构……5

第三节　石墨烯的优异性能……7

第二章　石墨烯的制备、转移和表征……11

第一节　石墨烯粉的制备方法……11

第二节　石墨烯膜的转移方法……22

第三节　石墨烯的表征技术……34

第三章　石墨烯基杂化材料的功能化及制备……41

第一节　转角多层石墨烯材料……41

第二节　其他二维材料范德瓦尔斯异质结材料……

第三节　RGO与无机氧化物的杂化……46

第四节　RGO与聚合物的复合……47

第五节　石墨烯的其他表面修饰……50

第六节　石墨烯基杂化材料的制备……57

第四章　面向工业应用的石墨烯薄膜制备……61

第一节　低温制备技术……61

第二节　非金属基底制备技术……65

第三节　大面积及工业化制备技术……77

第五章　石墨烯在超级电容器中的应用……80

第一节　超级电容器概述……80

第二节　石墨烯基超级电容器电极材料……89

第三节　石墨烯基超级电容器……96

第六章　石墨烯材料在锂离子电池中的应用……100

第一节　锂离子电池概述……100

第二节　石墨烯基锂离子电池正极材料……101

第三节　石墨烯基锂离子电池负极材料 ······ 106
第四节　石墨烯基锂离子电池导电剂 ······ 112
第七章　石墨烯材料导热性质及其在热管理中的应用 ······ 120
第一节　理想石墨烯和多层石墨烯的导热性质 ······ 120
第二节　石墨烯纳米带的导热性质 ······ 123
第三节　石墨烯复合结构的导热性质 ······ 124
第四节　石墨烯导热性质的调控技术 ······ 126
第五节　石墨烯加热产品 ······ 127
第六节　石墨烯散热产品 ······ 129
第八章　石墨烯材料在防腐涂料和防污涂料中的应用 ······ 131
第一节　石墨烯材料在防腐涂料中的应用 ······ 131
第二节　石墨烯材料在防污涂料中的应用 ······ 134
第九章　石墨烯在其他领域的应用 ······ 136
第一节　石墨烯在电子器件中的应用 ······ 136
第二节　石墨烯在透明电极 / 柔性电极中的应用 ······ 138
第三节　石墨烯在橡胶材料中的应用 ······ 143
第四节　石墨烯在抑菌复合材料中的应用 ······ 145
第五节　石墨烯在吸附材料中的应用 ······ 149
第六节　石墨烯在环境治理中的应用 ······ 151
第七节　石墨烯在智能穿戴中的应用 ······ 152
第十章　石墨烯的应用展望和面临的挑战 ······ 155
第一节　展望 ······ 155
第二节　挑战 ······ 160
结　语 ······ 174
参考文献 ······ 175

第一章　引言

第一节　石墨烯的发现

石墨烯（Graphene）是由单层碳原子以 sp^2 杂化轨道紧密堆积而成的，是具有二维蜂窝状晶格结构的碳质材料，是只有一个碳原子层厚度薄膜状的状材料。在石墨烯被发现以前，理论和实验上都认为完美的二维结构是无法在非绝对零度下稳定存在的，因而石墨烯的问世引起了全世界的关注。从理论上来说，石墨烯并不算是一个新事物，但它一直被认为是假设性的结构，是无法单独稳定存在的。这样，从理论上对石墨烯特性的预言到实验上的成功制备，大概经历了近 60 年的时间，直到 2004 年，英国曼彻斯特大学物理学家安德烈 · 海姆（Geim）和康斯坦丁 · 诺沃肖洛夫（Novoselov）采用特殊的胶带反复剥离高定向热解石墨，成功地从石墨中分离出了石墨烯，证实了石墨烯是可以单独稳定存在的，石墨烯才真正被发现。两人也因“在二维石墨烯材料上的开创性实验”，共同获得了 2010 年的诺贝尔物理学奖。

早期的理论和实验研究都表明完美的二维结构是不会在自由状态下存在的，相比其他卷曲结构如石墨颗粒、富勒烯和碳纳米管，石墨烯的结构也并不稳定，那么，为什么石墨烯会从石墨上被成功地剥离出来呢？ Mermin-Wagner（梅明 - 瓦格纳）理论研究表明，二维晶体可以形成一个稳定的三维结构，这与一个无限大的单层石墨烯的存在是相悖的。但是，从实验结果可以推测，有限尺寸的二维石墨烯晶体在一定条件下是可以稳定存在的。事实上，石墨烯是普遍存在于其他碳材料中的，并可以看作是其他维度碳基材料的组成单元，如三维的石墨可以看作是由石墨烯单片经过堆砌形成的，零维的富勒烯则可看作是由特定石墨烯形状团聚而成的，而石墨烯卷曲后又可形成一维的碳纳米管结构。

通过在透射电子显微镜下观察可以发现，悬浮的石墨烯片层上存在大量的波纹状结构，振幅大约为 1 nm。石墨烯通过调整其内部碳碳键长来适应其自身的热波动，因此，石墨烯无论是独立自由存在的，还是沉积在基底上的，都不是一个完全平整的完美平面。石墨烯是通过在表面形成皱褶或吸附其他分子来维持其自身的稳定的，由此可以推断，纳米量级的表面微观粗糙度应该就是二维晶体具有较好稳定性的根本原因。

因此，石墨烯结构稳定，内部碳原子之间连接柔韧，在外力的作用下，碳原子层会发生弯曲变形，因而它不需要原子结构的重新排列来适应外力，以保持其结构的稳定性。这种稳定的晶格结构使石墨烯具有优异的导热性（热导率约为 5000 $W \cdot m^{-1} \cdot K^{-1}$）。另外，石墨烯内部电子在轨道中移动时，不会因晶格缺陷或引入外来原子而发生散射。原子间作用力十分强，在常温下，即使周围碳原子发生碰撞，内部电子受到的干扰也非常小。

石墨烯是目前已知导电性能最出色的材料，在室温下，其电子的传递速度比已知任何导体都快，其电子的运动速度达到了光速的 1/300，远远超过了电子在一般导体中的运动速度。同时，它也是已知材料中最薄的一种，材料非常牢固坚硬，比钻石还要硬，其理想状态下强度比世界上最好的钢铁高 200 倍。石墨烯具有超大的比表面积，理论上高达 2 630 $m^2 \cdot g^{-1}$。此外，石墨烯还具有许多其他优异性能，比如较高的杨氏模量（约为 1 100 GPa），较高的载流子迁移率（$2 \times 10^5 m^2 \cdot V^{-1} \cdot s^{-1}$）和铁磁性等。石墨烯这些优越的性质及其特殊的二维晶体结构，决定了其广阔的应用前景。

石墨烯的发现引起了全世界的研究热潮，石墨烯潜在的应用价值也随着研究的不断深入而逐步被挖掘出来。由于石墨烯具有原子尺寸的厚度、优异的电学性质、极其微弱的自旋轨道耦合性、超精细相互作用的缺失，以及电学性能对外场敏感等特性，使其在纳米电子器件、电池、超级电容器、储氢材料、场发射材料以及超灵敏传感器等领域得到了广泛的应用。

在微电子领域，石墨烯可用来制造具有超高性能的电子产品。由于平面的石墨烯晶片很容易使用常规技术进行加工，这为制造纳米器件提供了超好的灵活性，甚至可能在一层石墨烯单片上直接加工出各种半导体器件和互连线，从而获得具有重大应用价值的全碳集成电路。以石墨烯为原料还可以制备出只有 1 个原子层厚、10 个原子宽，尺寸不到 1 个分子大小的单电子晶体管。这种纳米晶体管具有其他晶体管所没有的一些优越性能，比如，石墨烯具有较高的稳定性，即使被切成 1nm 宽的元件，其导电性也非常好，且随着晶体管尺寸的减小，其性能反而更好；而且，这种纳米电子晶体管可以在室温下正常工作。石墨烯的这些优越性能使得人们朝着制造可靠的纳米级超小型晶体管的方向迈出了重要的一步。由于石墨烯的理论比表面积达到了 2630 $m^2 \cdot g^{-1}$，这就意味着电解液中大量的正负离子可以储存于石墨烯单片上形成一个薄层，从而达到极高的电荷储存水平。因此，石墨烯也可以作为超级电容器元件中储存电荷的新型碳基材料。石墨烯作为超级电容器电极材料可以显著提高电力及混合动力交通工具的效率和性能。利用石墨烯还可以制成精确探测单个气体分子的化学传感器，提高一些微量气体快速检测的灵敏性；石墨烯在电子学上的高灵敏性还可用于外加电荷、磁场及机械应力等环境下的敏感性检测。此外，石墨烯良好的机械性能、导电性及其对光的高透性使其在透明导电薄膜电极和各种柔性电子器件的应用中独具优势，比如液晶显示屏、太阳能电池窗口层等领域。

最近，在 Nature 和 Science 等期刊中相继报道了石墨烯在常温下的量子霍尔效应。量子霍尔效应（Quantum Hall Effect，QHE）是在低温、高磁场下二维金属电子气体中发现的效应，即纵向电压和横向电流的比值（霍尔常数 $R_H=V/I=h/ve^2$，h/e^2 为量子化电阻率）

是量子化的。通常情况下，量子霍尔效应需要在低温下实现，一般低于液氦的沸点。之前观察到材料的量子霍尔效应的温度还没有超过 30 K 的。在石墨烯中，由于石墨烯载流子非比寻常的特性，表现得像无质量的相对论粒子（无质量的迪拉克费米子），并且在周围环境下载流子的迁移伴随着很少的散射，因而，石墨烯的量子霍尔效应可以在室温下被观察到。Geim A K 等人在 300 K 的条件下观察到了石墨烯的量子霍尔效应，除了整数霍尔效应外，石墨烯特有的能带结构，也导致了新的电子传导现象的发生，如出现了分数量子霍尔效应（V 为分数）。随着研究的不断深入，石墨烯其他奇特的性能也相继被发现，比如石墨烯具有较好的导电性能，然而其边缘的晶体取向却对石墨烯的电性能有着相当重要的影响，锯齿型边缘表现出了强的边缘态，而椅型边缘却没有出现类似的情况。尺寸小于 10 nm，边缘主要是锯齿型的石墨烯片表现出了金属性，而不是先前预期的半导体特性；再比如，在制备石墨烯晶体管时，IBM 公司发现通过叠加两层石墨烯可以明显地降低晶体管的噪声，获得了低噪声的石墨烯晶体管。众所周知，通常情况下普通的纳米器件随着尺寸的减小，被称作 1/f 的噪声会越来越明显，从而使器件信噪比恶化。这种现象就是“波格规则”，石墨烯、碳纳米管以及硅材料都会产生这种现象。这种现象的出现可能是由于两层石墨烯之间形成了强电子结合，从而控制了 1/f 噪声，使得石墨烯晶体元器件的电噪声降低了 10 倍。这一发现不仅大幅度地改善了晶体管的性能，而且也有助于制造出比硅晶体管电子传导速度更快、体积更小、能耗更低的石墨烯晶体管。

石墨烯具有这样丰富和奇特的性质，也引发了人们对石墨烯衍生物进行广泛研究的兴趣。比如石墨烯纳米带，石墨烯的氧化衍生物，利用加氢过程获得的新材料——石墨烷，以及具有磁性的石墨烯衍生物，等等。在这些石墨烯衍生物中又以石墨烯纳米带和氧化石墨烯最受瞩目。石墨烯纳米带被认为是制备纳米电子和自旋电子器件的一种理想的组成材料。根据制备石墨烯碳材料的来源和结构的不同，石墨烯纳米带表现出不同的特性，有些具有半导体性能，有些则表现出金属的性质，使石墨烯纳米带成为未来半导体候选材料之一。而氧化石墨烯则由于其特殊的性质和结构，使其成为制备石墨烯和基于石墨烯复合材料的理想前驱体（这部分内容将在后续章节中详细介绍）。此外，在开拓挖掘石墨烯潜在性能和应用方面，基于石墨烯的复合材料也受到了极大的关注，并且这类复合材料已在能量储存、液晶器件、电子器件、生物材料、传感材料、催化剂载体等领域展示出优越的性能和潜在的应用。

由此看来，随着石墨烯的新性能、石墨烯的衍生物、石墨烯基复合材料，以及应用石墨烯的功能器件不断地被挖掘和发现，石墨烯的研究方向越来越丰富，不仅开拓了人们的视野，而且使基于石墨烯的材料成为一个充满无限魅力和发展可能的研究对象。

随着“中国制造 2025”国家战略的出台，石墨烯扶持力度加码，国家、地方政府、产业联盟通过多种手段支持石墨烯产业发展。“中国制造 2025”石墨烯产业技术路线图，明确了产业化发展重点、方向和路径，已解决当前相关产品制备技术存在的成本高、技术不成熟、产品不稳定等问题，开发针对特定场合的多形态和特性石墨烯材料的制备和结构调控技术。未来将重点突破以大规模、低成本、高质量、品质均一可控和多尺度为特征的石墨烯制备技术，大力发展石墨烯高精尖应用技术以及下游产品开发，不断拓展石墨烯相关产品应用领域。

石墨烯产业爆发点已经形成，未来将爆发式增长。石墨烯已经过了炒作热期，企业已经将注意力从石墨烯制备转移到应用上。当前，一些公司已具备提供石墨烯的能力，但主要应用于试验和应用研究，真正实现高端应用的较少，且相关企业的年产能大多不超过百吨级。随着政策支持力度加大、资本投入以及宏量制备技术的突破，未来5~10年，多数企业年产能将达到千吨级，少部分大型企业年产能有望达到万吨级。

石墨烯市场前景广阔，有望产生巨大的经济效益。全球各大研究机构纷纷对石墨烯市场的前景和规模进行了预测。综合国内外各机构的分析结果，未来5~10年将是全球石墨烯产业的高速发展期，各行业对石墨烯的需求量将不断增加。对石墨烯的近期需求主要来自复合材料等方面，集中在汽车、塑料、涂层、建筑、金属、电池、航空以及能源和储能领域。对石墨烯的中长期需求主要集中在电子和光电领域及储能领域。随着石墨烯行业的深入发展，其应用领域将不断拓展。

提升企业创新能力。一是以企业为主体，实施“政产学研用融”协同创新，建立石墨烯国家重点实验室或工程中心，鼓励生产企业和应用企业交叉持股，进行战略合作，设立联合研发平台，支持生产企业、研发机构和应用企业联合承担研发项目和科技成果转化项目，突破石墨烯制备、应用和产业化技术瓶颈，加快科技成果转化，打通石墨烯全产业链。二是石墨烯产业作为引领整个工业领域的材料革命的新兴产业，不能遵循传统内生式产业发展轨迹，引导企业开展产业组织创新，加快发展“企业＋研发机构＋孵化器＋加速器”的发展模式。三是依托龙头企业、科研院所等，加快建成一批石墨烯材料及器件技术创新平台、产业转化平台及专利和标准服务平台，提高石墨烯产业高端服务能力。

推动石墨烯的应用发展。石墨烯产业最大的瓶颈在于没有形成完整和成熟的产业链，研发制备企业和下游应用企业脱节，市场需求尚未全面打开。针对这种情况，石墨烯行业需要采取以下措施。一是加快应用技术开发，鼓励企业联合科研院所、高校开展相关产品设计和技术研发，扩大石墨烯应用领域和市场。二是推进首批次产业化应用示范，扶持一批具有行业带动作用的企业实现在重点需求领域的率先应用，构建与各类应用相适应的市场化运作机制，建成一批高水平示范项目。三是依托有关协会、学会、行业联盟或企业，加快制定工艺标准、检测标准、产品标准等，积极参与制定石墨烯国际标准，加快石墨烯标准国际化进程，将石墨烯研发优势转化为行业标准优势，掌握产业发展的话语权。四是石墨烯应用技术多处于中试阶段，市场前景不确定，一旦量产将引起价格下降甚至技术扩散，导致行业恶性竞争，因此必须建立健全行业规范，实现研发生产和商业化的有机融合。

加大石墨烯发展支持力度。我国虽然通过国家自然科学基金已经陆续资助超过3亿元用于石墨烯相关项目，但资助体量相比其他国家仍有提升空间，特别是在国内石墨烯企业和欧盟10年10亿欧元支持石墨烯产业相比仍显弱小的大背景下，我国应进一步加大资金扶持力度。一是在国家层面设立重大科技专项，出台石墨烯产业发展专项行动计划，进一步加大对石墨烯技术创新的支持力度；二是尽快出台后续补贴和激励政策，充分激发企业和市场积极性；三是大力发展符合石墨烯产业特征的金融产品和服务，支持天使投资、科技支行、科技保险、科技小贷等新型金融业态，制定并完善风险补偿和基金扶持等政策；四是落实首台（套）重大技术装备保险补偿机制，推动石墨烯生产首台（套）装备和首批次石墨烯的推广应用。

同时，还要加强自主知识产权建设。一是加强石墨烯专利分析与战略研究和知识产权保护机制研究，构建产业化导向的石墨烯专利池。二是支持具有自主知识产权的项目开发，鼓励相关机构通过 PCT 途径申请国际专利，加强海外专利布局。三是加强在 Bottom-up 途径制备石墨烯、半导体器件应用以及设备等技术领域的产学研合作和技术转移，引导支持设备专利和应用专利申请，形成规模化专利申请布局。

第二节 石墨烯的基本结构

结构上，石墨烯可以看作是单层的石墨片层，厚度只有一个原子尺寸，是由 sp2 杂化碳原子紧密排列而成的蜂窝状的晶体结构。石墨烯中碳 - 碳键长约 0.142 nm，具体结构如图 1-1 所示，每个晶格内有 3 个 σ 键，连接十分牢固，形成了稳定的六边形结构。垂直于晶面方向上的 π 键在石墨烯导电的过程中起到了很大的作用。石墨烯是构建零维富勒烯、一维碳纳米管、三维石墨等其他维数碳材料的基本组成单元。也就是说，石墨烯作为母体，可以分别通过包覆、卷曲和堆垛三种方式，得到零维的富勒烯、一维的碳纳米管和三维的石墨，可以把它看作一个无限大芳香族分子，平面多环芳烃的极限情况就是石墨烯就层数而言，当石墨层堆积层数少于 10 层时，它所表现出的电子结构就明显不同于普通的三维石墨，因此将 10 层以下的石墨材料广泛统称为石墨烯材料。

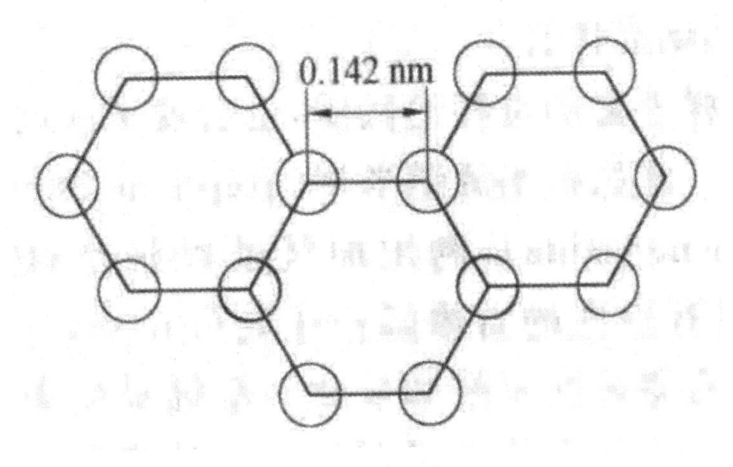

图 1-1 石墨烯结构图

形象地说，石墨烯是由单层碳原子紧密堆积而成的二维蜂窝状的晶格结构，看上去就像是一张六边形网格构成的平面。在单层石墨烯中，每个碳原子通过 sp^2 杂化与周围碳原子成键构成正六边形，每一个六边形单元实际上类似一个苯环，每个碳原子都贡献出一个未成键电子。单层石墨烯厚度仅为 0.35 nm，约为头发丝直径的二十万分之一。石墨烯主要分为单层石墨烯和多层石墨烯。单层石墨烯是由单原子层构成的二维晶体结构，其中碳原子以六元苯环的形式周期性排列。每个碳原子通过 σ 键与邻近的三个碳原子相连，键长为 0.142 nm，1 nm^2 石墨烯平均含有 38 个碳原子，单层石墨烯中的 s、p_x 和 p_y 三个杂化轨道可以形成很强的共价键合，组成 sp^2 杂化结构，赋予了石墨烯极高的力学性能，剩余的 Pz 轨道上的元电子则在与片层垂直的方向形成 π 轨道，π 电子可以在晶体平面内自由移动，使得石墨烯具有良好的导电性。但是单层石墨烯的 π 电子由于不受石墨中其他层电子的影响，会发生弛豫现象，所以一般得到的石墨烯厚度会比理论值（0.335 nm）偏大。

多层石墨烯是由两层及两层以上的石墨烯片层构成。尽管对于多少层的片层算是石墨烯至今仍没有定论，但石墨烯的特性已经被大量的实验和理论研究所证实。严格地讲，10层以下才可以称为石墨烯，当片层数量更多时，石墨片层间电子与轨道产生交互作用，使其性质趋向于石墨。完美的石墨烯是不存在的，不论单层还是多层石墨烯都不是绝对的二维平面，而在边缘、晶界、晶格处缺陷等问题的存在也影响其物理及化学性能。不论是单层石墨烯还是多层石墨烯，其独特的结构和优异的性能都将为碳材料的发展带来新的突破。

尽管二维晶体在热学上是不稳定的，发散的热学波动起伏破坏了石墨烯长程有序结构，并且导致其在较低温度下即发生晶体结构的融解。透射电子显微镜观察及电子衍射分析也表明，单层石墨烯并不是完全平整的，而是呈现出本征的微观的不平整，在平面方向发生角度弯曲。扫描隧道显微镜观察表明，纳米级别的褶皱出现在单层石墨烯表面及边缘，这种褶皱起伏表现在垂直方向发生 ±0.5nm 的变化，而在侧边的变化超过 10nm。这种三维方向的起伏变化可以导致静电的产生，使得石墨烯在宏观上易于聚集，很难以单片层存在。

但是，石墨烯的结构非常稳定，碳原子之间的连接极其柔韧。受到外力时，碳原子层发生弯曲变形，使碳原子不必重新排列来适应外力，从而保证了自身的结构稳定性。石墨烯是有限结构，能够以纳米级条带的形式存在。纳米条带中电荷在横向移动时会在中性点附近产生一个能量势垒，势垒随条带宽度的减小而增大。因此，通过控制石墨烯条带的宽度便可以进一步得到需要的势垒。这一特性是开发以石墨烯为基础的电子器件的基础。

此外，在结构上，石墨烯可以和碳纳米管进行类比，如单壁碳纳米管按手性可分为锯齿型、扶手椅型和手性型；石墨烯根据边缘碳链的不同也可分为锯齿型和扶手椅型。锯齿型（zigzag）和扶手椅型（armchair）的石墨烯纳米条带呈现出不同的电子传输特性。锯齿型石墨烯条带通常为金属型，而扶手椅型石墨烯条带则可能为金属型或半导体型。

第三节 石墨烯的优异性能

晶体材料按照其结构的延展性可以分为零维、一维、二维和三维材料。大部分常见的金属、半导体材料，如铜、金刚石等是典型的三维材料。薄膜材料因其在厚度方向的尺度远远小于其在膜面内方向的尺度，因此具有准二维的结构特征。

电子结构与材料维度的这种相关性使得低维度纳米材料的研究具有重要的应用价值，特别是对量子电子器件。对于二维石墨烯材料来说，可以进一步通过结构的裁剪形成准一维的纳米条带或者准零维的纳米等结构。

此外，低维度纳米材料还具有特殊的力学性能和输运性质。例如，在石墨烯和碳纳米管中，热涨落导致它们的结构在环境温度下产生较大的弯曲变形，对其中的电荷分布和输运等都有重要影响。

如前所述，石墨烯独特的准二维平面结构赋予它诸多优良的物理化学性质，如石墨烯的抗拉强度达 130 GPa(为钢的 100 多倍)，为已测知材料中最高的；其载流子迁移率达 $1.5\times10^4\ cm^2\cdot V^{-1}\cdot s^{-1}$，相当于目前已知的具有最高载流子迁移率的锑化钢(InSb)材料的 2 倍，超过商用硅片的 10 倍；在某些特定的物理条件下（如低温骤冷等），其载流子迁移率甚至可达 $2.5\times10^5\ cm^2\cdot V^{-1}\cdot s^{-1}$；石墨烯的热导率为 $5\times10^3\ W\cdot m^{-1}\cdot K^{-1}$，约为金刚石的 3 倍。另外，石墨烯不仅具有室温量子霍尔效应，还具有室温铁磁性等特殊性质。

一、石墨烯的电学性能

石墨烯独特的电子结构决定了其优异的电子学性能。组成石墨烯的每个晶胞由两个原子组成，产生了两个锥顶点，K 和 K' 。相对应的每个布里渊区均有能带交叉的发生，在这些交叉点附近，电子能 E 取决于波矢量。单层石墨烯的电荷输运可以模仿无质量的相对论性粒子，其蜂窝状结构可以用 2+1 维的迪拉克方程描述。此外，石墨烯是零带隙半导体，具有独特的载流子特性，并具有特殊的线性光谱特征，故单层石墨烯被认为其电子结构与传统的金属和半导体不同，表现出非约束抛物线电子式分散关系。

单层石墨烯表现出双极性电场效应。例如，电荷可以在电子和空穴间连续调谐，所以在施加门电压下室温电子迁移率达到 $10000\ cm^2\cdot V^{-1}\cdot s^{-1}$时，表现出室温亚微米尺度的弹道传输特性（300 K 下可达 0.3 μm），且受温度和掺杂效应的影响很小。而电子传导速度在石墨烯中比在硅中快近上百倍，这必将带来一场在生物传感器和计算机高速芯片应用上的技术革命。同时石墨烯在低温下具有半整数量子霍尔效应，并通过它的狄拉克点表现出非中断的等距阶梯。石墨烯特有的能带结构使空穴和电子相互分离，导致不规则量子霍尔效应的产生。利用单层石墨烯特有的电性能，由其所构成的微米级的传感器可以探测出

NH_3，CO，H_2O 及 NO_2 在石墨烯表面的吸附。此外，微米级以下石墨烯具有电子自旋和拉莫尔旋进，可以清楚地观察到电子的两级自旋信号，并且自旋弛豫长度不依赖于电流密度。通过在石墨烯上连接两个电极，还可以观察到有超电流经过，证明了石墨烯具有超导特性。

石墨烯晶格具有六方对称性。碳有四个价电子，其中在石墨烯面内，每个碳原子通过 sp^2 杂化与相邻的三个碳原子形成共价键，而另外有一个 Pz 轨道电子形成离域 π 键。

正如通常块体材料存在表面态一样，具有有限尺度的石墨烯纳米结构也具有特别的边缘电子态。例如，纳米宽度的石墨烯条带和各种形状石墨烯，与石墨烯晶体的零带隙的半金属态不同，在石墨烯条带中，由于在条带方向的周期性及其垂直方向有限宽度的量子化限制，电子态具有依赖于其宽度 $\bar{\omega}$ 和边缘形状的性质。

20 世纪 90 年代中期，日本科学家对此问题做了较为系统地研究，他们通过紧束缚的电子结构模型研究发现，边缘为锯齿形状的石墨烯纳米条带为金属型，且费米面能级附近的电子态集中于石墨烯的边缘；而在边缘为扶手椅型的石墨烯纳米条带中，电子根据其宽度分别为金属型或者半导体型。

由于石墨烯纳米条带的电子特性强烈地依赖于其结构，利用这一特性，通过设计同宽度或者边缘形状纳米石墨烯条带的组合，可以实现纳米电子器件的设计。例如，金属型石墨烯条带与半导体型石墨烯条带可以形成肖特基（Schottky）势垒，而金属型与半导体型石墨条带的“三明治”结构可以形成量子点，且其量子态可通过石墨烯条带的结构进行调控。

二、石墨烯的机械性能

出色的机械性能使得石墨烯在诸如液晶显示器、太阳能电池等各类柔性电子器件的应用领域具有独特的优势和极大的潜力。作为已知最薄材料中的一种，石墨烯可达一个碳原子的厚度，并十分坚硬稳固。物理学家 James Hone 小组曾较为全面地研究了石墨烯的机械性能，结果表明：石墨烯每 100 nm 的距离上可承受最大约 2.9 μN 的压力，其硬度比钻石还大，其强度更是比世界上最好的钢铁高约 100 倍。而且石墨烯的杨氏拉伸模量高达 1.01 TPa，强度极限（抗拉强度）为 42 $N \cdot m^{-1}$。一平方米面积的石墨烯薄片能承受的质量为 4 kg。

三、石墨烯的力学性能

石墨烯是单原子层的二维晶体，通过原子力显微镜、扫描隧道显微镜等观测表征设备，已经可以看到原子尺度的细节，如石墨片的取向、边缘的形状、位错、晶界甚至点缺陷等。然而在半个世纪之前，Mermin 和 Wagner 曾证明在有限温度下，二维简谐晶体结构中原子的热涨落位移将会发散，不能稳定地存在。

石墨烯以 sp^2 杂化轨道排列，σ 键赋予石墨烯极高的力学性能，碳纤维及碳纳米管极高的力学性能，正是来自其基本组成单元石墨烯所具有的高强度、高模量的特征。通过实验可以制得独立存在的单层石墨烯，这对于研究石墨烯的本征强度和模量有重要意义。

利用原子力显微镜可以测量单层石墨烯膜的本征弹性模量和断裂强度。其测量过程如下：利用纳米印刷法在硅基板上外延得到具有孔型图案的二氧化硅层，使用光学显微镜找到位于孔洞上方的石墨烯片层，通过原位拉曼光谱得到石墨烯的层数，固定石墨烯后，再利用原子力显微镜的探针对其力学性能进行测量。由于在二维尺度下，缺陷对于本征力学性能影响较小，此法可以得到较为真实的力学性能信息。另外，由于应力 - 应变反馈曲线超过本征断裂应力，石墨烯表现出非线性弹性反馈，证实了这种非线性特征与三维弹性系数有关。通过这种测量方法可以得到石墨烯的本征强度和弹性模量，分别为 125 GPa 和 1 100 GPa，但是由于宏观材料中缺陷及晶界的存在，其相应的实际强度和弹性模量均有所降低。

近年来的理论和实验研究发现，石墨烯可以稳定地存在于溶液中或者端部的支撑结构上。矩形单层石墨烯在没有支撑的情况下，根据其长宽比大小，可以表现为表面带有起伏的二维薄膜、一维类似高分子的长链，以及纳米卷等形貌。

有限温度下原子将做随机运动，因为石墨烯面内碳 - 碳键伸缩刚度较大，而面外的弯曲刚度（k=0.91 eV）相对较低，因此，容易观测到由热涨落引起的褶皱。当石墨烯的长宽比（$\frac{L}{\mathrm{w}}$）增大时，沿长度方向的弯曲相对容易，而当该方向产生褶皱后在宽度方向弯曲比较困难，所以表现为类似一维高分子链的形态；当长度进一步增大，超过其持续长 kW 度时，$L > \frac{\mathrm{k}W}{\mathrm{k}_B T}$，热扰动可使其发生卷曲。

四、石墨烯的磁学性能

由于石墨烯锯齿型边缘拥有孤对电子，从而使得石墨烯具有包括铁磁性及磁开关等潜在的磁性能。研究人员发现具有单氢化及双氢化锯齿状边缘的石墨烯具有铁磁性。使用纳米金刚石转化法得到的石墨烯的泡利顺磁磁化率，或 π 电子所具有的自旋顺磁磁化率与石墨相比要高 1~2 个数量级。由三维厚度为 3~4 层石墨烯片无定形微区排列所构成的纳米活性碳纤维在不同热处理温度下，显示出 CuireWeiss 行为，表明石墨烯的边缘具有局部磁矩。此外，通过对石墨烯不同方向的裁剪及化学改性可以对其磁性能进行调控。研究表明分子在石墨烯表面的物理吸附将改变其磁性能，如氧的物理吸附增加石墨烯网络结构的磁阻、位于石墨烯纳米孔道内的钾团簇将导致非磁性区域的出现。

五、石墨烯的光学性能

作为单原子层薄膜，理论预测石墨烯具有难以想象的不透明度，其光吸收值为π a≈2.3%，a 为精细结构常数，这意味着只凭借肉眼就可以看出这层单原子膜的存在。实验测量单层石墨烯不透明度为（2.3 ± 0.1）%，与理论预测一致。此外，在外加磁场调控下，石墨烯纳米带的光响应频率可以调控到太赫兹范围，这可能在未来太赫兹发射器等光电器件上有重要应用。

在可见光波段，将石墨烯覆盖在几十个微米的孔洞上，射入白光，石墨烯可以吸收大约 2.3% 的可见光。在红外波段，在 700~8 000 cm^{-1} 谱段石墨烯存在多子交互作用。另外，随着门电压的增大，红外线在所有波段的吸收和输运曲线由定值变为有所起伏，在波数为 1250cm^{-1} 左右时，其吸收曲线达到谷底，峰值向高频率方向变化，且在高频率阶段受电压的影响逐渐减小。控制石墨烯光学传导率的能级主要是载流子占据的最高能级，即两倍费米能级。

此外，石墨烯还表现出非线性饱和光吸收特性，即当入射光的强度超过一个阈值，石墨烯的光吸收会达到饱和，这种独特的非线性吸收特性称为饱和吸收。当入射的可见光或者近红外光的光强较强时，因为石墨烯的整体光吸收和零禁带的特性，石墨烯非常容易达到光饱和吸收。基于这些特性，石墨烯可能在光纤激光器的全频带锁模超快光子学等领域得到重要应用。

第二章　石墨烯的制备、转移和表征

第一节　石墨烯粉的制备方法

一、干法剥离法

干法剥离是在空气、真空或惰性环境中通过机械、静电或电磁力将层状材料分裂成原子级厚度的薄片。

1. 用于研究目的的机械剥离

微机械裂解（MC），也称微机械剥离，已经被晶体学家使用了数十年。早在 1999 年，X.Lu 等报道了通过裂解石墨来获得多层石墨烯薄膜。他们在报道中还建议“将石墨表面与其他平坦表面摩擦可能获得多个甚至单个原子层厚度的石墨片”。K.s.Novoselov 等首次报道了通过胶带法获得单层石墨烯。2004 年，英国曼彻斯特大学的 A.K.Geim 与 K.S.Novoselov 小组将一小片石墨粘在胶带上，对折胶带再撕开胶带，将石墨片分为两半，如此反复进行数次，得到越来越薄的石墨碎片，最后留下一些只有一个原子层厚的石墨烯碎片的原子力显微图像。经过测试，他们发现石墨烯在室温下具有独特的晶体结构和良好的化学稳定性。2005 年，美国哥伦比亚大学的 P.Kim 与 Y.B.Zhang 团队利用微机械剥离法，从高定向热解石墨（HOPG）分离出石墨烯。其原理是石墨的层与层之间是以微弱的范德华力结合的，施加外力便可以从石墨上撕出更薄的石墨层片，反复进行，就可以撕出石墨烯。

利用这种方法获得的石墨烯尺寸可以达到 100um 左右，并且很容易观察到量子霍尔效应。这种方法过程简单，但产量低，层数和尺寸都不易控制，所以仅适合实验室研究，无法用于工业生产。另外，淬火法和静电沉积法也属于微机械剥离法。

经过优化的 MC 技术，可以制备出高质量的薄膜，其尺寸受原始石墨单晶畴的限制，大小为毫米级。薄膜的层数可以简单地通过光学对比度来判断，也可以通过拉曼光谱来确定。石墨表面上覆盖的石墨烯在 25K 的条件下，电子迁移率高达 10^7 量级，经过电流退火之后的悬浮单层石墨烯（SLG）电子迁移率能够达到 106 量级，对于制备的 SLGs，室温下的电子迁移率 μ 高达 $2000cm^2/(V\cdot s)$。

尽管MC法不适合制备大尺寸的石墨烯薄膜，但是它仍然可以用作理论研究。实际上，绝大多数的理论结果和样品器件都是使用MC薄片获得的。因此，MC仍然是研究新物理和新器件的理想选择。

2. 阳极键合

在微电子工业中，阳极键合被广泛用于将硅（Si）晶片键合到玻璃上，以保护它们免受湿气或污染。当利用这种技术来制备SLGs时，石墨碳首先被压在玻璃衬底上，然后在石墨碳和金属背电极之间施加一个电压（0.5~2kV），然后将玻璃衬底加热到200℃，加热时间为10~20min。如果在顶部触点施加正电压，则负电荷在面向正电极的玻璃侧积聚，导致玻璃中的氧化钠（Na_2O）杂质分解为Na^+和O^{2-}离子。Na^+向背电极移动，而O^{2-}保持在石墨-玻璃界面，在界面处建立了一个强电场。多层石墨碳，包括SLG，通过静电作用能够粘在玻璃上，然后将它们逐层剥离掉。温度和施加的电压可用于控制层数及其尺寸。据报道，阳极键合产生可以宽度约1mm的薄片。该方法也可用于其他LM。

3. 激光烧蚀和光剥离

激光烧蚀是使用激光束通过蒸发或升华从固体表面去除材料。在LM的情况下，如石墨碳，如果通过激光束照射不能使碳原子蒸发或升华，而是使整个或部分层发生分离，则该过程称为光剥离。

原则上可以使用激光脉冲来烧蚀以去除石墨片。调整能量密度能够精确地图案化石墨烯。利用烧蚀SLG和多层石墨烯（FLG）所需的能量密度窗口可以获得所需的层数N。随着能量密度增加，石墨层数降低至7层左右。S.Dhar等认为能量密度对层数的依赖性与通过声子的热量与FLG的耦合有关，比热比例为1/N。对于N>7的情况，烧蚀阈值达到饱和。目前，激光烧蚀仍处于初级阶段，需要进一步发展。该方法最好在惰性或真空条件下实施，因为空气中的烧蚀容易使石墨烯氧化。在最近的报道中，液体中的烧蚀也获得了较为理想的结果。因此，光剥离可以成为液相剥离的替代和补充技术。

激光照射仍有进一步优化的空间。利用该技术对氧化石墨烯（GO）进行直接激光照射可以产生石墨薄片。在液体中制备石墨烯需要新的方案，通过开发高沸点溶剂和表面活性剂，可以克服液相剥离的限制。激光照射方法具有普遍的有效性，它可以扩展到制备具有弱层间耦合的其他LM。

二、液相剥离法

在液体环境中，可以利用超声波将石墨剥离成单层的石墨烯。液相剥离一般包括三个步骤：（1）将石墨块分散在溶剂中；（2）超声剥离；（3）提纯净化。其中第一步的溶液可以是水溶液，也可以是非水溶液，第三步需要利用超速离心法将剥离下来的石墨烯从未剥离的石墨块中分离。

液相剥离（LPE）法制备的石墨烯的产量可以使用不同的计算方法。按质量计算Y_W（%）

为剥离下来的石墨材料的质量与起始石墨块的质量之比。SLG 的百分产量 Y_M(%)为分散体中 SLG 的数量与石墨片的总数量之比。按质量计算 SLG 的产量，Y_{WM}(%)为分散的 SLG 的总质量与所有分散的薄片的总质量之间的比率。Y_W(%)并没有给出通过剥离得到的产品的质量（如剥离出的产品的组成，或者 SLG、BLG 的百分比等）。因为它考虑了所有的石墨材料，包括 SLG、FLG 和较厚的石墨片，因此它不能量化 SLG 的数量，而只是量化分散体中石墨材料的总量。而 Y_M(%)和 Y_{WM}(%)能够对剥离获得的产品中的 SLGs 进行定量。

YM 可以利用透射电子显微镜（TEM）和原子力显微镜（AFM）来测量。在 TEM 中，可以通过分析石墨片的边缘或者电子衍射图案来计算层数，AFM 则通过测量沉积的薄片的高度并除以石墨的层间距离 0.34nm 来计算得出层数。尽管这样，对 SLG 高度的估算与衬底有着密切的关系。例如，在 Si02 衬底上沉积的 SLG 的高度约为 1nm，而在云母上沉积的 SLG 的高度约为 0.4nm。拉曼光谱经常被用来确定 Y_M 的数值。Y_{WM}(%)需要估算所有分散的薄片的总质量以及 SLG 的质量，这样计算比较准确同时也比较耗时。但是，如果需要定量分析，在没有 Y_{WM} 的情况下，则必须有 Y_M 和 Y_W 数据。

1. 石墨的液相剥离

超声波辅助剥离由流体动力学切变力控制，与空化作用相关，空化作用是由于压力的波动导致的液体中气泡或空隙的形成、生长和坍塌。剥离后，溶剂与石墨烯之间的相互作用需要与石墨烯片间的吸引力达到平衡。

分散石墨烯理想的溶剂是能够最小化液体和石墨烯薄片之间的界面张力。一般来说，当固体表面浸没在液体介质中时，界面张力起着关键作用。如果固体和液体之间的界面张力比较大，那么固体在液体中的可分散性就会比较小。当石墨浸入溶液中时，如果两者的界面张力较高，则石墨薄片倾向于彼此黏附，并且它们之间的内聚力（分离两个平坦表面所需的每单位面积的能量）较高，这样会阻碍它们在液体中分散成石墨烯。当液体的表面张力（即由于其分子的内聚性而允许其抵抗外力的液体表面的性质）γ 约为 40mN/m 时，最适合作为剥离石墨烯的分散剂，因为它们使溶剂和石墨烯之间的界面张力最小化。

大多数 γ 约为 40mN/m 的溶剂，如 N- 甲基吡咯烷酮（NMP）、二甲基甲酰胺（DMF）、苯甲酸苄酯、γ - 丁内酯（GBL）等都有一些缺点。例如，NMP 可能对生殖器官有毒，而 DMF 可能对多个器官有毒性作用。此外，这些溶剂具有较高的沸点（>450K），剥离石墨后难以被除去。因此，可以使用低沸点溶剂，如丙酮、氯仿、异丙醇等代替。水是“天然”的溶剂，但是，对于石墨烯和石墨块的分散，其 γ 约为 72mN/m(比 NMP 高 30mN/m)比较高。在这种情况下，利用线性链表面活性剂，如十二烷基苯磺酸钠（SDBS）或胆汁盐等可以通过库仑排斥作用防止石墨片再聚集。然而，在石墨烯薄片的应用方面，使用表面活性剂或聚合物可能会降低其导电率。

在均匀的或者具有一定密度梯度的媒介中使用超速离心法可以剥离比较厚的石墨片。第一种称为差速超速离心，第二种称为密度梯度超速离心。差速超速离心根据每种颗粒的沉降速率将其分离。差速超速离心是最常用的分离方法。迄今为止，已生产出从几纳米到几微米的薄片，浓度高达几毫克 / 毫升。较高的浓度能够满足大尺寸复合材料的生产。通过在 SDC 中使用 SBS 进行温和超声处理可以实现高达 70% 的 Y_M，而在 NMP 中能够实现 Y_M 约为 33%。

通过密度梯度超速离心法（DGU）能够实现对层数的控制：将石墨薄片在预先成型的 DGM 中进行超速离心。在此过程中，石墨在离心力的作用下沿着比色皿移动，直到它们到达相应的等密度点，即它们的浮力密度等于周围 DGM 的浮力密度点。浮力密度定义为在相应的等密度点处介质的密度（ρ）。等密度分离已经被用于将 CNT 按直径、金属与半导体和空间螺旋特性进行分类。尽管这样，与不同直径的 CNT 不同，石墨片具有相同的密度，因此需要另一种方法来引起密度差异：用表面活性剂覆盖薄片导致浮力密度随层数增加。

另一种方法是所谓的速率区域分离（RZS）。这种方法是利用不同尺寸、形状和质量的纳米颗粒的沉降速率的差异，而不是纳米颗粒密度的差异，例如等密度分离。RZS 用于分离不同尺寸的薄片——尺寸越大，沉降速率越大。

LPE 成本较低并且易于扩展，不需要昂贵的生长基质。石墨烯主要以导电油墨、薄膜和复合材料的形式用于相关应用。因此，石墨烯最好被制作成片状的形式，这样能够最大化其活跃的表面积。最终得到的材料通过不同的技术，如滴涂和浸涂、棒涂和喷涂、筛网和喷墨印刷、真空过滤等，能够被沉积在不同的衬底上。

利用高质量的石墨烯墨水进行喷墨印刷的 TFTs 的电子迁移率已经达到了 $100cm^2$/（V · s），为基于石墨烯的可印刷的电子器件的发展打下了良好的基础。

由于在剥离过程中会引起石墨面的断裂，导致 LPE 获得的薄片的尺寸受到限制，而纯化过程则分离出大量的未剥落的薄片。迄今为止，LPE-SLG 的面积大多低于 $1\mu m^2$。当前的目标是进一步发展 LPE 技术以获得不同层数、不同薄片厚度和横向尺寸的石墨烯片，以及所得分散体的流变性（密度、黏度和表面张力）性质。需要结合理论和实验来充分了解石墨在不同溶剂中的剥离过程，以优化离心场中薄片的分离，从而实现具有良好形态特性的 SLG 和 FLG。

理想的结果是开发出能够获得单个薄片的技术。光学镊子可以捕获、操纵、控制和组装电介质粒子、单原子、细胞和纳米结构，也可用于在液体环境中捕获石墨烯层或石墨烯纳米带。将光钳（OT）与拉曼光谱仪结合，可以测试溶液的组成和排序图层编号。剥离产量的评估对于进一步改进 LPE 至关重要。剥离下来的石墨烯片的结构可以通过高分辨透射电子显微镜（HRTEM）、扫描透射电子显微镜（STEM）、电子能量损失光谱（EELS）和原位透射电子显微镜（TEM）来进行表征。这些技术能够对剥落的石墨烯片进行原子级别的表征，也可以原位研究结构缺陷对材料电学性能的影响。

K.R.Paton 等报告了一种基于石墨剪切混合的制备方法。在旋转过程中，剪切混合器充当泵，利用离心力将液体和固体驱向转子和定子的边缘进行混合。这个过程伴随着剧烈的（功率密度约为 100W/L）剪切，在转子和筛网之间形成所需要的材料，然后通过定子中的穿孔流出进入液体。该方法可以产生约为 1.4g/h 的 FLG，YW=3.35%。

2. 氧化石墨的液相剥离

LPE 技术不仅能够剥离原始的石墨碳，还能够对氧化石墨进行剥离。

图 2-1a 是 D.Li 等人报道的氧化石墨还原法的原理图。这种方法是先将石墨经过氧化处理后，使其边缘或基面引入 C=O、C-OH、-COOH 等官能团形成氧化石墨，减弱了石墨层间的范德华力，增强了石墨的亲水性，然后将氧化石墨分散在溶剂中，之后再通过破坏层与层之间的作用力，得到氧化石墨烯。先氧化成氧化石墨烯的好处在于，其结构和石墨烯类似，同样都是准二维的平面结构，如图 2-1b 所示，但可以通过适当的化学液相还原、电化学还原或高温退火等办法，将氧化石墨烯上的含氧官能团去掉，还原成石墨烯，甚至可直接分散在不同溶剂中。利用此法还原得到的石墨烯单片大小约为数微米。

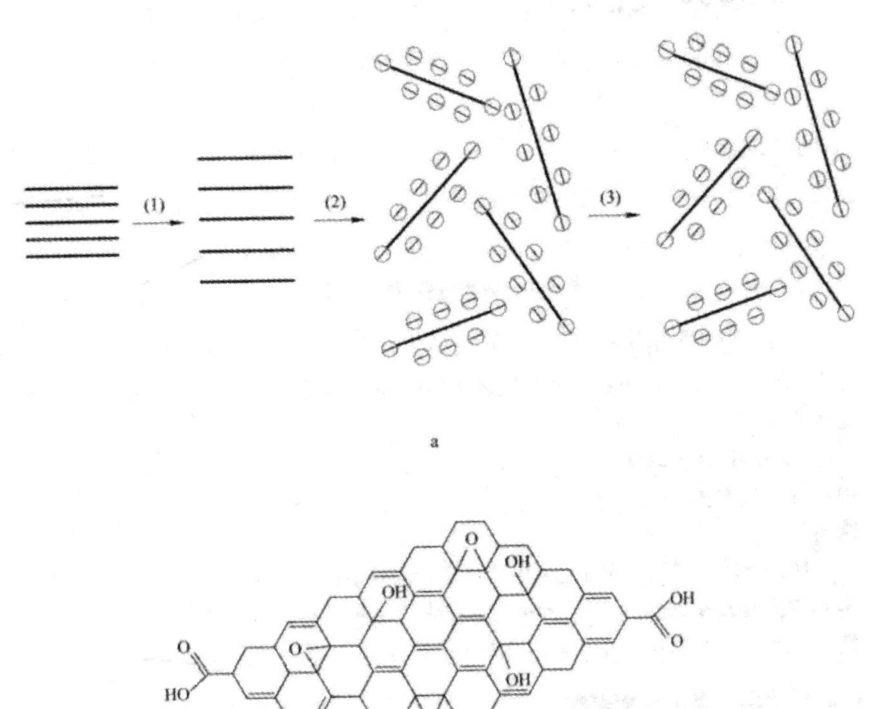

图 2-1　氧化石墨还原法的原理图（a）和氧化石墨烯示意图（b）

这种方法成本低，也比较容易实现，但制备的石墨烯为各种层数的混合物，并且含氧官能团很难被彻底去除，导致石墨烯的缺陷较多、各项性能较差。

1958 年，F.Bonaccorso 使用硫酸、硝酸钠和高锰酸钾的混合物对石墨进行氧化，得到了带有一些官能团（如羟基或环氧基团）的 GO。

目前已经开发出了多种方法来化学“还原”GO 薄片，即降低含氧基团的氧化态。1962 年，发展出在碱性分散体中还原 GO，用以生产较薄的石墨片（能够达到单层）。

GO 和 RGO 可以使用与 LPE 石墨烯相同的技术沉积在不同的衬底上。GO 和 RGO 是复合材料地理想选择，因为在其表面存在大量的可以连接聚合物的官能团。

加热条件下对 GO 进行还原可能会产生高质量的石墨烯。在无氧环境（Ar 或 N_2）中进行激光加热，空间分辨率能够达到微米级别，温度高达 1000℃，可以使石墨烯微图案制造成为可能，为图案化石墨烯的大规模生产铺平道路。

3. 插层石墨的液相剥离

通过在石墨烯层之间周期性地插入原子或分子物质（插层剂）来形成石墨层间化合物（GIC）。GIC 通常以“分级”指数 m 表征，如两个相邻的插入剂之间的层数。例如，一个 3 阶 GIC 即每 3 个相邻的石墨烯层夹在 2 个插入层之间。

1840 年 C.Schafhaeutl 等首次记录了 GICs。M.S.Dresselhaus 和 M.J.Inagaki 等则总结了 GIC 的发展历史。Hoffman 和 Fenzel 于 1931 年利用 X 射线衍射首次确定了阶段指数。系统地研究始于 20 世纪 70 年代末。

具有不同分级指数的原子或分子的嵌入导致 GICs 产生了各种各样的电学、热学和磁学性质，这使 GICs 具有作为高电导材料的潜力。自 20 世纪 70 年代以来，五氟化锑（SbF5）和五氟化砷（AsF5）等金属氯化物或五氟化物插层剂的 GIC 受到了极大的关注。

GIC 可以是超导的，常压下，CaC_6GICs 的转变温度高达 11.5K，并且随着压力的增加而升高。此外，由于较大的层间距，GIC 也有希望用于储氢。自 20 世纪 70 年代以来，GIC 已经在电池中商业化，特别是在锂离子电池中。随着固体电解质的引入，GIC 也被用作锂离子电池中的负电极（放电期间的阳极）。

最常见的制备策略是利用石墨和插层剂之间的温度差异，采用双区蒸汽输送技术进行插层，如使用氯气（Cl_2）等气体，用于插入氯化铝（$AlCl_3$）。GIC 可以通过单个（用于二元或三元 GIC）或多个步骤生成，后者常用于在不可能直接嵌入的情况下制备 GICs。

目前已经有数百种含有施主（碱金属、碱土金属、镧系元素、金属合金或三元化合物等）或受主的插层剂（卤素、卤素混合物、金属氯化物、酸性氧化物等）的 GIC 被报道。

需要注意的是，许多 GIC 在空气中容易被氧化，因此，需要一个可控的环境对其进行制备加工，这在 GIC 的生产中引入了附加步骤，所以，GIC 在 LPE 生产石墨烯中尚未得到广泛的应用。最近，I.Khrapach 等报道了将 $FeCl_3$ 插入 FLGs，其在空气中的稳定性长达 1 年。

另外，溶剂的作用和寻找新的插层策略也是至关重要的，特别是在需要获得大量的 LPE 石墨烯的情况下。

三、SiC 热蒸发法

这种方法是加州理工学院的 W.A.De Heer 团队提出的制作方法。C.Berger 等通过对单晶 SiC 进行超高真空加热，在 SiC(0001)面上也制备出石墨烯薄膜。

在 Si(0001)面上，石墨烯层生长在相对于 SiC 表面的富碳缓冲层上。这层类石墨烯薄膜由碳原子排列成蜂窝结构，但没有石墨烯的电子特性，因为大约 30% 的 C 与 Si 形成共价键。

缓冲层可以通过 H 嵌入与 Si(0001)面形成耦合，成为具有典型线性 π 带的准自支撑 SLG。相比之下，石墨烯与 C(0001)面之间的相互作用要弱得多。

石墨烯在 SiC 上的生长通常被称为“外延生长”，SiC(0.3073nm)和石墨烯(0.246nm)之间存在非常大的晶格失配，当 Si 从 SiC 衬底蒸发后，C 重新排列成六边形结构形成石墨烯，而不是像传统的外延生长工艺中那样，石墨烯沉积在 SiC 表面上。

理想状态是在晶格匹配的同构基板上生长石墨烯，使缺陷密度最小化，如传统半导体中的适配位错情况。然而，除了石墨之外(其上生长石墨烯被称为同质外延)，很少有与石墨烯同构且几乎晶格匹配的基板。目前，有两种可能满足上述要求的潜在基质，h-BN 和六方密堆积(hep)钴(Co)(22)。h-BN 与石墨烯具有最低的晶格失配约为 1.7%。Co 金属在 T<400C 时与石墨烯也具有较小的晶格失配约为 2%。还有其他的 hep 金属，如钌(Ru)、铪(Hf)、钛(Ti)、锆(Zr)，但它们的晶格失配比 Co 和石墨烯之间的大得多。还有一些面心立方金属，如镍(Ni)、铜(Cu)、钯(Pd)、铑(Rh)、银(Ag)、金(Au)、铂(Pt)和铱(Ir)在(111)平面上与石墨烯具有一系列的晶格失配。因此，从外延生长的角度来看，能够在 H.Ago 等报道的单晶 Co 衬底上生长石墨烯最为理想。

如果不是因为石墨烯和 SiC 之间的晶格失配也非常大，对于 4H-SiC 和 6H-SiC 都约为 25%，SiC 衬底可以是制备石墨烯的天然衬底。有报道称 LMs 在高度非晶格匹配的衬底上可以作为缓冲层生长，这是由于它们与下面的衬底的弱结合。在这种情况下，由于它们的化学键的各种异性性质，膜平行于基板生长。石墨烯在 SiC 上的生长可以用类似的方式描。

石墨烯在 SiC 上的生长速率取决于特定极性的 SiC 晶面。石墨烯在 C 面上的形成速度比在硅面上快得多。在碳面上，更容易制备出大尺寸的多层无序石墨烯晶畴(约为 200nm)。在硅面上，超高真空(UHV)退火导致尺寸较小的晶畴(30~100nm)。小晶畴结构归因于衬底在高温退火过程中表面形态的变化。

到目前为止，这种制备方法获得的石墨烯具有较好的电学性质。在 Si 面上制备的石墨烯的 RTμ 达到了 500~2000cm²/(V·s)，在 C 面上制备的石墨烯具有更高的 μ 值为 10000~30000cm²/(V·s)。最近，J.Baringhaus 等报道了在 siC(0001)衬底上制备的 40nm 宽的 GNR，经过测量得到一个异常高的 μ 值。制备的 GNR 在大于 10μm 的长度尺度上显示出弹性电导(环境温度为 4K)，μ 约为 6×10^6cm²/(V·s)，这相当于方块电阻值 Rs

约为 1Ω/sq。IBM 利用 SiC 上制备的石墨烯制作的 FET 的截止频率高达 100GHz。

SiC 上的石墨烯具有以下优点：SiC 是用于高频电子器件、光发射器件及辐射器件已成熟的衬底。高频晶体管也被证明具有比相同栅极长度的 Si 晶体管高出 100GHz 的截止频率。SiC 上的石墨烯已经被发展为基于量子霍尔效应（QHE）的电阻标准。

由于残留大量的 SiC 键，利用 SiC 热蒸发法制备的石墨烯很难被转移到其他衬底。D.S.Lee 等通过类似胶带法将石墨烯从 SiC 基底上转移到其他衬底，但是效果并不好。因为 SiC 化学性质相当稳定，利用湿化学刻蚀法将这种石墨烯转移到其他衬底也相当困难，而且这种方法需要相当高的真空度和极高的温度，另外单晶 SiC 价格昂贵，因此这种方法也不利于制备大面积石墨烯薄膜。

未来的挑战是如何更好地控制层数的均匀性（目前不是 100% 单层）。这可以通过更好地控制误切角度，控制由衬底引起的掺杂等途径来实现。其他的目标是在图形化的 SiC 衬底上制备石墨烯，实现在 SiC 的 C 面上生长单层石墨烯的可控性，提高 SiC 衬底上制备的石墨烯的质量，以及更好地理解在生长和表面处理过程中产生缺陷的机理。

四、化学气相沉积（CVD）法

CVD 法被广泛用于薄膜材料、晶体以及非晶体的沉积生长。固体、液体或者气体都可以被用作源材料。几十年来，CVD 一直是制造半导体器件中沉积材料的常用方法。

最早使用 CVD 法在过渡金属表面合成单晶石墨的实验是 1966 年由美国约翰霍普金斯大学的 A.E.Karu 小组进行的。他们将 Ni 置于甲烷（CH_4）气氛中加热到 900℃以上并且维持一段时间，在 Ni 的催化作用下 CH_4 发生脱 H 反应，得到的 C 原子在 Ni 金属表面形成几十纳米厚的石墨薄膜。2004 年，A.K.Gein 团队利用胶带法得到单层石墨烯并且测量出石墨烯优异的物理性质后，石墨烯的研究才开始受到大家的重视。CVD 法是制备碳纳米管的主要方法之一，而石墨烯和碳纳米管都是 C 的 sp^2 杂化结构，使得这种方法也开始应用于制备石墨烯。CVD 法制备石墨烯的基本原理是将衬底置于 C 源气体中加热并且保持恒温一段时间，C 源气体进行脱氢反应而将 C 原子还原出来，还原出的 C 原子在衬底上沉积、成键，逐渐形成石墨烯薄膜。

CVD 法制备石墨烯的反应装置的主体为加热炉和石英管。衬底托置于石英管的中间，目前报道过的衬底主要有钼（Mo）、Co、Cu、Ru、Ni、Ir、Pd、Pt 和 Au 等金属，也有六角 BN、S_3N_4、$Si0_2$ 等非金属衬底，甚至不锈钢材料。利用 CVD 方法在 Ni 和 Cu 金属上制备石墨烯的生长机理被研究得最为透彻。但是，CVD 法制备的石墨烯通常为多晶结构，具有大量的晶界，降低了石墨烯薄膜的电学性能，并且，在过渡族金属上生长的石墨烯薄膜在转移到其他衬底的过程中，产生的缺陷和引入的杂质也会对石墨烯薄膜的性能造成一定影响。

前驱体的类型通常取决于可用的物质、产生所需膜的原因，以及具体应用的成本效益。

有许多不同类型的 CVD 工艺，如热 CVD 和等离子体增强 CVD(PECVD)，冷壁、热壁 CVD 等。同样，类型取决于可用的前驱体、材料质量、厚度和所需的结构；成本也是需要考虑的重要部分。不同前驱体类型的 CVD 设备的主要区别是气体输送系统。在固体前驱体的情况下，固体先高温蒸发然后被输送到沉积室，或者使用适当的溶剂溶解，输送到蒸发器，然后输送到沉积室。前驱体的输送也可以通过载气辅助，这取决于所需的沉积温度、前驱体反应性或生长速率，也可能需要引入外部能量源以帮助前驱体分解。CVD 法制备石墨烯中的前驱体一般为烃类气体，如 CH_4、乙烯（C_2H_4）、乙炔（C_2H_2）等，也有小组选用其他 C 源，如 P.R.Somani 等在 Ni 衬底上热解樟脑制备石墨烯，A.Dato 等用乙醇液滴作为 C 源制备石墨烯。外加 Ar 和 H2 作为载气和催化气体。

目前，应用最广泛的制备方法是成本较低的 PECVD。反应的气态前驱体产生等离子体，允许相对于热 CVD 在较低的温度下沉积材料。然而，由于等离子体会破坏所沉积的材料，因此需要合理设计设备沉积系统并选择能够使这种破坏最小化的工艺方案。有些 CVD 的生长过程是很复杂的，许多情况下不是很容易被理解，PECVD 的运行方式也多种多样。在 PECVD 的过程中最重要的是使设计的沉积系统与要沉积的材料和前驱体相匹配。由于石墨烯是单一元素的材料，所以石墨烯的沉积系统相比多组分沉积系统要简单一些。与许多其他材料一样，石墨烯的生长可以使用各种各样的前驱体、液体、气体和固体。可以利用热 CVD 或 PECVD，在不同的生长室、不同的气压和衬底温度下进行石墨烯的制备。

1. 金属衬底上热 CVD 法制备石墨烯

1966 年，A.E.Karu 等将金属 Ni 暴露在 CH_4 中，然后在 900℃条件下制备石墨碳。1969 年，J May 等报道了将 C_2H_2 和 C_2H_4 进行热分解生成环状带有 C 元素的 LEED 图案。进一步分析表明，环状图案（多晶）是由旋转无序的石墨造成的。J May 还讨论了单层膜的生长，这是生长石墨的第一步，并且利用 X 射线衍射（XRD）对其进行了证明。同时，J.May 等证明了在金属衬底上利用 CVD 法制备石墨烯的可能性。1971 年，J Perdereau 等通过热蒸发石墨棒得到了多层的 FLG 结构。1984 年 Kholin 等人通过 CVD 在 Ir 上生长石墨烯，以研究在碳存在的情况下 Ir 的催化和热离子性质。从那时起，其他团队将金属（如单晶 Ir）暴露于碳前驱体气氛中，并研究了 UHV 中石墨膜的形成。

石墨烯在金属上生长的前期研究主要集中在了解 C 存在下金属表面的催化和热离子活性。2004 年之后，研究目标才转移到石墨烯的生长上来。利用 LPCVD 在金属 Ir(111) 上以乙烯作为前驱体制备的石墨烯具有非常好的连续性。金属 Ir 被用作制备 CVD 石墨烯的衬底是因为金属 Ir 具有较低的碳溶解度。但是由于 Ir 的化学惰性，制备在其上的石墨烯很难被转移。于是人们开始寻求更适合产生 SLG 的金属衬底。

2006 年，P.R.Somani 等报道了以樟脑作为前驱体，利用 CVD 法在 Ni 衬底上制备石墨烯。在他们的实验中，整个制备过程分为两个阶段：第一个阶段是在 180℃条件下将樟脑沉积在 Ni 箔上，第二个阶段樟脑在 700℃ ~850℃条件下热分解。通过 TEM 他们观察到获得的石墨烯大概由 35 层单层石墨烯组成，层间距大概为 0.34nm。这个报道为利用 CVD

法制备大面积的石墨烯薄膜提供了新的思路。2007 年，A.N.Obraztsov 等报道了在 Ni 衬底上成功制备了薄层的石墨，他们的前驱体由 H_2 和 CH_4 的混合气组成，流量比为 92 ∶ 8，在 5.3~10.6Pa 压力，950℃条件下，引入 0.5A/cm^2 直流电，制备出 1~2nm 厚度的多层石墨烯。

2008 年，Q.K.Yu 等（70）报道了在多晶 Ni 衬底上以 CH，为前驱体制备出高质量的石墨烯薄膜。他们在 1000℃条件下，CH ∶ H2 ∶ Ar=0.15 ∶ 1 ∶ 2，总气体流量为 315sccm，通过 HRTEM 测试，所制备的石墨烯为 3~4 层。

X.Li 等在 2009 年第一次报道了在多晶 Cu 衬底上利用 CH_4 的热催化分解制备出大面积（cm_2）较均匀的石墨烯薄膜。由于 C 对 Cu 的溶解度较低，整个生长过程几乎是自限制的。例如，当 Cu 表面完全被石墨烯覆盖的时候，石墨烯停止生长，仅有 5% 左右的区域为 BLG 或 3LG。它们的生长过程如下：在压力为 5.3Pa，H_2 流量为约 2sccm 条件下，将石英管升温到 1000℃，对 Cu 衬底进行退火。退火结束后，在压力为 66.5Pa 条件下通入 35sccm CH_4 进行石墨烯生长。通过 HRTEM 和 Ramna 测试表明，所制备的石墨烯为单层、双层以及三层石墨烯。同时，他们利用 C 同位素标定法证明了 Q.K.Yu 等人的结论，并且提出了 CVD 方法在 Cu 衬底上制备石墨烯的生长机理。他们分别在 700nm 厚的 Ni-SiO_2/Si 衬底和 25μm 厚的 Cu 箔上制备石墨烯。在生长过程中，每隔一段时间，交换通入一定量的 $^{12}CH_4$ 和 $^{13}CH_4$ 气体。通过对生长后的石墨烯进行拉曼平面扫描测试，发现 Ni 膜上石墨烯的 C 同位素 ^{12}C 和 ^{13}C 是随机分布的，而 Cu 箔上石墨烯的 C 同位素是按照通入顺序呈扩散状分布的。这是因为，C 在 Ni 中的溶解度较高，使得 C 原子在高温时溶解到 Ni 金属内部，降温时 C 在 Ni 中的溶解度变低，不稳定的 C 原子从 Ni 金属内部析出到表面，扩散而形成石墨烯。而 C 在 Cu 中的溶解度较低，绝大多数的 C 原子只能吸附在 Cu 表面扩散，形成石墨烯晶畴，最后合并在一起形成连续的石墨烯薄膜。

V.P.Verma 等报道了大尺寸石墨烯薄膜制备的突破性进展。他们以 15cm×5cm 尺寸的 Cu 箔作为衬底，放入半径为 2in 的石英管中制备石墨烯薄膜。他们在 1atm（1atm=101325Pa），1000℃条件下，以 H_2 ∶ CH_4=4 的比例制备石墨烯薄膜。然后将制备的石墨烯薄膜利用一种热压分层技术将石墨烯转移到目标衬底。他们制备的大尺寸石墨烯薄膜作为柔性透明导电薄膜被应用在场效应发射器件中。

S.Bae 等报道了利用 R2R 技术将尺寸约为 50cm、电子迁移率 μ 大于 7000cm^2/（V·s）的石墨烯薄膜转移到柔性衬底应用在触摸屏中。他们的制备过程如下：在 11.9Pa 气压、1000℃、H_2 气氛中，对 Cu 衬底进行热退火，然后在 61.1Pa、1000℃、24sccmCH_4 和 8sccmH_2 条件下，生长石墨烯，生长时间为 30min。然后以约 10℃/min 的降温速率在 11.9Pa，H_2 气氛下降温。然后利用 HRTEM 和 Raman 对所制备的石墨烯进行表征，所制备的石墨烯薄膜主要为单层。

2. 绝缘衬底上热 CVD 法制备石墨烯

A.Ismach 等在 2010 年首先报道了在绝缘衬底上制备石墨烯薄膜。他们首先利用电子束沉积在绝缘衬底上沉积一层 Cu 膜，然后利用 CVD 法在 13.3~66.5Pa、1000℃条件下制备石墨烯薄膜。由于 Cu 的催化作用，在 Cu 衬底的上表面形成了石墨烯薄膜，然后利用热蒸发将 Cu 膜从绝缘衬底表面去除，这样留下了石墨烯薄膜直接在绝缘衬底表面。

C.Y.Su 等在 2011 年同样报道了利用 Cu 膜直接在绝缘衬底上制备石墨烯薄膜。在他们的实验中，CH4 分解的 C 原子不仅在 Cu 膜的上表面扩散形成石墨烯，而且 C 原子透过 Cu 的晶界渗透到 Cu 膜的下表面形成石墨烯薄膜，经过优化生长参数，并且去除 Cu 膜和上表面的石墨烯膜，他们直接在绝缘衬底表面得到连续的晶圆级的石墨烯膜。

2015 年，刘忠范小组直接在玻璃衬底上制备出大面积均匀的石墨烯薄膜，并且直接将该石墨烯玻璃用于加热器件、透明电极以及光催化面板中，有效降低了这些器件的结构成本。

如上所述，石墨烯薄膜直接在电介质表面上的生长是备受期望的。直接在绝缘衬底上制备石墨烯薄膜避免了转移过程中对石墨烯造成损坏，能够有效地保证石墨烯薄膜的质量。尽管目前已经取得了一定的进展，但是在绝缘衬底上制备单晶有序、大面积均匀、低缺陷密度的石墨烯薄膜仍然需要进一步的研究，最重要的是获得具有一定带隙的石墨烯薄膜。

3.CVD 法制备大尺寸石墨烯晶畴

由于 CVD 石墨烯具有多晶性，使得增大石墨烯单晶尺寸成为提高石墨烯薄膜电学性能的有效途径。目前，通过优化生长参数，控制石墨烯成核，大尺寸甚至毫米级尺寸的石墨烯晶畴已经制备出来，并且符合典型的微米级石墨烯器件的尺寸要求。

2011 年，成会明小组通过在 Pt 衬底上重复制备石墨烯晶畴，最终制备出毫米级六角形单晶石墨烯晶畴。经过电学性能测试，该石墨烯晶畴的电子迁移率达到 $7100cm^2/(V \cdot s)$。

2012 年，中国科学技术大学的王冠中团队通过对 Cu 衬底进行长时间高温退火，提高了 Cu 衬底的表面活性，降低了 Cu 衬底的缺陷密度，然后通过优化生长参数，制备出毫米级尺寸的石墨烯晶畴。

吴天如等通过将碳前驱体局部供给到优化合金比的 Cu-Ni 合金衬底，制备出厘米级的石墨烯单晶畴。

五、其他制备方法

1. 过渡金属表面析出法

1970 年，J.T.Grant 与 T.W.Haas 等将 Ru 高温退火后，发现在 Ru 表面会出现石墨烯薄膜。2007 年，Y.Pan 团队与 J.Wintterlin 团队都发表了使用类似方法制备石墨烯的结果。他们分析这些石墨烯是来自吸附在 Ru 金属内部间隙的碳杂质在高温退火下析出金属表面的结果。

2. 碳纳米管解理法

D.V.Kosynkin 和 L Y.Jiao 的研究小组在 Nature 杂志上各自发表了碳纳米管解理法制备石墨烯纳米带的文章。碳纳米管通过高锰酸钾和硫酸氧化处理或者通过等离子刻蚀处理，其表面的 C-C 键被打断，形成石墨烯纳米带。

第二节 石墨烯膜的转移方法

在使用金属基底制备大面积石墨烯薄膜时，金属基底仅作为石墨烯生长的催化剂和载体，不利于石墨烯的表征及应用，因此通常要先把石墨烯从金属基底转移至目标基底上。转移过程对石墨烯的性质及器件良率和性能有重要影响。

理想的石墨烯转移技术应该具有如下几个特征：(1) 转移后的石墨烯应该保持干净，没有杂质的残留，不对石墨烯形成掺杂；(2) 转移后的石墨烯应该保持连续性，没有褶皱、裂纹以及孔洞等缺陷；(3) 转移工艺稳定可靠、适用性高、可用于工业化生产。研究人员已经开发出多种转移石墨烯薄膜的方法，其中许多都有利于工业化生产。毫无疑问，这些转移方法的发展将促进大面积石墨烯薄膜的研究和应用。本章将从聚合物辅助基底刻蚀转移技术、聚合物辅助剥离转移技术及直接转移技术等方面对石墨烯转移技术进行介绍，重点关注各类转移技术的基本原理。

一、聚合物辅助基底刻蚀法

尽管理论上石墨烯具有很好的机械性能，但 CVD 法制备的石墨烯仍然存在缺陷，导致其实际的机械强度很低，在转移过程中容易破损。一种解决方案是在石墨烯表面覆盖一层聚合物支撑层，以保证石墨烯在转移过程中的完整性。

聚合物辅助基底刻蚀法就是在金属基底上生长出石墨烯薄膜后，在石墨烯表面覆盖一层聚合物，通过腐蚀液将金属基底溶解，得到聚合物 / 石墨烯结合体，将其转移到目标基底后，再将聚合物支撑层去除。聚合物材料有多种，能够在石墨烯转移过程中提供支撑并能在转移结束后去除干净是选择聚合物支撑材料时应遵循的基本原则。常用的聚合物支撑层材料有聚二甲基硅氧烷（polydimethylsiloxane，简称 PDMS）、聚甲基丙烯酸甲酯（polymethyl methacrylate，简称PMMA）和热剥离胶带（Thermal Release Tape，简称TRT）等。腐蚀液在能溶解金属基底的同时，应尽量避免与石墨烯及支撑层发生反应。常用的腐蚀液有硝酸铁、三氯化铁和过硫酸铵等水溶液。有时腐蚀液会有多种成分，如三氯化铁溶液中加入少量的盐酸，以提高对金属基底的刻蚀效率。

1.PDMS 辅助转移

PDMS 是 CVD 法生长石墨烯技术中最早被用作转移支撑材料的聚合物之一，具有稳定耐用、可塑性强、高弹性等特点，是用作软刻蚀技术的重要材料。在转移过程中 PDMS 和石墨烯之间的结合力小于石墨烯与基底之间的黏附力，能使石墨烯从 PDMS 上转移至氧化硅基底，并容易移除。

K.S.Kim 等率先将 PDMS 用于石墨烯转移，转移步骤为：将 PDMS 压印在长有石墨烯的镀在二氧化硅基底上的镍薄膜表面，再将整个结构浸泡在腐蚀液中溶解掉镍，得到PDMS/ 石墨烯的结合体，将其用去离子水清洗并用氮气吹干，“按压”到目标基底上，最后揭掉 PDMS 完成转移。这种转移方法虽然能有效完成转移，但从整个实验过程来看，腐蚀液在溶解镍时，仅与镍薄膜的边缘有接触，如此小的接触面积，需要相当长的时间才能溶解完成，随着生长的石墨烯面积增大，刻蚀时间增加，这将成为转移的主要障碍。

为了提高转移效率，Y.Lee 等针对缩短镍基底的溶解时间找出了改进方法。他们发现，在水中轻微超声将 PDMS 与石墨烯 / 镍的结合体从氧化硅表面剥离，增大镍在溶解过程中与溶液的接触面积，从而有效缩减溶解镍的时间，大大加快了石墨烯转移的速度。

PDMS 用作支撑层的同时，也可用于简化石墨烯器件的制备过程。一些报道已经证明了使用 CVD 生长的石墨烯可用作有机薄膜晶体管（OTFT）的源和漏电极。尽管光刻和干刻技术已被用于制备石墨烯电子器件，但这些过程与有机器件不能兼容。因此，S.J.Kang 等提出了一种方法可以使有图案的石墨烯转移到任何没有传统光刻的基底上，并用该技术转移石墨烯作为源和漏电极，制备了高性能的底部接触有机场效应晶体管。

PDMS 支撑转移的方法虽可以有效实现石墨烯从金属基底转移至目标基底，但因为转移过程中采用剥离法将 PDMS 与石墨烯分离，而石墨烯与基底间的结合并不十分牢固，所以容易导致石墨烯破损，破坏薄膜的连续性，而且该方法溶解金属的时间较长，不适合用于大面积石墨烯薄膜的转移。

2.PMMA 辅助转移

PMMA 常用作电子束光刻胶，早期也被用于碳纳米管阵列的转移。PMMA 转移技术是目前使用最广、研究得最彻底的石墨烯转移方法，是实验室研究的主流转移方法。与 PDMS 相比，PMMA 与石墨烯之间的作用力要强得多，其可以轻易地旋涂在任意基底生长的石墨烯上并转移至任何需要的基底上。2009 年，X.Li 等用 PMMA 实现了生长在铜箔基底上的石墨烯的转移，其转移流程为：首先将质量分数为 4% 的 PMMA 乳酸乙酯溶液旋涂在生长好的石墨烯表面并加热固化，然后用腐蚀液刻蚀掉铜箔得到 PMMA/ 石墨烯薄膜并在去离子水中漂洗，再用目标基底将 PMMA/ 石墨烯“捞取”，烘干后用丙酮去除 PMMA 即完成转移。

尽管与 PDMS 相比，以 PMMA 作为支撑物转移石墨烯的完整性得到了很大的改善，但仍然存在一些裂纹和褶皱，并且 PMMA 很难被彻底去除。这将严重影响转移后石墨烯的性能。

要解决石墨烯在转移过程中出现的裂纹和褶皱等问题，关键在于如何实现 PMMA 膜与目标基底的紧密贴合。Rouff 课题组发现，在 CVD 中使用的铜箔的表面并不光滑，在高温退火和生长过程中由于表面的重建而变得更加粗糙。石墨烯在生长过程中遵循了铜基底的表面形态，而 PMMA 固化之后使石墨烯保持了与金属表面一致的形貌。在去除铜箔后，石墨烯不会平展在目标基底上，导致石墨烯与基底之间总是存在一些细小的缝隙，也就是说石墨烯并未完全与基底表面接触，而未与基底接触的地方的石墨烯在去除 PMMA 之后容易破裂。主要原因是PMMA固化后是硬质涂层，石墨烯在除胶时不能自发弛豫。针对该问题，他们指出，在PMMA/石墨烯转移至二氧化硅基底之后，再次旋涂一层PMMA可以使之前固化的PMMA部分溶解，从而“释放”下面的石墨烯，增加其与基底之间的贴合度，有效减少转移后石墨烯裂缝的密度。

然而，很多基础研究，如TEM、热传输效应、力学性质、光学测量等，需要将石墨烯转移至多孔基底或带凹槽的基底上，形成悬浮状，从而消除石墨烯与界面之间的交互作用。Suk等提出了一种干法转移石墨烯到“#”型基底的方法。在该方法中，PDMS可以作为一个灵活的框架来支撑PMMA/石墨薄膜，使薄膜可以从液体中取出、干燥、放置在目标基板上，并进行热处理。在转移过程中对PMMA进行高温处理可以增强石墨烯与基底之间的接触，因为当PMMA被加热至其玻璃化温度以上时，将变得柔软，从而减小石墨烯与基底之间的间隙，增强他们之间的黏附性，并且剥离PDMS时不会损坏PMMA/石墨烯膜。当采用湿法转移过程时，热处理步骤同样增加了转移到平面和带孔基底上石墨烯的质量，覆盖率达到98%以上，仅有少量的裂纹和孔洞，而电阻也变得更低。

为了使PMMA与目标基底贴合更好，对基底的处理也是一种重要手段。G.Zheng等提出用超声清洗基底的方式，提高基底的亲水性，从而使PMMA膜在基底上平铺，减少褶皱等。K.Nagashio等用氢氟酸处理二氧化硅表面，减少褶皱的形成。M.T.Ghoneim等考虑到铜箔两面都生长有石墨烯，先用硝酸或氧等离子体将铜箔未涂胶的一侧石墨烯去除，转移质量明显改善。

虽然转移过程中引起的石墨烯的褶皱、破裂等问题得到很大改善，但还有更重要的问题需要解决，即PMMA的残留。PMMA高分子量、高黏度的性质，使得即使用丙酮去除之后也不可避免地在石墨烯表面留有残留，从而影响石墨烯的性能。为了获得一个干净的表面，经常通过一系列的热处理（150℃~300℃）以去除石墨烯表面的PMMA残余物。

Y.C.Lin等研究表明，石墨烯表面吸附的PMMA残留有1~2nm厚。随后Y.C.Lin等采用HRTEM研究了解决PMMA分解的关键问题以及退火对石墨烯的影响。他们指出，根据PMMA残留物与石墨烯之间的相互作用强弱，PMMA残留物的分解分两步，采用空气中退火之后再在氢气环境中退火的两步退火方式，可以得到更干净的石墨烯表面。但是，长时间或高温退火也会导致石墨烯晶格缺陷及sp2杂化的增加。研究表明，在200℃温度下经过长时间的退火，虽然石墨烯薄膜表面没有产生像裂缝或撕裂这样的宏观损伤，但是在该温度下长时间（>2h）的退火对石墨烯表面的清洁几乎没有帮助。TEM的观测结果显示，根据PMMA残留物与石墨烯之间的相互作用强弱，PMMA的分解可分为两个步骤：与空气接触的PMMA（PMMA-a）的分解，其反应温度较低，160℃就开始分解，但是200℃对于PMMA-a的清除更有效；与石墨烯接触的PMMA（PMMA-g）分解，其反应发生在较高的温度（>200℃）。退火后，PMMA-a形成包裹纳米颗粒的带状条纹。这些粒子被认为是一种非晶态的CuOx，可以抑制带电粒子散射，从而缓和迁移率降低。在相同退火条件下，温度升高到250℃时，PMMA-a残留的密度与200℃退火相似，然而大部分的 PMMA-g 都被烧掉了。与 PMMA-a 类似，更高的温度（>250℃）不会使 PMMA-g 进一步分解，反而会导致石墨烯的结构损伤。即使 700℃退火之后，石墨烯表面的洁净度仍远不能达到满意程度。

通常用腐蚀液刻蚀掉铜箔等金属基底之后，在石墨烯薄膜上会有金属氧化物等微粒残留，当石墨烯转移至用于器件制备的基底上时，这些金属污染物将存在于石墨烯与基底之间，不能被清洗掉。这些被困的污染物往往会成为散射中心降低载流子输运特性及最终器件的性能。可以将半导体制造工艺中广泛使用的 RCA 清洗技术用于石墨烯的转移。传统的 RCA 清洗包括三个步骤：（1）用 5 ∶ 1 ∶ 1 的 H_2O ∶ H_2O_2 ∶ NH_4OH 溶液除去难以溶解的有机物；（2）用 50 ∶ 1 的 H_2O ∶ HF 溶液去除可能累积有金属杂质的氧化硅；（3）用 5 ∶ 1 ∶ 1 的 $H_2O/H_2O_2/HCl$ 溶液清洗掉金属污染物。X.Liang 等提出了一种改进的石墨烯 RCA 清洗技术。在金属基底被刻蚀后，先后采用稀释到 20 ∶ 1 ∶ 1 的 $H_2O/H_2O_2/HCl$ 和 H_2O ∶ H_2O_2 ∶ NH_4OH 溶液漂浮清洗 PMMA/ 石墨烯薄膜，再用去离子水冲洗。

PMMA 还可用于多层石墨烯转移，降低薄膜的面电阻，在透明导电领域可替代传统的 ITO 薄膜。最初采用的转移方式是一层一层的堆叠，每转移一层都需要去除 PMMA，不仅增加了转移步骤，而且有大量 PMMA 残留。Y.Wang 等提出了一种直接叠层转移石墨烯的方法，可以避免在石墨烯层与层之间引入 PMMA。普通湿转移和直接耦合转移方法的区别是：与普通湿转移法相对应的是 PMMA 需要在 N 层的转移过程中被旋涂并移除 N 次，直接耦合转移方法只需要在第一次石墨烯上旋涂一次 PMMA，然后将有 PMMA 涂层的石墨烯（第一层）直接转移到铜箔上的第二层石墨烯上，通过在 120℃中进行 10min 的退火，在两层石墨烯之间形成 π-π 相互作用使它们连在一起，在刻蚀完铜箔之后，双层石墨烯薄膜可以直接被转移到第三层的铜箔上，形成一个三层的石墨烯薄膜。重复这些步骤，可以得到 N 层的石墨烯薄膜，而石墨烯之间没有任何有机杂质。最后，多层石墨烯可以被转移到其他基底上，然后用丙酮去除顶部的 PMMA。

3.TRT 辅助转移

虽然 PMMA 转移法工艺路线相对成熟，能够得到较完整、干净的石墨烯薄膜，但因为它需要复杂的处理技巧，而且需要很长时间来去除支撑聚合物的残留，因而不适合制备大规模的石墨烯薄膜。使用 TRT 作为临时支撑的卷对卷（roll to roll，简称 R2R）转移法成功地克服了这些缺点，并且还使石墨烯薄膜在柔性基板上的连续生产得以实现。其方法为：将生长好的石墨烯 / 铜箔与 TRT 平整紧密地贴合在一起，然后用腐蚀液刻蚀铜箔，并用去离子水清洗、晾干；再将 TRT/ 石墨烯与目标基底紧密贴合，烘烤加热至热剥离温度以上，胶带自发从石墨烯表面脱落，即完成转移。

韩国成均馆大学 Hong 课题组率先利用 TRT 在柔性 PET 基底上转移石墨烯。之后，他们再次报道了利用 R2R 法在 PET 上得到了 30 英寸石墨烯薄膜。转移过程分为三步：（1）将热剥离胶带用辊压的方式与生长好石墨烯的铜箔贴合在一起；（2）腐蚀液刻蚀铜箔；（3）释放石墨烯层并转移到目标基板上。

虽然使用 TRT 的 R2R 转移方法可以制作出一种大面积的导电薄膜，而且 TRT 能自发快速脱离，无须复杂的除胶过程，但在石墨烯薄膜转移后，通常会发现裂纹和撕裂。一方面主要源于石墨烯 / 铜箔平整度较差，强烈的机械压力在局部应用于热辊之间的石墨烯薄膜上。另一方面，当它被应用到像 SiO2/Si 薄片这样的刚性基板上时，R2R 的转移有时会在石墨烯薄膜上产生不理想的机械缺陷，这大大降低了石墨烯薄膜的电学性能。因此，该课题组再次提出了一种叫作“热压”的干式转移方法，它使用两个热金属板相互挤压，精确控制温度和压力，会产生相对较小的缺陷和更好的电学性能，这种方法同时适用于柔性基底和刚性 SiO_2/Si 基底。

二、聚合物辅助剥离法

一方面，利用腐蚀液刻蚀掉催化金属层的基底刻蚀法转移技术有很多不足之处，如工艺时间较长、高成本（金属基底不能回收利用）、在化学刻蚀金属过程中会导致石墨烯结构的化学损伤、金属颗粒的残留以及不可避免地需要对废液进行处理。这些因素毫无疑问制约了大面积石墨烯的低成本制备的工业化发展。另一方面，基底刻蚀法转移并不适合转移铂、金等金属基底生长的石墨烯，因为这些金属很难被刻蚀且非常昂贵。因此，其他如“干法”等简化流程的转移技术相继提出。

1. 机械剥离

石墨烯与生长的铜箔之间的结合能为 33meV 每碳原子，而石墨晶面间的耦合强度为 25meV 每碳原子。原则上，石墨烯可以借助外力从铜箔上剥离下来，如同机械剥离一样。Lock 等提出了转移石墨烯至柔性聚合物基底的方法。

其原理是利用交联分子与石墨烯键合，使石墨烯与聚合物之间的作用力远大于石墨烯与金属基底之间的作用力，从而将石墨烯从金属基底上分离。转移过程主要分为三步：首先，对聚合物表面进行处理以增强与石墨烯之间的黏附力，表面处理过程包括等离子体表面活性处理和沉积一种叠氮化交联分子 4- 重氮基 -2，3，5，6- 四氟苯甲酸乙胺（TFPA-NH_2），然后将 TFPA 处理的聚合物面贴在石墨烯覆盖的铜箔上，并用 NX2000 纳米压印机热压，最后分离聚合物 / 石墨烯与金属基底。

此方法转移第一步的关键是处理聚合物表面，增强与石墨烯的黏附力。等离子体仅活化表面并非刻蚀，并不足以支撑转移的整个过程，所以在等离子体处理之后又在表面浸泡黏附了一层叠氮交联分子，使石墨烯与聚合物之间形成强共价键。需要注意的是，聚合物基底不能用典型的无机材料，应该能溶入有机溶剂，如丙酮、甲苯等，且与叠氮分子反应温和，不能在浸泡涂层时溶解在溶剂中。在第二步转移过程中，TFPA 处理的聚合物层与石墨烯铜箔贴合需要 500psi 压印 30min，叠氮化的官能团 TFPA-NH2 分子在沉积时并不活跃，而加热之后则与石墨烯之间形成碳碳共价键。

T.Yoon 等为了精确控制石墨烯与铜箔之间的分层过程，利用高精度的微机械测试系统通过双悬臂梁断裂力学试验，首次直接测量了单层石墨烯在金属基底上的附着力。在测试中，两个硅梁都以恒定的位移速率加载和卸载，而施加的负载作为位移的函数被监控。为了测量石墨烯在铜上的裂纹长度和附着力，进行了多次循环。每一个样本都是以 5 μ m/s 恒定的位移速率加载和卸载，施加的负载作为位移的函数被持续监测。可以观察到，其位移速率低于 5 μ m/s 时，石墨烯不是从铜上而是从环氧树脂分离。基于此，他们证明了在没有任何蚀刻工艺的情况下，石墨烯可以从铜基底直接转移到目标基板上。

在此基础上，S.R.Na 等研究了石墨烯如何与铜箔分离，并将它转移到目标基板上。他们通过将长有石墨烯的铜箔夹在两个硅条之间，使其在不同的剥削率下进行分离，证明了石墨烯与铜或石墨烯与环氧树脂界面分离是可以精确控制的。后者在考虑随后的转移步骤时很有用，因为石墨烯可能需要从聚合物支撑层中移除。他们测量了与每个界面相关的相互作用的强度和范围以及附着力的大小。实验发现，当施加的分离速度为 254.0 μ m/s 时，在环氧树脂和石墨烯之间的应力更集中并导致裂纹穿透石墨烯，然后沿着石墨烯 / 铜界面生长。而在 25.4 μ m/s 的位移速率下，情况大不相同，石墨烯与环氧树脂界面的裂纹增加。

这种转移方法的缺点在于它的成功取决于聚合物和石墨烯之间的附着力，而且必须克服石墨烯和金属基体之间的附着力。B.Marta 等提出了一种可以在不影响石墨烯质量的情况下，将高质量石墨烯薄膜转移到聚乙烯醇（PVA）上的方法。它可以在 PVA 薄膜上生成可随时使用的石墨烯，以及进行光学、形貌和光谱分析。其原理是利用 PVA 与石墨烯之间的黏附力大于石墨烯与铜之间的黏附力，可直接将 PVA/ 石墨烯从铜箔上剥离下来。

为了制备 PVA 薄膜，在连续搅拌的情况下，将 1.25g PVA 和 7mL 去离子水混合，直到所有 PVA 被溶解，得到一种均匀且黏稠的液体。然后将 PVA 溶液涂覆在石墨烯 / 铜箔表面，并在 100℃环境中加热 15min，这一过程是为了蒸发水分子，从而获得 PVA 的连续固体膜。此外，为了实现从铜基到 PVA 薄膜石墨烯的转移，一段透明胶带附着在 PVA 薄膜的上表面边缘。将铜箔固定，通过移除 PVA 薄膜，石墨烯从铜箔上分离到了 PVA 胶片上。

2. 电化学剥离转移

传统的湿法转移采用腐蚀液溶解金属基板，时间长、成本高，且容易留下金属微粒残留物及带来严重的环境污染。聚合物辅助剥离可能引起石墨烯裂纹等损伤，无法实现石墨烯完整转移。电化学剥离的转移方法可以获得结构完整的石墨烯薄膜，转移效率高，金属基板可以被重复使用，而被转移的石墨烯不含金属。

Y.Wang 等提出了通过电化学剥离转移石墨烯的方法。这种技术的优点是该过程的工业可适用性，以及铜箔在多个生长和转移循环中的可重复利用。转移步骤如下：（1）将 PMMA 旋涂在石墨烯 / 铜箔表面作为支撑层；（2）将 PMMA/ 石墨烯 / 金属作为阴极插入 $K_2S_2O_8$（0.05mM）电解溶液中，玻璃碳棒用作阳极；（3）通入 5V 直流电，由于水解反应 $2H_2O(l)+2e^- \rightarrow H_2(g)+2OH^-(aq)$，在石墨烯和铜箔之间出现氢气气泡，提供一种温和而持久的力量将石墨烯薄膜从其边缘的 Cu 箔中分离出来；（4）将石墨烯转移至目标基底。

在转移过程中，电极表面发生化学腐蚀和电化学沉积，铜箔在电解溶剂中会发生反应：$Cu(s)+S_2O^{2-}8(aq) \rightarrow Cu^{2+}+2SO^{2-}4(aq)$。与此同时，由水解产生的羟基离子引起的局部碱化也导致铜箔上 CuO 和 Cu_2O 的析出：$3Cu^{2+}(aq)+4OH^-(aq)+2e^- \rightarrow Cu_2O(s)+CuO(s)+2H_2O(1)$，进而阻止铜箔进一步刻蚀。XPS 分析结果表明，石墨烯生长之后在铜箔表面是无氧的。一旦石墨烯剥离，铜箔将被氧化。AFM 测试结果显示，铜箔在整个转移过程中被刻蚀不超过 40nm，考虑到 CVD 生长过程中铜箔被蒸发（1000℃下约 30nm/h），25μm 厚的铜箔可以重复生长剥离上百次。在 60min 内可实现将石墨烯从铜箔上转移至任意基底，效率上大大高于常规的湿法刻蚀转移技术。电化学剥离的时间可以通过调节电压和电解液浓度控制。

AFM 图像显示，循环三次生长转移石墨烯至二氧化硅上，石墨烯的表面形貌得到明显改善。第一个周期，表面有高密度的周期性纳米条纹；在第二个周期，从相同的 Cu 箔中分层的纳米波纹的密度已经大大减少了；第三个周期，减少的更多。拉曼光谱分析显示，缺陷密度随周期逐渐减少；电学性质测量也显示载流子迁移率也相应地提高，与拉曼测量结果相吻合。

从铜基底回收的观点来看，这种电化学剥离方法为大规模制备高质量的 CVD 石墨烯提供了一种经济有效的途径，且铜箔的电化学抛光和热重组过程中所产生的质量改进尤其值得一提。此外，这种非破坏性的方法可以应用于石墨烯在抛光单晶上的生长和转移，而不会牺牲昂贵的晶体，从而提供使用单晶基板产生高质量石墨烯的可能性。

这种电化学剥离转移的方法尤其可以应用于刻蚀法所不能使用的惰性基底上。例如，一般的基底刻蚀法并不适合转移铂基底生长的石墨烯，因为铂呈化学惰性不容易溶解，且铂相比铜、镍等价格昂贵。L.Gao 等利用类似的方法将生长在铂上的单晶石墨烯几乎没有破坏地转移到其他基底。

值得注意的是，在这种转移过程中，铂基底在化学上是惰性的，不涉及任何化学反应。因此，气泡的分层方法不会破坏铂基底，并允许在无限制的情况下，重复使用铂来获得石墨烯的生长。这种鼓泡的方法提供了一种通用的策略，可以将石墨烯在化学惰性的惰性物质上进行转移，如铂、钌、铱等。然而，不同于化学惰性的惰性物质，铜和镍在转移过程中容易被氧化和轻微溶解，因为它们与电解液的化学反应性非常高。因此，石墨烯在铜和镍上的转移本质上是一种局部的亚层刻蚀过程，而不是完全无损的过程。例如，在 0.5mol/L 的硫酸溶液中，0.03A 电流、0.5V 电压情况下，它足以迅速腐蚀铜箔。

上面的电化学剥离方法可以称为“气泡转移法”，或简称“鼓泡法”，因为金属基板上石墨烯的剥离是由电解水产生的氢气气泡引起的。然而，典型的电化学剥离产生的氢气泡会导致石墨烯机械损伤。C.T.Cherian 等提出了一种不产生气体的电化学剥离技术。在“无气泡”的转移方法中，从金属基体上剥离石墨烯的过程是通过刻蚀在空气中形成的金属氧化物基底而完成。多晶金属基底上生长的石墨烯有大量晶界及其他形式的缺陷，并不能完全隔绝空气，这导致了在 CVD 石墨烯 / 铜箔存储在空气中时，在界面之间有氧化铜的形成。Y.H.Zhang 等指出，空气也可以渗透到 CVD 石墨烯的褶皱中。因此，无论石墨烯的大小如何，铜基底在空气中的氧化都会发生，利用选择性化学腐蚀这种氧化物层，可降低基体材料的损失。事实上，还原氧化铜比有氢气形成需要的电势更低，有选择性地将原生氧化物层溶解，可在“无气泡”条件下将石墨烯从铜上剥离下来。为了确定完全无气泡剥离的最优可能范围，他们将裸露的铜设置为标准与三电极装置中的工作电极做对比，表征了铜的电化学反应，其中，0.5mol/L 的 NaCl 水溶液作为电解质溶液。电压低于 -1.5V 时，可以观察到大量的氢气气泡产生，在负极形成大的电流。在铜箔被氧化的情况下，-0.8V 左右在阴极形成电流峰还原氧化亚铜：$Cu_2O+H_2O+2e \rightarrow Cu(s)+2OH^-$，且电势恒定或低于 -0.8V，并没有导致石墨烯剥离出现。无气泡的快速（约 1mm/s）剥离仅当达到 -1.4V 的阈值电位时产生。因此，可以通过控制电压的范围，确保石墨烯剥离过程中没有明显的气泡产生。当然，“无气泡”并不意味着没有氢，这与析氢反应的开始是一致的。在这种电位下，气泡的缺失被归结为一个非常慢的氢生成速率，它使得氢在溶液中扩散，而不会在电极上形成气相。随着剥离的进行，为了不过度弯曲漂浮的薄膜以减少石墨烯层上的应变，样本在溶液中逐渐倾斜成约 45° 角。

拉曼光谱表征显示，I_{2D}/I_G 的平均值大于 2，两种方法的比率分布相似，说明石墨烯为单层；I_D/I_G 比率分布的中心明显从 0.12 降到 0.08、半峰宽从 34.03 降到 29.73，说明无泡剥离转移的石墨烯质量有明显提高。

三、直接转移法

总地来说，聚合物辅助转移石墨烯的方法简单易行，但是去除表面残留物仍是一个挑战。石墨烯的洁净度在研究其内在特性时极其重要，因此在转移后去除聚合物残留是必要和关键的。在转移过程中，各种溶剂处理和热退火已经被用于去除和分解聚合物残留物，但这些过程不仅不能完全消除聚合物，还会引起热应力对石墨烯造成损害，改变石墨烯的电子性质和能带结构。在没有任何载体材料的情况下，直接使大面积石墨烯薄膜脱离金属箔并转移到目标基底上具有潜在的价值——特别是在减少污染和制造成本方面。因此，研究人员开发出了一些无聚合物支撑的转移方法，不需要额外的过程来去除聚合物残留物。

1. 热层压法

Martins 等开发了一种针对有机柔性基底聚四氟乙烯（poly tetra fluoroethyl-ene，简称 PTFE）、聚氯乙烯（polyvinyl chloride，简称 PVC）、聚碳酸酯（poly-carbonate，简称 PC）、聚对苯二甲酸乙二醇酯（polyethylene terephthalate，简称 PET）等的直接转移石墨烯层压方法，该方法的原理是利用热辊层压的方式，使石墨烯与目标基底之间形成较强的键合力，不需要使用 PMMA 等聚合物作为中间支撑层。

将石墨烯 /Cu/ 石墨烯贴合为 PET/ 称量纸 / 石墨烯 /Cu 箔 / 石墨烯 / 目标基底 /PET 的结构。在此步骤中，PET 薄膜用于稳定堆垛结构，防止石墨烯 /Cu/ 目标基底与辊轴在层压时直接接触，称量纸用来防止当层压机滚轴温度高于 100℃时铜箔黏附在 PET 膜上。热辊层压之后，将目标基底 / 石墨烯 /Cu 的堆垛结构放入铜箔腐蚀液中溶解掉铜，最后用去离子水清洗并用氮气吹干。值得注意的是，转移时层压温度需略高于柔性基底的玻璃化转变温度，从而使基底处于黏弹态，增加与石墨烯 /Cu 的黏附性。重复该操作流程，可得到多层石墨烯薄膜。

进一步研究表明，该方法对低玻璃化温度的疏水基底最有效。如果基底具有亲水性，则腐蚀铜箔时水分子易于通过亲水性基底进入转移界面，使得石墨烯与目标基底黏接变弱，甚至直接脱落。对于不符合这些标准的纸或布等基底，可以用 PMMA 等聚合物作为表面修饰剂或黏合剂，以确保成功转移。因此，对于亲水性基底，可以预先做疏水处理，如旋涂 PMMA、等离子体轰击表面等。

该方法的缺点在于，对于多孔基底，石墨烯薄膜容易破碎，转移后的薄膜面电阻超过 1000Ω/0，面电阻区域均匀性较差。

2. 静电吸附

W.H.Lin 等研究了一种新的无聚合物支撑石墨烯转移过程，它可直接将 CVD 生长的石墨烯从铜基底转移到任何基底上。这种无聚合物支撑石墨烯转移过程可以重复，一层一层地转移多层石墨烯。

在一个干净的培养器皿中装满腐蚀液，腐蚀液由异丙醇和 0.1M 的过硫酸铵溶液按 1 ∶ 10 的比例混合。一个直径 2cm 的石墨支架用作限制石墨烯的区域。刻蚀掉铜箱之后，单层石墨烯漂浮在溶液表面，然后用两个注射器，其中一个空的、一个含有去离子水和异丙醇混合液，通过注射泵置换液体。为了控制溶液表面张力，两个泵都保持了相同的速率。置换完溶液之后，基底放置在漂浮的石墨烯下面，然后抽出液体，石墨烯就会贴在基底上。最后在氮气中 60℃加热 10min 干燥石墨烯。

如果没有支撑材料，单原子层的石墨烯就会受到铜箔蚀刻后溶液的表面张力而被破坏。由于去离子水和异丙醇的表面张力分别为 72dyn/cm 和 21.7dyn/cm，为了控制腐蚀液的表面张力，该方法在溶液中混合了异丙醇降低溶液表面张力。而为了最小化石墨烯周围的张力，设计了一个石墨支架来减少外界或溶液作用在石墨烯上的外力，防止石墨烯在转移过程中被破坏。

该方法与传统的转移过程相比，转移的石墨烯薄片不具有通常停留在表面的有机残留物，无聚合物转移石墨烯薄膜也显示出高电导和高透光率，使它们适合于透明导电电极。拉曼光谱、STM 和 XPS 证明了转移的石墨烯具有更好的原子和化学结构。因此，这里提出的技术允许将石墨烯转移到任何基底上，并生产高质量的石墨烯薄膜，这将直接扩大它在表面化学、生物技术和透明柔性电子产品上的应用。但是，这种转移方法的形状和尺寸受石墨支架的限制。

直接转移的关键问题是在石墨烯和目标基体之间实现高度的共形接触，以获得比石墨烯和铜箔更大的黏附能。W.Jung 等提出了用静电热压的方式将石墨烯与目标基底超保形接触，实现了 7cm × 7cm 单层石墨烯的清洁和干法转移，可使石墨烯直接脱离铜基底。石墨烯可实现直接从铜箔到 PET、PDMS、玻璃等不同基质的大面积转移，没有任何金属蚀刻过程或附加的载体层。此外，转移的石墨烯与基板保持强烈的黏附力，不受物理污染和对整个区域的破坏。为了证明所提方法的优点，在高温和高湿度下进行了可靠性测试来表征石墨烯薄膜电极的机械和电学稳定性。

石墨烯在铜箔上生长之后，放置在目标基底上，然后在低真空、温和的加热条件下，同时在基材上施加机械压力使得静电力贯穿基板。保持这种状态几十分钟，等温度降至90℃后将整个样品（基底和生长在铜箔上的石墨烯粘在一起）从装置中取出。取出样品后，稍微弯曲目标基底，然后用镊子夹住 Cu 箔的边缘将其拉起来，最终实现铜箔与基底分开，并不需要进一步的石墨烯转移流程，而分离的铜箔可以用于再次合成石墨烯。

为了避免由于加热和机械压力造成的基底的变形和雾度，不同的基底需要选择合适的转移条件。某些情况下，高温和高电压会导致雾度和热变形。除了这些情况，高温和高压都是有利于石墨烯成功转移的。

在玻璃基板的情况下，转移条件与聚合物基底大不相同，但类似于阳极键合过程，期望在玻璃的氧原子和石墨烯的碳原子之间建立化学键。在 360℃ ~420℃时，玻璃基板中的 Na_2O 和 K_2O 处于一种导电固体电解质状态，被分解成 Na^+、K^+ 和 O^{2-} 离子，当通过基板施加高压，已分解的阳离子 Na^+ 和 K^+ 迁移到阴极，其余的 O^{2-} 离子在石墨烯和玻璃基板之间产生高的静电力，从而在玻璃基板与石墨烯之间形成 C-O 共价键。这种共价键比石墨烯与铜箔之间拥有更高的附着力，帮助直接从铜箔上转移石墨烯至玻璃基板。适当的条件可以对铜箔形成较好的保护，保持与转移前相似的状态，但是，严苛的条件如 450V 和 900V 的高压可能会导致基板表面破坏。

原子力显微镜图像显示，静电热压转移前后的铜箔表面的粗糙度基本一致，表明铜箔经过静电热压转移并未受到破坏，可以重复用于石墨烯生长。180℃、900V 的条件下，波长为 550nm 时透光率为 96.2%，石墨烯的电阻与 PMMA 湿法转移的相似，分别为 1.37kΩ/mm 和 1.4kΩ/mm。在 85℃、85% 湿度的恒温恒湿箱中保持 50h，湿法转移的石墨烯电阻比静电法转移的升高了一倍多。说明转移后石墨烯与 PET 之间的黏附力强，石墨烯的电学和机械稳定性更好。然而，这种转移方法由于设备的限制暂时无法在大气环境中实现，因此，在进一步研究中需要研究大气条件对超接触保形转移的影响。

3. “面对面”转移

L.Gao 等报道了一种“面对面”直接湿法转移石墨烯。该方法的灵感来自研究自然现象：陆地甲虫或树蛙的脚是如何附着在完全淹没的叶子上的。显微镜下的观察显示，在甲虫脚周围形成的气泡形成了毛细管桥，并将甲虫的脚附着在浸没的树叶上。在类似的情况下，毛细管桥的形成，能确保石墨烯薄膜仍然附着在基底上并保证在蚀刻过程中不进行分层。这种“面对面”转移的方法实现了标准化操作，无须受限于 PMMA 转移中操作技巧性的影响，对基底尺寸形状无要求，能连续地在 SiO_2/Si 上完成石墨烯制备和自发转移。具体过程为：将 SiO_2/Si 片用氮气等离子体预处理，局域形成 SiON，再溅射铜膜，生长石墨烯，此时 SiON 在高温下分解，在石墨烯层下形成大量气孔。在腐蚀铜膜时，气孔在石墨烯和 SiO_2 基底之间形成的毛细管桥能使铜腐蚀液渗入，同时使石墨烯和 SiO_2 产生黏附力而不至于脱落。

在石墨烯与 SiO_2/Si 基板之间铜膜的腐蚀过程中，铜的溶解产生了空洞和通道，这些产生的毛细管力使液体腐蚀剂渗透到石墨烯薄膜和基底之间。在疏水性石墨烯表面，水分子与软性石墨烯薄膜之间的相互作用导致平面界面的不稳定，这导致了水界面的波动和自然气穴现象。这种毛细管黏附力比两个固体之间的范德瓦耳斯力相互作用更大。在蚀刻过程中，气泡的演变有助于石墨烯基底间的毛细管桥的形成，这就使石墨烯薄膜即使是在有液体浸润的情况下也能附着在基底上。然而，气泡也可以产生浮力，使石墨烯薄膜与底层的基底分离，因此石墨烯与基底之间是否可以形成足够多的毛细管桥，以抵消浮力引起的拉拔力决定了石墨烯薄膜的完整度。

以上所有的描述都表明，在没有裂缝的情况下，“面对面”转移的石墨烯薄膜保持了良好的晶体完整性和大面积连续性。这种“面对面”转移的关键优势在于它相对简单，只需简单的预处理步骤，然后刻蚀掉铜箔。它类似于自发的转移过程，因为不需要恢复漂浮的石墨烯；最重要的是，该方法的非手工和与晶片兼容的特性表明它兼容自动化和工业延展性。有趣的是，研究发现水可以渗透到石墨烯和硅片基底之间，从而允许添加不同的表面活性剂来修饰界面张力，减少石墨烯薄膜中的波纹。虽然有许多潜在的适用于柔性器件的转移方式的应用，但必须指出的是，到目前为止，大多数设备都是在像硅这样的“硬”基板上操作，而非手动、批量处理的转移方法是绝对需要的。面对面转移法可实现石墨烯向硅基底的快速转移，显示出了对器件制备的卓越前景，如栅极控制肖特基势垒三极管器件和光调制器。

4. 自组装层

SiO_2/Si 基板上石墨烯场效应晶体管（GFET）器件的载流子迁移率要低于悬浮的或在六边形的氮化硼（h-BN）基底上的器件。有报道称，自组装单层膜（SAM）改性的 SiO_2/Si 基底可有效地调节石墨烯的电子性质，通过降低表面极性声子散射提高场效应迁移率。然而，这些石墨烯 /SAMs 设备的制备中都包含了支持材料，而产生的表面污染可能会影响其传输性能。

B.-Wang 等探讨了一种无支撑方法转移 CVD 石墨烯薄膜到各种经过自组装单层膜改性的基底，包括 SiO_2/Si 晶片、聚乙烯对苯二甲酸酯薄膜和玻璃。首先，用三氯甲硅烷形成的自组装层（F SAM）预先处理目标基底，形成疏水表面，然后将石墨烯 / 铜箔片轻轻按压在改性的基底上，浸入铜蚀刻剂中。通常，石墨烯由于其和基底之间的水分子扩散而倾向于脱离原始的 SiO_2/Si 晶片，悬浮在水中。相比之下，疏水基团终止了水分子的插入，维持了石墨烯与改性的 F-SAM 涂层 SiO_2/Si 薄片在铜蚀刻过程中的高附着性。这种方法不仅为 CVD 法生长的石墨烯薄膜转移到不同底物提供了一种有效且清洁的途径，而且 F-SAM 的存在还可以提高石墨烯器件的电子性能。

四、其他转移方法

1. 湿法转移

在湿法转移方法中，使用离子蚀刻剂来溶解生长衬底，然后将石墨烯从液体清洁溶剂（通常是水）转移到目标衬底而不干燥。各种支撑层用于实现石墨烯的清洁和无残留转移。

湿法转移仍然是最常见和最传统的转移方法，在实验室中得到成功使用。然而，这些方法有许多的限制，促使科学家探索能够实现大面积、无污染转移石墨烯的替代路线。研究包括生长衬底、蚀刻剂、支撑层和支撑层溶解溶剂的优化，这些都是导致高转移成本的重要因素。此外，最大限度地减少清洁步骤的数量，以减少残留物沉积和对石墨烯层的损坏（如折叠、裂缝、撕裂和皱纹）也很重要。

2. 鼓泡法转移

（1）电化学反应转移

在这种方法中，O_2 和 H_2 气泡是通过电化学反应产生的，其中铜生长衬底上的石墨烯充当电极之一（阴极或阳极）。气泡施加剥离力，最终将石墨烯从生长衬底上剥离。这种方法只能用于适合用作电极的导电基底。与化学蚀刻金属衬底的传统湿法转移方法不同，可以实现石墨烯从生长衬底上的清洁剥离，允许衬底被回收利用。这种方法是经济的，因为它最大限度地减少了蚀刻剂或清洁剂的使用，并且是可扩展的。

简而言之，电化学方法快速、有效，并且可实现生长基底多次重复使用。

（2）非电化学鼓泡辅助转移

一般来说，电化学鼓泡辅助转移是复杂和剧烈的。此外，需要优化工作电压，这十分具有挑战性。此外，基于鼓泡的电化学转移仅适用于导电基底，这使该方法对于石墨烯转移不太理想。因此，非常需要一种温和而简便的鼓泡辅助转移方法。Gorantla 等人提出了一种想法，即气泡通过正常的化学反应产生，使合成石墨烯从基底上脱离（即使是非导电基底）。他们使用了以下简单的化学反应：$NH_4OH+H_2O_2+H_2O$，形成 O_2 气泡，有助于将 PMMA 石墨烯从铜箔上剥离。

（3）干法转移

在广泛使用的离子液体和重复转移步骤的转移技术中，污染和缺陷的可能性很高，这些多重清洁步骤使得获得应用级石墨烯具有挑战性。此外，生长衬底在这些过程中不可重复使用，增加了净成本。因此，干转移技术已被开发为将清洁、高质量石墨烯转移到器件兼容表面的替代、经济和可行的途径，其中使用分层方法来允许生长衬底的再利用。使用具有低结合能的无机金属氧化物（MoO_3）开发了干法转移方法，其通过水处理被完全洗掉。拉曼光谱进一步说明，重复利用生长衬底（高达 50 次）可同样产生高质量的石墨烯。X 射线光电子能谱（XPS）研究证实了没有金属残留物的干净转移。因此，层状金属氧化物可用于改善平整石墨烯层的转移，并促进石墨烯的应用。

（4）卷对卷转移

为了满足市场对大规模石墨烯的需求，并实现石墨烯的各种应用，高质量的工业规模转移至关重要。为了实现这一点，发展了卷对卷石墨烯转移。此外，这种方法被推广到其他二维（2D）材料的转移，包括异质结构的卷对卷堆叠。卷对卷方法无聚合物残余，并使生长衬底的循环利用达到成本最小化。该方法可规模化拓展的另一个重要因素是，使用石墨烯和基底之间的热去离子水渗透作为分层的主要驱动力。卷对卷工艺中，三个最重要的参数是传输速率、温度和辊压。在层压辅助卷对卷转移的情况下，低转移速率、温和加热和高压有利于高质量转移。

（5）无支撑转移

支撑辅助石墨烯转移是将高质量清洁石墨烯转移到目标衬底的传统方法，不幸的是，支撑基底中的杂质仍然非常普遍，无法在不损害石墨烯性质的情况下完全消除。因此，正在开发替代路线，以避免使用支撑层，并实现与支撑层使用和去除相关的成本。在一种无支撑转移路线中，累积在目标衬底上的静电荷用于移动铜 / 石墨烯，随后湿法蚀刻铜。该方法是可扩展的，并且显示出具有较少缺陷的高质量石墨烯转移。与 PMMA 支持的方法和卷对卷方法相比，静电荷调控转移实现了得到更高质量、无残留的石墨烯，这由更窄的 XPS 峰得到证明。

第三节　石墨烯的表征技术

一、光学显微分析

如前所述，石墨烯的厚度仅有一个原子层厚，但是由于它的横向尺寸可达到数百厘米的量级，因而，在光学显微镜下仍可成像。事实上，石墨烯最初被发现就是在普通的光学显微镜下被分辨出来的。采用光学显微镜观察石墨烯的方法很简单，只要将石墨烯转移到表面有一定厚度的氧化层的硅片（如 SiO_2）上，就可以直接在光学显微镜下进行观察，从光学显微镜中不仅可以看到大量的石墨碎片，而且尺寸、形状、颜色和对比度各异。光学显微镜下图片的颜色和对比度与石墨烯的厚度（层数）密切相关。这样，通过照片颜色和对比度的差别，就可以判断出石墨烯的厚度。

尽管光学显微镜观察石墨烯方法很简单，但是在一般的硅片基底上，在光学显微镜下也是无法观测到石墨烯的。氧化硅层的厚度对石墨烯的光学成像效果影响较大，只有当氧化层的厚度满足一定条件，使光路衍射和干涉效应能够产生颜色的变化时，石墨烯才会显示出特有的颜色和对比度，才能应用原子力显微技术对这些石墨烯进行层数的标定，将颜色和对比度同层数对应起来，在后续的检测中，才可以根据石墨烯的颜色和对比度来判别其层数。

二、电子显微结构

电子显微镜技术是对材料微观组织、形貌和成分进行分析的有力工具，在纳米材料的表征上发挥着重要的作用。常用的电子显微技术包括扫描电子显微镜（Scanning electron microscopy，SEM）和透射电子显微镜（Transmission electron microscopy，TEM）。下面分别介绍这两种电子显微镜。

1. 扫描电子显微镜

扫描电子显微镜（SEM）是利用在样品表面 10nm 深度范围内，扫描着地聚集电子束与试样相互作用后产生的二次电子信息及处理后获得的试样形貌等信息进行成像的。SEM 的成像原理如下：当电子束在样品表面扫描时会激发出二次电子，用探测器收集产生的二次电子，则可获得样品的表面结构信息。石墨烯的厚度为原子量级，表面起伏多为纳米量级，并且由于石墨烯发射二次电子的能力非常低，因此，在通常情况下石墨烯在 SEM 下很难成像。但是，由于石墨烯质软，在基底上沉积后会形成大量的褶皱，这些褶皱在 SEM 下可被清晰分辨。

借助这些皱褶可以将石墨烯的轮廓勾勒出来，因此采用 SEM 也可以表征大面积的石墨烯薄膜。在不同放大倍率下观察到的石墨烯的形貌不尽相同。用低放大倍率观察，纳米石墨剥离得非常充分，剥离出的石墨烯重新团聚形成了团聚体，可以很明显地看到层面上的褶皱，并且没有很规则的手风琴或枣核状的结构，石墨的层结构被充分打开了。增大 SEM 的放大倍率，不但可以在边缘看到很多外伸的薄层，甚至在基片上也发现了贴附在上面的石墨烯。结构呈现出规整的类手风琴结构或者花瓣结构，这是石墨烯紧实的片层结构被撑开后形成的。石墨烯薄片或者团聚成絮状的团聚体，或者从边缘伸出，但是尺寸较小。

2. 透射电子显微镜

透射电子显微镜（TEM）是采用透过薄膜样品的电子束成像来显示样品内部的组织形态与结构的。因此，它可以在观察样品微观组织形态的同时，对所观察的区域进行晶体结构鉴定（同位分析）。通过 TEM 可以考察颗粒大小及团聚情况，其分辨率可达 10^{-1}nm，放大倍数可达 10^{6} 倍。由于 TEM 是以电子束透过薄膜样品经过聚焦与放大后所产生的物象，而电子易散射或被物体吸收，故穿透力很低，必须将样品制成超薄切片才能在 TEM 下进行观察。石墨烯本身就满足这些条件，因此可直接进行 TEM 检测。

采用高分辨率透射电子显微技术（HRTEM）可以对石墨烯进行原子尺度的表征，将石墨烯悬浮在 Cu 网微栅上可以标定石墨烯的层数并揭示其原子结构。对石墨烯的片层边缘进行高分辨率成像，就可以确定石墨烯的层数。

借助图像模拟技术，还可以获得在不同成像条件下的 TEM 照片，通过与实验结果的对比，可以深入揭示石墨烯的微观结构。显示出石墨烯样品与入射电子束角度不同，是由于石墨烯表面具有周期性的起伏，而呈现出的不同模拟结果。当石墨烯表面存在微观起伏时，其电子衍射谱会发生变化。据此可验证自由悬浮的石墨烯表面发生的诸如“波纹”的结构变化，幅度约为1nm。如前所述，这些波纹的存在是石墨烯的本征结构特性，用于维持自身的热力学稳定性。当然，也有的是由于外来杂质，如表面吸附灰尘所造成的。

同时，结合高分辨率原子尺度成像技术和电子衍射技术，石墨烯晶界的每个原子都可以被精确定位。石墨烯的晶界是通过五边形 - 七边形相对而“结合”在一起的，这样的晶界结构极大地降低了石墨烯的力学性能，但是对其电学性能的影响却不大。采用电子衍射过滤成像技术可以快速地确定数百个晶畴和晶界的位置、取向和形状，并用不同的颜色标定出来，而不必对每个晶畴中的数十亿原子分别进行成像。该方法结合了经典的和最新的TEM 技术，也适用于其他二维材料的形貌表征。

除了石墨烯晶界处的原子构成外，实现边缘处的电子属性在原子尺度的解析也具有同样重要的意义。由于边缘处电子信号弱，以及电子束造成的破坏，对轻原子（如碳）的能谱成像一直是个难题。借助能量损失近边精细结构分析（ELNES），获得了单原子的化学信息，成功实现了石墨烯边界处的单原子直接成像，并对其电子特性和成像原理进行了分析。这一成果对于揭示纳米器件和单个分子的局域电子结构特征起到了非常重要的作用。

此外，SEM 和 TEM 一般都配有能量色散谱仪，可以进行石墨烯表面的元素分布分析。X 射线能谱仪（EDS）是扫描电镜和透射电镜的一个重要附件，利用它可以对试样进行元素定性、半定量和定量分析。其基本原理是根据各元素都具有自身的特征 X 射线，当入射电子与试样作用时，被入射电子激发的电子空位由高能级的电子填充时，其能量以辐射形式发出，产生特征 X 射线。根据产生的特征 X 射线的强度可以估计各元素的含量。

三、扫描探针显微结构

随着扫描隧道显微镜（STM）和原子力显微镜（AFM）的发明及其在表面科学和生命科学等研究领域的广泛应用，相继出现了许多技术相似的新型显微镜，总称为扫描探针显微镜（SPM）。SPM 技术的出现和发展，使人们不仅能够接近原子尺度上研究导体、半导体，而且包括绝缘体在内的几乎各种表面，使它在各种科学领域特别是纳米材料表征中发挥着越来越重要的作用。

扫描隧道显微镜（Scanning probe microscopy，SPM）是根据量子力学中的隧道效应而设计的。借助 SPM 不仅可以直接观测样品表面的单个原子和表面的三维原子结构图像，同时还可以获得材料表面的扫描隧道谱，进而可以研究材料表面的化学结构和电子状态。SPM 包括原子力显微镜（Atomic force microscopy，AFM）和扫描隧道显微镜（Scanning tunneling microscopy，STM）两种模式，可以分别对材料的表面形貌和原子结构进行检测。

AFM 是一种利用原子、分子间的相互作用力来观察物体表面微观形貌的新型实验技术，具有原子级的分辨率。原子力显微镜可以用于表征石墨烯纳米片的厚度及层数。利用原子力显微镜测量石墨烯堆垛边缘的尺寸，可以获得石墨烯厚度的直接信息。石墨烯具有的特殊二维物理特性，导致其表面的水分子吸附以及与基板间的化学反差，所以已有文献报道，单层石墨烯的厚度大多为 0.6~1 nm，这可能导致无法辨别单层、双层石墨烯或褶皱。原子力显微镜对于堆叠形成的多层石墨烯的测量可以获得更为准确的信息。理论上精确地讲，只有 10 层以下才能称为石墨烯。为了进一步证实所得产物为石墨烯，可以利用原子力显微镜对片层尺寸和厚度进行详细分析。

利用 AFM 鉴别石墨烯结构可以获得最直接的信息，可以直接观察石墨烯的表面形貌，并且测量其厚度，这种表征手段的缺点是效率很低。另外，由于表面吸附物的存在，其测得的厚度比实际厚度要大很多（0.6~1 nm），而石墨单原子层的理论厚度仅为石墨片层间隙，约为 0.34 nm。

石墨烯层数与厚度之间的关系可用以下公式计算：

$$N = \frac{P - X}{0.34} + 1$$

式中：

N——石墨烯层数；

P——石墨烯的 AFM 实测厚度；

X——单层石墨烯的 AFM 实测厚度。

如前所述，独立存在的悬浮石墨烯或者沉积在基底上的石墨烯，为了维持其自身结构的稳定性会在表面形成“波纹状”的起伏。采用 AFM 表征技术进行观察发现，当石墨烯沉积在云母上时，石墨烯表面的这种微起伏现象得到了极大的削弱，并具有非常小的表面粗糙度。石墨烯的表面起伏高度为 -0.57817~0.10824nm，比 TEM 测试过程中 Cu 网上的起伏 1 nm 低近 50%，是最“平”的石墨烯。

石墨烯的原子分辨图像可以通过 STM 得到。STM 对样品要求较高，表面需平整、干净。直接生长在 Cu 箔上的石墨烯可以用 STM 直接检测，但是如果是转移到 SiO_2-Si 基底上的石墨烯，由于通过光刻技术处理过的石墨烯表面上有一层光刻胶残留物，必须除去方能得到原子图像。

四、拉曼光谱

原子力显微镜虽然可以测量石墨烯片层的厚度，但工作效率较低，并且对于单层或双层石墨烯分辨率较低，拉曼光谱（Raman）则被认为是确定石墨烯层数的有效方法。光照射到物质上发生弹性散射和非弹性散射，非弹性散射的散射光有比激发光波长长的和短的成分，统称为拉曼效应。拉曼光谱是一种利用光子与分子之间发生非弹性碰撞获得的散射光谱，从中研究分子或者物质微观结构的光谱技术。由 Raman 光谱分析可以得到样品微观结构的信息，比如说价态和价键随组分变化的情况，这对我们研究材料的性能和结构之间的关系有很大帮助。目前拉曼光谱分析技术已广泛应用于物质的鉴定，分子结构的研究。拉曼光谱分析法是一种无损检测与表征技术。入射光与样品相互作用，由于样品中分子振动和转动，使散射光的频率（或波数）发生变化，根据这一变化可以分析材料的分子结构。拉曼光谱还可以鉴别单层、双层石墨烯与石墨薄层、块体石墨之间的区别，但是拉曼光谱仅限于少于五层的石墨烯的层数观察，具有一定的局限性，对于多层石墨烯则无法分辨。

图 2-2 是石墨烯与石墨拉曼光谱的对比（激光波长为 514 nm），石墨及石墨烯的特征拉曼光谱主要表现在位于 1584cm^{-1} 的 G 峰和 2 700 cm^{-1} 的 D' 峰。其中，G 带为 E_{2g} 振动模式，D' 带为二阶双声子模式。第三个特征峰位于 1 350 cm^{-1}，在结构纯净的石墨烯中表现不明显，而对于带有缺陷的石墨烯则表现为特征峰。G 及 D' 峰的位置变化与石墨烯片层的厚度密切相关，单层石墨烯的 G 峰位置与石墨相比要高 3~5 cm^{-1}，而强度基本一致。习惯上，把 D' 峰定义为 2D 峰，随着石墨烯片层数的减少，2D 峰在形状和强度上都发生了明显的变化。对于石墨，2D 带由两部分组成，其在低位移 $2D_1$ 及高位移 $2D_2$ 处强度分别为 G 峰的 1/4 和 1/2。而对于单层石墨烯，G 带在较低位移处为单一尖锐峰，而强度大约为 G 峰的四倍。

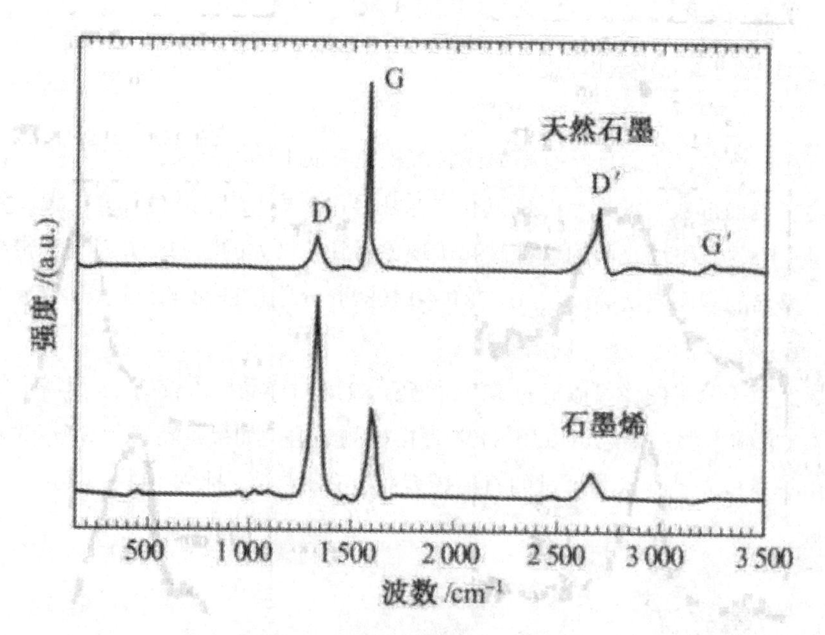

图 2–2　石墨烯与石墨的拉曼光谱

图 2-3（a）和（b）是石墨烯和不同厚度的石墨片层在两种激光波长（633 nm 和 514 nm）激发下的拉曼光谱 2D 峰的对比。从图中可以看出，随着石墨厚度（层数）的增加，峰位右移，峰的叠加现象从双层开始出现。双层石墨烯的 2D 峰由四个子峰叠加而成，如图 2-3（d）所示。中间两个峰的强度高于两个侧峰。随着层数的增加，2D 的强度逐渐下降。

位于 1 350 cm⁻¹ 附近的 D 峰为缺陷峰，反映了石墨片层的无序性。当入射激光聚集在石墨烯片层的边界时，会有 D 峰出现。由图 2-3（c）所示的石墨烯和石墨的边界 D 峰对比可知，石墨的 D 峰也由两个峰组成，而石墨烯的 D 峰为单峰。

综上所述，单层石墨烯的拉曼光谱有以下三个特点：

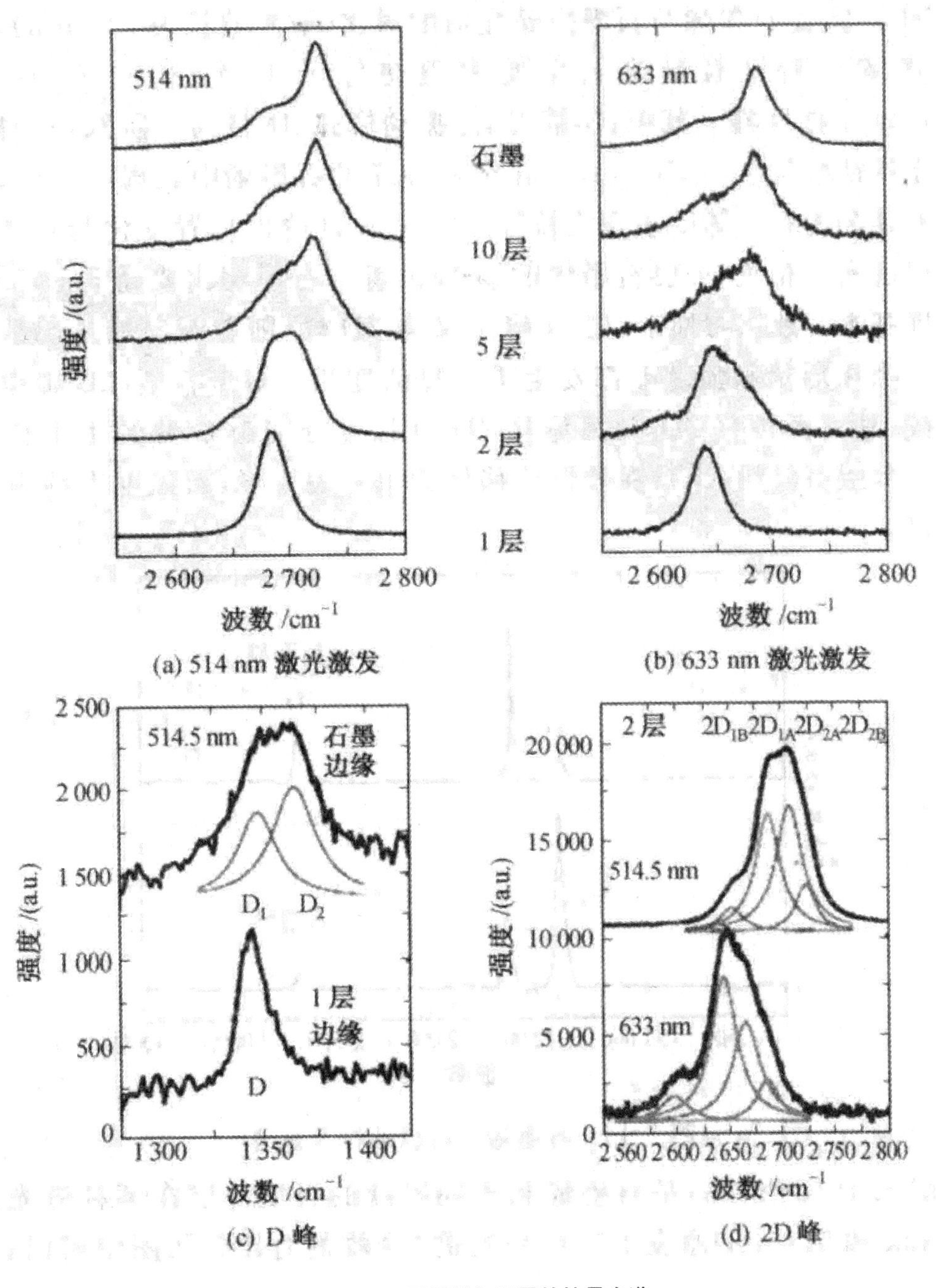

图 2-3　石墨烯与石墨的拉曼光谱

1.2D 峰为单峰；

2.2D 峰的强度高于 G 峰；

3.2D 峰的峰位应较块体石墨向左偏移。

上述拉曼光谱曲线均来源于某一特定点区域，点区域的面积取决于入射光斑的大小。当需要对石墨烯薄膜进行大面积拉曼光谱分析时，则要利用拉曼光谱仪的面扫描功能，控制入射光在指定区域内、在一定波数区间逐点取样。

结构表征是材料研究必不可少的环节，对于石墨烯这种新型的二维单原子层材料来说，更需要系统地研究各种结构检测技术，以帮助我们更加深入地认识石墨烯的形貌特征、原子和分子结构、能带结构，解析它的微观结构与性能的相关关系，同时，也便于我们进一步改进石墨烯的制备工艺，提高石墨烯的质量与纯度，为后续的应用奠定了基础。

第三章 石墨烯基杂化材料的功能化及制备

第一节 转角多层石墨烯材料

由于其较高的载流子迁移率和狄拉克电子能带结构，石墨烯被视为理想的二维电子气输运研究载体。当两层石墨烯按照小角度堆叠时，碳原子疏密排列形成摩尔超晶格结构，导致较强的周期性层间耦合。2011 年，德克萨斯大学奥斯汀分校的 Allan H.MacDonald 团队利用连续模型预测，当转角为“魔角”（约 1.1° ）时，周期性层间耦合会使得该体系中出现“平”的能带结构。Hubbard 模型下，电子平带带来不可忽略的库伦相互作用，会导致莫特金属—绝缘体相变。2018 年，麻省理工学院的 Pablo Jrrilo-Herrero 团队首次在实验上观测到魔角石墨烯（“1+1”）中平带半填充时的电子关联绝缘态以及由关联绝缘态掺杂诱导的非常规超导现象。这种关联绝缘态和超导相共存的特征类似于铜基高温超导，有望作为一个新的平台去研究电子强关联和高温超导机理。转角低维材料体系迅速吸引了大量理论和实验工作者的关注，一个新研究领域——转角电子学，应运而生。寻找其他的转角强关联体系、增加新的电子态调控自由度，成为该领域的前沿问题之一。

近期，中国科学院物理研究所 / 北京凝聚态物理国家研究中心纳米物理与器件实验室 N07 课题组博士沈成和研究员张广等从 AB 堆垛的双层石墨烯出发，研究了双层石墨烯（“2+2”）魔角体系。考虑到单个 AB 堆垛的双层石墨烯会在垂直原子平面的位移电场作用下在零能量费米面处打开能隙，形成“墨哥帽”式的能带结构。他们提出，由 AB 堆垛的双层石墨烯构筑的转角双层石墨烯体系，同样存在电子平带且平带结构可以受到位移电场的调控。

利用转移堆叠技术，他们制备出许多转角在 1.06° ~1.33° 区间的样品，通过顶栅和底栅来独立调控载流子浓度和垂直电场强度，利用电输运测量的手段系统地研究了该体系中的电子强关联效应。他们发现转角双层石墨烯体系中的确会在第一支导带半填充时发生金属 - 绝缘体相变，证实该体系中平带带来的强关联效应，相关实验结果与紧束缚模型的能带计算结果吻合。此外，他们还验证了位移电场对半填充关联绝缘态的调控作用。在有限的位移电场（0.2V/nm<|Dl/ ε 0<0.6 V/m）下，关联绝缘态经历由出现到增强并最终消失的非单调性变化。位移电场下关联绝缘态的响应，来源于位移电场对平带带宽和平带两侧

单粒子能隙大小的调控。这些结果表明，在“2+2”的魔角石墨烯中，位移电场可以作为除载流子浓度和转角角度之外调控电子关联强度的又一个自由度。

电子强关联作用往往会引发电子的对称性破缺。例如，绝大部分莫特绝缘体会呈现出电子自旋的反铁磁排列。在“2+2”魔角石墨烯中，通过施加平行磁场观测半填充关联绝缘态的响应，来探测电子平带半填充时的自旋基态。平行磁场下塞曼效应诱导和增强半填充关联绝缘态的结果，支持该体系平带半填充时电子自旋极化的观点。这些结果为实验和理论上研究铁磁莫特绝缘体和铁磁超导提供了可能。

“2+2”的魔角石墨烯作为一个新的量子材料，展现了多自由度调控的电子强关联效应。该体系下的许多重要问题，如关联绝缘态的起源、超导态和陈绝缘体的存在等，仍待进一步研究。“2+2”的魔角石墨烯成为国际上多个理论和实验团队的重点研究对象，有望揭示更加丰富的电子关联和拓扑量子物态。

第二节　其他二维材料范德瓦尔斯异质结材料

二维材料指的是由单原子层或几个原子层构成的晶体材料。这一领域自 2004 年石墨烯被发现后开始高速发展，迄今为止人们已经发现了几十种性质截然不同的二维材料，涵盖了绝缘体、半导体、金属等不同的属性。那么，二维材料为什么具有这么独特的吸引力呢？

首先，许多二维材料都存在着与之对应的母体材料，即二维材料依靠层间范德瓦华斯相互作用堆积而成的层状材料，比如石墨之于石墨烯。这些层状材料的制备方法绝大部分都非常成熟，并被大量应用于润滑、催化等领域。自 20 世纪 70 年代（甚至更早）起，层状材料就由于电荷密度波、超导、锂电池等领域的研究颇受关注。诸如过渡族金属硫化物中的电荷密度波现象被认为与能带的二维属性有着直接的关系；铜基以及后来发现的铁基高温超导体都是准二维体系，至今尚不清楚这是否只是巧合；而锂电池技术能有今天的发展，也必须提及层状材料中插层化学的相关研究。如果我们能把层状材料中的最小单元一个单层制备出来进行研究，那就好比我们打开了一本书取出了一页纸仔细研读。因此，对于二维材料的研究，将很有可能揭开这些层状的母体材料中的谜团。

更有意思的是，二维材料的能带结构也可能会与母体材料有所不同，从而使二维材料具有其母体材料不具备的优越性质。比如，对石墨烯来说，层间耦合的消失使原胞内部的两个碳原子变得完全等价，使费米面上的电子有效质量为零，因此单层石墨烯中电子的迁移率比其母体石墨要大得多。对于单层的二硫化钼（MoS）来说，晶格中心反演对称性的破缺使得自旋效应得以实现。而层间耦合的消失使其从母体的间接带隙半导体变成单层的直接带隙半导体，并且使带隙从母体的 1.2 eV 增加到单层的 1.8eV 中。对于黑磷（BP）来说，相似的量子局限效应让带隙从母体材料的 0.3 eV 到单层的 1.8 eV 随着层数连续可调，非常适合光电子学方向的应用。

另外非常重要的一点是，二维材料相比于三维体材料对外界的调控敏感得多，这是因为对于二维材料来说，所有的原子都暴露在表面上，没有被藏起来的“体”的部分。比如，对于双层石墨烯，施加一个纵向电场，就可以打开一个带隙门，相应的，如果在石墨上施加一个纵向电场，石墨表面的原子层会将电场屏蔽，石墨内部将完全感受不到任何电场。又比如在电场的调控下，MoS2 和黑磷都是性能优异的场效应管，由于其沟道可以仅有 1 个原子层的厚度，因此场效应管可以做得更小，从而可能延续摩尔定律。随着离子液体和电解质栅压调控技术的发展，可以在界面上实现高达 1015/cm2 载流子浓度变化的调制。在母体材料中，这样的电场调制由于静电屏蔽作用只会发生在表面几个原子层内，如果母体材料本身非常导电，就很难分辨表面的载流子浓度调制带来的变化。而对于二维材料来说由于其厚度最多仅有数个原子层，就可以得到均匀的载流子浓度调制，从而可能观察到新的现象。另外，二维材料表面的化学吸附特性可以使其成为敏感的气体分子探头和生物探测传感器。

二维的体系中也蕴含着三维体系所没有的物理。当电子被束缚在二维平面中运动时，在磁场下电子的运动会量子化，电子不再按照原来的能谱运动，而是形成朗道能级，实现量子霍尔效应。材料中的电子—电子相互作用会进一步地诱导分数量子霍尔效应的发生。在半导体的二维材料体系中，就有可能观察到量子霍尔效应和分数量子霍尔效应。通过量子霍尔效应可以精确地定出精细结构常数，也可以为质量的标准进行重定义。而对分数量子霍尔效应的研究不但可以加深对电子—电子相互作用的理解，也是实现拓扑量子计算的基础。

除了上述性质，最有意思的一点就是，二维材料不光可以从母体材料上解理，还可以按需把二维材料堆叠到一起，形成新的结构，这样的结构称为范德瓦尔斯异质结。这种人工结构大大丰富了材料的属性，并且可以很方便地制造出自然界并不存在但性能优异的人工材料。在后文中我们将详细介绍这一点。

半导体和绝缘体二维材料。实验上最先被关注的二维材料是二维的半导体材料。以石墨烯、六角氮化硼（h-BN）和半导体型的过渡金属族元素与硫族元素化合物（MX）为代表，由于其稳定性最先被研究。随着技术的进步，在一些不那么稳定的材料（如黑磷、硅烯）中，也发现了新奇的性质。

实验上二维材料蓬勃发展的一个很重要的因素就是其广阔的应用前景。曾经有人预言石墨烯将在几十年后代替硅产业，不过到目前为止二维材料的研究离这个目标还很远，但已经有一些初步的成果。基于半导体二维材料的场效应管相对于现在的硅基场效应管具有几个非常吸引人的优势：第一，二维材料的沟道厚度仅有一层原子，而且面外无悬挂键，使得器件的尺寸可以做到更小，缺陷也更少，意味着更高的密度和更小的功耗；第二，二维材料非常柔软，可以承受很大程度的变形拉伸，可以用作柔性电路材料；第三，二维材料由于厚度极薄透明度很高，可以制作透明的器件。一开始所有人都把目光集中在石墨烯上，因为石墨烯的某些性能非常优异，在那么多二维材料中，第一个被发现的石墨烯至今仍然保持着多项纪录：最高的迁移率、最稳定的热力学与化学性质、最高的热导率。但它也有着一项致命的缺点，就是零带隙。零带隙意味着无法关断石墨烯沟道，也就无法把石墨烯作为下一代场效应管材料的候选者。研究者花了许多精力试图给石墨烯打开一个能隙，但对于单层来说，打开带隙意味着需要在原胞内部引入不对称，这种原子尺度的改变是相当困难的，一些化学方法虽然可以打开能隙，但同时也会造成大量缺陷使石墨烯变得难以导通。而在双层石墨烯中，简单的垂直电场就可以破坏晶格的反演对称性从而打开一个能隙。可惜这个能隙受到介电材料击穿电压的限制还是太小，无法满足室温下的应用需求。而与这个目标相反的是，经过掺杂的石墨烯导电性好于任何已知的材料，而且几乎完全透明，只吸收 2.3% 的可见光。石墨烯虽然难以用作场效应管，但可以作为二维器件的电路而存在。而理想的绝缘体也早已有了候选者，那就是二维六角氮化硼。氮化硼具有和石墨相似的晶格结构，但是带隙达到了 5.2eV，是非常好的绝缘体。

2010 年，MoS_2 重新进入了大家的视野。单层的 MoS_2 被发现具有 1.8 eV 的直接带隙，而在 2011 年，高质量的单层 MoS_2 场效应管也首次被制备了出来，开关比达到 10^6，美中不足的是迁移率偏低，只有大概 100 $cm^2/V\cdot s$，不过，这并不妨碍单层 MoS_2 成为低功耗器件的候选者。而在 2014 年，黑磷场效应管也被成功制备，106 的开关比和 1000 $cm^2/V\cdot s$ 的室温迁移率使黑磷成为下一代晶体管的热门竞争者，更有意思的是，黑磷在平面内具有很大的各向异性，使得电子沿着面内垂直晶相的有效质量相差达 11 倍之多。然而黑磷的弱点是在大气环境中的不稳定性。而另一方面，二维的硅材料硅烯的研究也于 2010 年取得进展，第一次可以在银衬底上生长出单层的硅烯材料。值得注意的是，硅烯（锗烯）是少有的几种至今还没有母体材料与之对应的二维材料。2015 年第一个硅烯场效应管被成功地制备，迁移率达 100 $cm^2/V\cdot s$。不过硅烯遇到的问题是，过小的能隙和水氧环境中的不稳定性，因此，尽管硅工业界对硅烯抱以厚望，但如何真正解决这些问题仍然是很大的挑战。

范德瓦尔斯异质结。在前文中我们提起过，将不同的二维材料堆叠在一起，可以形成由范德瓦尔斯作用维系的双层甚至多层人工材料。这样的材料被称为范德瓦尔斯异质结。性质迥异的二维材料堆叠到一起之后可以得到令人惊奇的物理性质。近乎无限丰富的可能性使范德瓦尔斯异质结的重要性甚至高过了二维材料本身，因为这样的技术使人类对材料的设计变得前所未有的简单。

对于范德瓦尔斯异质结的开创性工作始于 Hone 组。2010 年 Hone 组报道了将石墨烯通过高聚物转移到薄层氮化硼上的湿法转移技术。由于氮化硼本身就是二维晶体，其平整度远高于二氧化硅衬底，因此，转移到氮化硼上的石墨烯迁移率提高了近两个数量级。随后，Hone 组又进一步发展了干法拾取转移技术，将石墨烯封装到两片薄层氮化硼之间，使石墨烯的迁移率达到了声子散射的理论极限，样品的平均自由程仅由样品的尺寸决定。正是由于这些转移技术的发展，才使范德瓦尔斯异质结被成功制备出来。

最早的范德瓦尔斯异质结就是上述的石墨烯—氮化硼异质结。而进一步的研究发现，氮化硼的作用不仅仅是一层高质量的介电材料。实验中发现，石墨烯和氮化硼之间会由于晶格的尺寸和角度不匹配的原因，形成周期性的摩尔晶体。当石墨烯和氮化硼晶完全对齐时，摩尔晶格的周期最大，约为 14 nm，随着晶向夹角变大，周期迅速变小。而石墨烯中的电子运动也会受到摩尔晶格势的调制。石墨烯在狄拉克点的简并会被打开，形成一个能隙，而由于能带在摩尔晶格中的折叠，在费米面下方还会进一步出现两度简并的二阶狄拉克点，并打开一个很小的带隙。在高磁场下，这样的摩尔晶格也给我们带来了惊喜。一般材料的晶体势场的空间周期小于 1 nm，在 10T 的磁场下，电子回旋运动的半径大于 7 nm，这个尺度下晶格势场的作用早已被抹平，因此对电子的朗道量子化没有任何影响。而在石墨烯—氨化硼构成的摩尔晶体中，由于电子回旋运动的磁长度（4 T 磁场下约为 12.5 nm）与摩尔晶格的尺寸在一个数量级，电子的回旋运动将受到晶体场的影响，因此第一次观察到了由 Hofstadter 预言的分形朗道量子化，即 Hofstadter 蝴蝶。在极高质量的石墨烯—氮化硼摩尔晶体中，可以观察到二维电子气的分形能谱，即分形量子霍尔效应甚至分形分数量子霍尔效应。

而氮化硼的作用除了提供一个均匀的介电环境，还可以作为很好的封装材料来隔绝外部环境对于二维材料的影响。比如对水氧敏感的黑磷经过氮化硼的封装之后其迁移率大大提高，从而观测到了量子霍尔效应啊。薄层的 IT-TaS_2 和 $NbSe_2$ 经过封装防止了表面的氧化，测量得到其本征的奇异性质。更有意思的是，薄层的氮化硼虽然可以防止敏感二维材料的污染，但是电子仍然可以依靠隧穿通过氮化硼。由单层的氮化硼覆盖的黑磷样品仍然可以依靠隧穿导通，并且可以观察到高质量的量子震荡。而在两层晶格转角相差几度的石墨烯之间插入薄薄的几层氮化硼，可以观察到共振隧穿效应和负微分电导。

由 n 型半导体二维材料和 p 型半导体二维材料堆叠在一起就构成了原子级的 PN 结。在由单层的 n 型 MoS_2 和单层的 p 型 WSe_2 构成的 PN 结中观测到了二极管效应以及光伏效应。但与传统的体材料构成的 PN 结不同，这样的原子级 PN 结的通断并不是依靠控制耗尽层的厚度来实现的，其导通性完全由异质结之间主要载流子的隧穿复合决定。而如果对这样的 PN 结进行光照激发电子—空穴对，由于能带排列的原因，电子会进入 n 型的 MoS_2，而空穴会进入 p 型的 WSe_2。实验发现，在 MoS_2/WS_2 体系中，光照后的电荷转移可以在 50 fs 以内发生，这样高速的响应使得这一类范德瓦尔斯 PN 结在光探测中具有很大的潜力。另外，空穴与电子在空间上的分离大大降低了激子复合率，使得激子的寿命得以延长。实验观测到 $MoSe_2/WSe_2$ 中的激子寿命可以达到 1.8ns，使得这样的结构可能将被应用在光收集领域。为了突破 PN 结两端材料迁移率不够高的限制，Kim 实验室通过堆叠一层石墨烯作为 MoS_2/WSe_2PN 结的导流电极，在 532 nm 波段得到了 32% 的光电转换效率。而在 MoS_2/GaTe PN 结中，473 nm 波段的光电转换效率更是达到了 60%。

除了由半导体构成的范德瓦尔斯材料，在超导二维材料 $NbSe_2$ 和双层石墨烯的范德瓦尔斯界面也发现了与普通超导金属界面不一样的镜而安德烈夫反射。对于普通的金属而言，费米面所在的能带到带顶的能量尺度远高于超导能隙，因此只能发生带内的反向安德烈夫反射，从超导体入射一个电子到金属的表面，将按照电子入射的反向轨迹出射一个空穴。而对双层石墨烯来说，其带隙几乎为零，远小于超导能隙，此时入射一个电子就可以实现带间安德烈夫反射，出射空穴与入射电子的轨迹以界面为法线，成镜面对称。通过门电压来调控石墨烯的费米面，就可以选择是发生普通的带内安德烈夫反射还是带间安德烈夫反射。

上述二维范德瓦尔斯材料的例子仅仅是无限多可能性中最先被发现的一些代表。目前对于范德瓦尔斯材料的研究正处于升温阶段。随着转移技术的成熟和新想法的不断涌现，可以预见越来越多的范德瓦尔斯体系将进入我们的视野，而二维材料领域除了研究二维材料本身的性质和物理，也开始向人工材料设计这个方向努力。

第三节　RGO 与无机氧化物的杂化

一、非原位杂化

RGO 与无机氧化物的杂化，是一种采用非原位法制备石墨烯基杂化材料的方法。RGO 与无机氧化物的非原位杂化（Ex situ hybridization）是指，先在水或者有机溶剂的溶液中混合已经制备出的 RGO 和已经制备（实验室预合成或直接购买）的结晶或者无定形结构的无机氧化物，然后，经过一定的后处理工艺，即物理或化学处理，制备出无机氧化物掺杂的 RGO 杂化材料的方法。在 RGO 和无机氧化物溶液混合之前，对 RGO 或无机氧化物进行表面改性也是一个必要的步骤，其目的是实现 RGO 和无机氧化物之间的非共价键或者化学键的连接。例如，先用苄硫醇修饰 CdS 纳米颗粒，然后通过苄硫醇和 RGO 之间 π-π 共轭关系将修饰过的 CdS 纳米颗粒固定到 RGO 片层上制备 CdS 掺杂的 RGO 杂化材料。又如，先用全氟磺酸表面修饰 RGO，然后把 TiO_2 纳米颗粒固定到修饰过的 RGO 片层上制备 TiO，掺杂的 RGO 杂化材料；同样也可以通过修饰无机氧化物表面使其带正电，然后与带负电的 RGO 通过静电引力作用，实现无机氧化物掺杂的 RGO 杂化材料的制备。再如，用胺丙基三甲氧基硅烷改性 SiO_2 或者 CO_3O_4 的颗粒表面使其带正电，然后与带负电的 RGO 通过静电引力作用直接组装制备 RGO 基杂化材料等。

二、原位（结晶）杂化

RGO 与无机氧化物的原位（结晶）杂化（In situ crystallization）是指在一定的溶液或者气氛体系中，先直接将无机氧化物的前驱体与（未）改性 RGO（GO）混合，然后通过一定的物理化学处理，使无机氧化物前驱体在 RGO（GO）表面原位生长出具有一定晶型，或者无定形结构的无机氧化物的掺杂过程，有时还要配以必要的后处理过程来制备无机氧化物掺杂的 RGO 杂化材料。采用该方法制备杂化材料可以有效地控制固定到 RGO 表面的无机氧化物的尺寸、晶型和掺杂物分散的均匀程度等相关参数。例如，先将 GO 与 $RuCl_3$ 混合，然后在氮气中热处理制备 RuO_2 掺杂的 RGO 杂化材料。在热处理过程中，一步完成 GO 的还原和 RuO_2 的原位掺杂。又如先将 $KMnO_4$，$MnCl_2$ 与 GO 在水溶液中均匀混合，然后用微波水热法处理混合物，最终使 MnO_2 在 RGO 表面原位生长，制备出 MnO_2 掺杂的 RGO 杂化材料。再如，将钛酸四丁酯与 GO 混合在乙醇溶液中，然后通过溶胶凝胶法使 TiO_2 颗粒在 GO 表面生长，再经过还原 GO 制备 TiO_2 纳米颗粒掺杂的 RGO 杂化材料。

对石墨烯的化学掺杂会形成一系列新的石墨烯衍生物，这种化学掺杂往往是建立在石墨烯的共价键功能化的基础上，针对石墨烯的带隙、载流子极性和载流子浓度进行改性，使之具备可调控性，是石墨烯在微电子工业潜在的应用方式之一。例如，在石墨烯上进行氮掺杂。采用热电化学的反应方法将氮原子掺杂到纳米石墨烯片层的边缘上（edge-doping），表现出独特的性质和结构，可用于制备场效应 n- 型晶体管。此外，也有人选用四氧化三铁这样的无机小分子与石墨烯进行杂化以制备医用材料。

第四节　RGO 与聚合物的复合

能将具备优异特性的无机材料与加工性能良好的高分子材料复合在一起，一直是研究人员在科研工作中追求的目标和方向。石墨烯具有高比表面积，因此很小百分比或者微小的加入量都能让石墨烯在高聚物基体中形成交叉网状的结构形态。同时，石墨烯具备的卓越电学性能和机械性能，也是许多科研工作人员将精力放在石墨烯基复合材料研究上的一个重要原因。

实际上聚合物基石墨烯复合材料早已有之，研究人员首先采用插层法处理聚合物和氧化石墨烯，利用氧化石墨烯与聚合物之间的相互作用实现高聚物 / 氧化石墨烯复合材料的功能化，同时也通过这种方法实现将石墨剥离成石墨烯薄片。采用球磨法处理氧化石墨烯与苯乙烯 / 丙烯酸丁酯的共聚物，成功地制备了聚合物 / 氧化石墨烯纳米复合材料，在聚合物基体内形成了石墨烯分布均匀的网络形态。还有科学家对石墨烯复合材料的阻燃性能进行了研究，在高刚性聚氨酯（TPU）泡沫和聚丙烯酸树脂中分别加入石墨烯类材料，使复合体系的阻燃性有明显提高，证明了石墨烯的阻燃效果。另外，有人用异氰酸酯改性的石墨烯与聚氨酯构成复合材料，测试表明这种材料的强度至少可提高 75%，而用磺酸基功能化的石墨烯与聚氨酯构成的复合材料，对红外有极好的响应性，具有很大的应用潜力。

在聚合物纳米复合材料的制备过程中，最重要的一步是纳米填料的分散。良好的分散性能够最大限度地增加纳米填料的表面积，而表面积的大小将会影响到与纳米填料相邻的聚合物链的运动，从而影响整个聚合物基体的性能。所以，通过共价和非共价的方法来修饰纳米填料的表面，使其在聚合物基体中达到均匀的分散一直是人们努力的目标。同样，在石墨烯 / 聚合物复合材料的制备过程中，由于石墨烯具有非常大的比表面积，因此石墨烯在聚合物基体中的分散也是一个很关键的问题。

常用的 RGO 与聚合物的复合方法包括溶液共混法、原位聚合法和熔融共混法三种

一、溶液共混法

前面我们提到，氧化石墨可以通过化学方法和热处理方法达到完全剥离的状态。首先，将氧化石墨剥离成单层的氧化石墨烯片。氧化石墨表面存在一些含氧官能团（如环氧基、羟基和羧基等），这些含氧官能团能够直接将氧化石墨分散在水和一些有机溶剂中。这些单层的氧化石墨烯片随后可以被一些还原剂还原，如水合肼、二甲基肼、硼氢化钠和维生素 C 等。氧化石墨的还原能够部分地恢复其共轭结构。通过热膨胀的方法也可以剥离氧化石墨，并且可以通过简单的热处理将其还原成石墨烯片层，而这些热处理过的石墨烯片层能够很容易地溶于极性溶剂中。因此，可以利用溶液共混的方式来制备石墨 / 聚合物纳米复合材料。

这种方法包括三个步骤：首先将石墨烯通过超声的方式分散在有机溶剂中，然后加入聚合物，最后通过挥发或蒸馏的方式除去溶剂，得到石墨烯 / 聚合物复合材料。到目前为止，已经有多种不同的聚合物通过溶液共混的方式制备石墨烯基纳米复合材料了，比如说质子交换膜、聚苯乙烯（PS）、聚甲基丙烯酸甲酯（PMMA）和聚氨酯（PU）等与石墨烯的复合材料。

因为溶液处理过程比较简单，所以，人们总是希望这种方法能够在石墨烯 / 聚合物纳米复合材料的制备过程中发挥更重要的作用。然而，普通的有机溶剂将会牢牢地吸附在氧化石墨上，导致材料的性能下降。利用 13C 核磁共振和元素分析等方法，分析极性溶剂和非极性溶剂对氧化石墨的吸附，发现所有的溶剂都能穿透氧化石墨片层，并且能够吸附在氧化石墨片层上。即使经过仔细洗涤和干燥，仍然会有痕量的溶剂吸附在氧化石墨片层上，这说明溶液共混在石墨烯 / 聚合物纳米复合材料的制备过程中有其局限性。

二、原位聚合法

在原位聚合的过程中，化学修饰过的石墨烯与单体或者预聚物共混，然后通过调节温度和时间进行聚合反应。与碳纳米管需要后处理不同的是，化学修饰过的石墨烯表面存在许多小分子，而这些小分子可以与其他功能性分子进行共价键合或者进一步通过原子转移自由基聚合（ATRP）接枝上聚合物。原位聚合的例子包括聚氨酯（PU）、聚苯乙烯（PS）、聚甲基丙酸甲酯（PMMA）、环氧树脂和聚二甲硅氧烷（PDMS）泡沫材料。

在原位聚合制备石墨烯 / 聚合物纳米复合材料过程中，不仅要分析纳米填料对聚合物基体形态和最终性能的影响，同时也要分析纳米填料对聚合反应的影响。例如，在 PDMS

的聚合过程中，热剥离的石墨烯会降低聚合反应速率。在热塑性聚氨酯（TPU）的聚合过程中，石墨烯的加入可以改变聚氨酯的分子质量。所以，原位聚合法在制备石墨烯/聚合物纳米复合材料过程中存在两面性：它能够在纳米填料和聚合物基体之间提供较强的相互作用，这样有利于应力转移；同时也能够使纳米填料在聚合物基体中达到非常均匀的分散。但是，该方法同时也导致体系黏度的增加，聚合物分子量的改变给后续加工处理造成了困难。

三、熔融共混法

熔融共混法与上述两种方法相比，是一种更接近于实际应用的方法。在熔融共混法制备石墨烯/聚合物纳米复合材料的过程中，石墨烯直接加入熔融态的聚合物中，然后通过调节双螺杆挤出机的速度和温度来达到共混的目的。熔融共混的例子包括聚氨酯（PU）、等规聚丙烯（iPP）、苯乙烯-丙烯腈的共聚物（SAN）、聚酰胺6（PA6）和聚碳酸酯（PC）等与石墨烯的熔融共混。

四、其他方法

另外一种有效的方法是通过 π-π 键的相互作用，将聚合物非共价接枝到石墨烯片层的表面。例如，将芘共价连接在（N-异丙基丙烯酰胺）末端，然后通过 π-π 键相互作用将其非共价连接到石墨烯表面上，得到的复合材料具有很好的温敏性。这种方法同样也适用于其他聚合物体系，表明这种方法在聚合物复合材料体系中具有通用性。更重要的是，这种方法没有破坏石墨烯的共轭结构，使复合材料仍然保持较高的导电率。

还有一些其他的方法，如乳液聚合、冻干法和相转移技术等，都能够有效地将石墨烯填料分散在聚合物基体中。例如，通过乳液聚合的方式将聚苯乙烯微球共价接枝到石墨烯片层的边缘，经修饰后的石墨烯能够很好地分散在甲苯和氯仿中，同时，复合材料也表现出了较高的导电率。采用冷冻干燥的方法处理石墨烯，得到的样品非常轻，石墨烯片层疏松地堆砌在一起，能够很容易地分散在有机溶剂中。例如，N，N-二甲基甲酰胺（DMF），通过溶液共混的方式将其与聚乳酸混合，得到了石墨烯均匀分散的复合材料。采用胺基封端的聚苯乙烯（$PS\text{-}NH_2$）作为相转移剂将石墨烯从水相转移到有机相中，经化学还原后的石墨烯片层表面存在许多羧基基团，这些羧基基团能够与聚苯乙烯末端的胺基发生静电相互作用，从而将石墨烯转移到有机相中。

第五节　石墨烯的其他表面修饰

首先，在边界通过引入官能团反应的方式进行化学改性是石墨烯表面化学改性的重要方式之一。在石墨烯的边缘接入硝基或甲基基团，可以在石墨烯纳米结构上实现半金属性质。例如，采用氨基硅氧烷和氨基酸对氧化石墨烯表面和边缘进行改性，并对改性的氧化石墨烯进行还原，改性后的石墨烯可以相对稳定地溶解在溶剂中。此外，采用长链烷基也可以对石墨烯纳米层进行改性。选用十八胺（ODA）改性氧化石墨烯的表面合成出长链烷基化学改性的石墨烯，厚度小于 0.5 nm。测试表明，这种改性的石墨烯可以稳定地分散于四氢呋喃和四氯化碳这样的有机溶剂中。选用异氰酸酯这类有机小分子与氧化石墨烯片层边缘的羧基进行反应，可以成功制备出一系列异氰酸酯表面改性的石墨烯，实现异氰酸酯的功能化，这种改性产物能非常稳定地分散在二甲基甲酰胺这样的溶剂中。

石墨烯表面改性后，由于引入其他官能基团，往往导致石墨烯大 π 键共轭结构被破坏，严重地减弱了石墨烯的电学性能以及其他性能。Samulski 小组研发了一种新的化学改性方法，使得在实现化学改性的同时又让石墨烯的原生特性保持下来。他们选取硼氢化钠还原氧化石墨烯，然后在冰浴中对产物进行 2 h 的磺化，最后选用联氨为还原剂进行化学还原，成功地制出石墨烯的磺酸基改性产物。这种方法将改性石墨烯片层上大多数含氧基团都除去，极大程度地还原出石墨烯原本的 π 键共轭结构。测试结果显示，产物导电性有明显提高，达到 1 250 $S \cdot m^{-1}$。同时因为表面引入亲水基团磺酸基，所以产物也极大地提高了水分散性，有利于进一步的应用和研究。

一、氧化石墨烯

石墨各片层之间是通过范德瓦耳斯力（Van der Waals）相互作用形成间距为 0.34 nm 的紧密结合体。鳞片石墨在强氧化剂的作用下，形成一种石墨衍生物——氧化石墨。目前，氧化石墨的制备方法主要有三种：Brodie，Standenmaier 和 Hummers 法。其中 Hummers 法制备过程的时效性相对较好，而且制备过程也比较安全，是目前最常用的一种方法。经过氧化处理后，氧化石墨仍保持石墨的层状结构，但在每一层的石墨烯单片上引入了许多含氧基官能团。这些含氧基官能团的引入使得单一的石墨烯结构变得非常复杂。鉴于氧化石墨烯在石墨烯材料领域的地位，许多科学家试图对氧化石墨烯的结构进行详细而准确的描述，以便于对石墨烯材料进一步研究。虽然已经利用计算机模拟、拉曼光谱、^{13}C 核磁共振等手段对其结构进行了分析，但由于制备方法、实验条件的差异，以及不同的石墨来源等对氧化石墨烯的结构都有一定的影响，因此氧化石墨烯的精确结构还无法得到确定。

早在 1859 年，英国化学家 B.C.Brodie 就研究了石墨在硝酸环境下与 $KClO_3$ 的反应。

Brodie 等人发现反应的产物是碳、氢、氧的化合物，具有水溶性，但是在酸性溶液中不溶，其化学配比为 $C_{2.19}H_{0.80}O$。经过 220℃处理后，其化学配比变为 $C_{5.51}H_{0.48}O$。由于 19 世纪实验技术和条件的限制，Brodie 无法获得氧化石墨的具体结构信息，并且错误地预测了石墨的分子量。

1939 年，Hofmann 和 Holst 根据实验结果提出了氧化石墨烯的原子结构，如图 3-1（a）所示。在 Hofmann 模型中，环氧基团周期性地结合在石墨烯表面，并具有化学配比 C_2O。1946 年，Ruess 在氧化石墨烯中观察到氢元素而提出了新的模型。除环氧基之外，Ruess 认为在石墨的表面还有大量的羟基存在。Ruess 模型的具体结构如图 3-1（c）所示。从图中可以看出，Ruess 模型与 Hofmann 模型相比，石墨保持的平面不同，Ruess 模型中的碳原子具有 sp^3 杂化特性，即正四面体结构。1969 年，Scholz 和 Boehm 去除了前两种模型中的环氧基和醚基，并以醌基团替代，提出了图 3-1（b）所示的环氧基和羟基交错的结构模型。Nakajima 和 Matsuo 根据进一步的研究结果提出了类似于插层石墨的结构模型，如图 3-1（d）所示。

以上四种早期提出的氧化石墨烯结构都是周期性的晶体结构，具有固定的化学配比。而目前公认的模型则大多为无序的氧化石墨烯模型，如最为常用的 Lerf 和 Klinowski 模型，包含石墨烯表面随机分布的环氧基、羟基和边缘的羧基。在 Lerf-Klinowski 模型的基础上后人做了进一步修正，如引入碳五元环结构、酯类基团等。此外，值得关注的还有 Dekany 及其合作者延续 Ruess 和 Scholz-Boehm 结构模型，提出的由环己基链接的类醌结构。

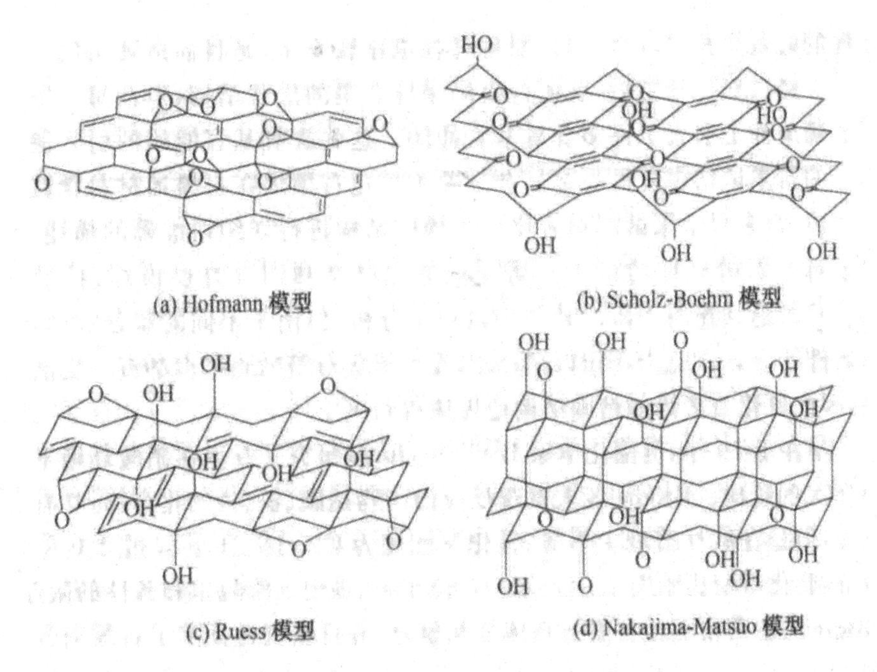

图 3-1 早期提出的氧化石墨烯结构的原子模型

氧化石墨片作为石墨烯制备过程中的中间产物，近几年来又引起了研究者广泛的关注，先后提出了多种氧化石墨烯的分子结构模型，目前普遍接受的结构模型是在氧化石墨烯单片上随机分布着羰基和环氧基，而在单片的边缘则引入了羧基和羟基。2006 年，Li 等人根据氧化石墨材料在光学显微镜下表现出来的线状缺陷进行了第一性原理的计算研究，发现这些线状缺陷是排成一列的环氧基结构。因为环氧基的形成会打开碳原子之间原来形成的 sp^2 键，从 0.14 nm 增大至 0.23 nm，形成一个小型的裂纹。当环氧基密度增加时，这些环氧基造成碳碳键断开，排成列的构型具有更低的能量。

2008 年，Pandey 等人利用超高真空扫描隧道显微镜观察发现氧化石墨烯具有局部的晶体结构，氧原子规则地以环氧基团的形式排列。其晶格常数：a=0.273 nm，b=0.406nm，接近于石墨烯的晶格常数。因此可以推断此时环氧基中的碳 - 碳键并没有断开，这与 Li 等人在氧化石墨材料中观察到的结果是相悖的。为了进一步研究氧化石墨烯的原子结构，徐志平和薛琨等人采用第一性原理的方法对氧化石墨烯结构及其能量与氧化密度的关系进行了定量的计算分析。结果表明，当氧化密度较高时，即对于 C_nO($n<4$)，氧化石墨烯具有两个局部稳定的状态，其中碳 - 碳键打开的结构较未打开的结构更为稳定，但两者之间存在一个高达 0.58 eV 的势垒，因此，碳碳键未打开的结构也可以稳定地存在。

由于在石墨烯片上引入了大量的氧基活性官能团，使得原本较为惰性的石墨烯表面变得异常活泼，基于这些活性官能团的化学反应也因此丰富多样。通过这些活性官能团，可以在石墨烯的表面负载许多具有特定功能的物质，比如生物分子、探针分子、高分子、无机粒子等，从而获得性质多样的石墨烯材料，而通过适当的化学处理将这些氧基官能团去除，就可以得到石墨烯单片。

1. 氧化石墨的插层反应

氧化石墨已被广泛地用于作为主体制备基于氧化石墨的层状复合材料，特别是在 2007 年以前，氧化石墨作为插层主体得到了很大的关注。由于组成氧化石墨的各单片上镶有许多极性基团，且片与片层之间的作用力相对较低，所以氧化石墨烯很容易吸收其他极性分子，如烷基胺、阳离子表面活性剂、阴离子粘土、长链脂肪烃、过渡金属离子、亲水的小分子等，形成氧化石墨嵌入复合材料。除了利用小分子与氧化石墨烯反应获得插层的氧化石墨外，高分子聚合物也可以通过与氧化石墨烯表面官能团反应而插层到氧化石墨中，如高分子电解质、聚乙烯醇以及能够提高氧化石墨导电率的导电高分子聚苯胺等。由于与氧化石墨烯表面官能团反应的化学物质种类很多，通过选择反应分子的大小和类型，可以对氧化石墨烯单片之间的层间距以及其物理、化学等性质进行相应的调整。因而这些官能团的存在，大大地提高了石墨烯的灵活性，拓展了插层氧化石墨的功能，使得氧化石墨烯的层状物质在离子交换、吸附、传导、分离和催化等诸多领域具有广阔的应用前景。

2. 氧化石墨烯的改性

与结构较为完整的石墨烯相比，引入官能团后的氧化石墨烯具有较强的亲水性，能够在水中稳定地分散形成氧化石墨烯悬浮液。但其较弱的亲油性也限制了氧化石墨烯的应用范围，难以将氧化石墨作为添加剂添加到仅在有机溶剂中分散的高聚物中。为了更好地研究和利用氧化石墨烯、丰富氧化石墨烯的表面性质以及提高其在有机溶剂中的分散性，对其进行表面修饰是一个较好的方法。而氧化石墨烯表面含有丰富的活性官能团，这为表面改性提供了很好的条件。除了上述通过插层反应可以提高氧化石墨烯的分散性外，许多表面活性剂的使用也能够大大地提高氧化石墨烯在有机溶剂中的分散相溶性，如硅烷偶联剂、异氰酸酯、胺盐、高分子活性剂等。利用异氰酸根（-NCO）与氧化石墨烯表面的 -OH，-COOH 官能团反应，改性后的氧化石墨烯能够在有机溶剂 N，N- 二甲基二氯酞胺中稳定地分散。除了通过表面修饰提高氧化石墨烯在不同溶剂中的分散性和相溶性外，最近的研究发现氧化石墨烯仅通过超声就可以稳定地分散在一些有机溶剂中（如乙二醇、N，N- 二甲基二氯酞胺、四氢呋喃、N- 甲基吡咯烷酮等），形成稳定的氧化石墨烯悬浮液。这一研究成果简化了氧化石墨烯在表面处理过程中的时效，为氧化石墨烯的进一步研究和应用提供了很好的基础。事实上，通过表面修饰除了能改变氧化石墨烯的分散性能外，还能够将具有一定性质和功能的物质接枝到氧化石墨烯表面，比如生物分子、具有特殊功能的高分子等，从而制备出具有不同性质、不同功能的石墨烯。

目前关于功能性修饰氧化石墨烯的研究才刚刚开始，许多工作还处在提高氧化石墨烯在溶剂中的相溶性的阶段，相信氧化石墨烯的表面修饰或功能化研究将会得到进一步的提升。

3. 氧化石墨烯的还原

目前，氧化石墨烯最具有吸引力的用途就是它可以作为制备石墨烯材料的前驱体。由于氧化石墨烯及其改性后的衍生物能够在不同极性溶剂中分散，形成稳定的氧化石墨烯悬浮液，这为大规模制备石墨烯以及基于石墨烯的复合材料提供了一个非常重要的战略步骤。通过选择合适的还原剂和反应条件，将氧化石墨烯表面的含氧官能团去除，就可以获得稳定的石墨烯悬浮液，这对石墨烯的制备、性能研究、石墨烯基复合功能材料的制备等都具有非常重要的意义。尽管利用氧化石墨烯制备的石墨烯存在一定的结构缺陷，但这并不影响氧化石墨烯作为合成石墨烯基材料的重要原料。

在石墨烯的化学制备研究中，氧化石墨烯由于特殊的结构和性能成为制备和研究石墨烯基材料的一个重要前驱体。由于在石墨烯表面引入了活性较高的含氧官能团，使氧化石墨很容易在溶剂中分散剥离，形成稳定的氧化石墨烯悬浮液。通过控制条件还原这些含氧官能团，就可以获得石墨烯薄片，如利用水合肼在 80℃ ~100℃加热的条件下还原氧化石墨烯制备出了石墨烯薄片。然而，由于石墨烯片层之间具有较强的范德瓦耳斯力，在没有任何保护剂存在的条件下，石墨烯之间很容易发生团聚和堆砌，这给石墨烯的应用带来了一定的障碍。通过在石墨烯表面利用物理或化学作用引入分子，可以阻碍石墨烯片层之间的团聚，从而得到较为稳定的石墨烯悬浮液。例如，在水合肼还原氧化石墨烯方法的基础上加以改进，即在还原的过程中添加特定高聚物聚苯乙烯磺酸钠，使其吸附到还原后的石墨烯表面，从而阻碍了还原后石墨烯片层之间的团聚，获得了在水溶液中稳定分散的石墨烯悬浮液。

除了制备能够在水中稳定分散的石墨烯外，在有机溶剂中获得稳定分散的石墨烯也具有重要的实际应用价值。通过化学还原表面改性后的氧化石墨烯，可以获得在有机溶剂中稳定分散的石墨烯悬浮液。此外，通过在石墨烯的表面共聚接枝双亲高分子可以制备出既能在水中分散又能够在非极性溶剂二甲苯中分散的双亲石墨烯。这是由于当双亲石墨烯在水中分散时，表面接枝的双亲高聚物中的极性基团伸展开来，非极性基团发生蜷曲，使石墨烯能够在水中分散；而在非极性溶剂中，表面极性和非极性基团的状态发生了逆转，使得石墨烯在非极性溶剂中稳定地分散。

制备稳定分散石墨烯的方法中，外来活性剂或高分子的引入对石墨烯的稳定剥离分散起到了非常重要的作用。但由于无法排除和预料这些外来物质对石墨烯内在性质的影响，给人们对石墨烯的进一步研究和应用带来了许多不确定的因素。利用静电排斥的原理也可以制备出不需要借助外来物质帮助就能稳定分散的石墨烯悬浮水溶液。通过控制氧化石墨还原过程中的电位，使还原后的石墨烯表面带有负电荷，这些带负电的石墨烯片层之间因为静电排斥而不会发生团聚。这些表面相对“干净”而且稳定的石墨烯不仅有利于石墨烯内在性质的研究和纳米石墨烯电子器件的制备，而且稳定的悬浮液对于开发石墨烯在透明电极、太阳能电池等领域的应用也有着非常重要的意义。同样，制备相对干净且能够在有机溶剂中稳定分散的石墨烯得到了进一步发展。通过分别筛选能够在有机溶剂中分散的氧化石墨烯和还原后的石墨烯，得到了能够在水和 N，N- 二甲基二氯酰胺混合液中（体积比 1 ： 9）稳定分散的石墨烯，并且在该条件下石墨烯的悬浮液能够与许多有机溶剂（如乙醇、丙酮、四氢呋喃、二甲基砜、N- 甲基吡咯烷酮等）相互混合，形成稳定的分散体系。

随着石墨烯制备研究的不断深入，还出现了许多利用氧化石墨烯制备石墨烯的新方法。在第二章石墨烯的制备方法中已经介绍过，如在强碱（NaOH）的水溶液中，通过加热还原氧化石墨烯获得稳定的石墨烯悬浮液；利用醇热法也可以还原制备石墨烯。除了利用化学试剂将氧化石墨烯还原制备石墨烯外，通过电子转移也可以制备出稳定的石墨烯。如利用 TiO_2 在紫外光照的情况下将电子转移到氧化石墨烯上，从而获得了石墨烯。这种方法不仅可以还原氧化石墨烯得到稳定的石墨烯，也可以获得石墨烯与纳米粒子的复合物。热还原法是将石墨氧化物进行快速高温热处理，处理温度为 1000℃ ~1100℃，使石墨氧化物迅速膨胀而发生剥离，同时含氧官能团热解生成 CO_2，从层间溢出，加快片层剥离，从而得到石墨烯。采用 N_2 热解和还原气（Ar/H_2（10%H_2）低温还原合成石墨烯作为锂离子电池负极材料，结果表明，在氢气气温 300℃条件下还原 2 h 制得的石墨烯表现出最佳的电化学性能，其在 50 $mA \cdot g^{-1}$ 电流密度下首次放电比容量为 2274 $mA \cdot h \cdot g^{-1}$，第二个循环放电比容量衰减为 1 618 $mA \cdot h \cdot g^{-1}$，经过 50 次循环之后，放电比容量仍然高达 1 283 $mA \cdot h \cdot g^{-1}$。

石墨烯制备技术的不断更新，为石墨烯基材料的基础研究和应用开发提供了原料的保障。尽管目前制备石墨烯的方法越来越多，但仍然面临着诸多挑战，像如何提高获得晶体结构完整石墨烯的产率，如何大量地获得稳定的、表面清洁的、较好相溶性的、大片结构的石墨烯，以及选择对环境和人体没有副作用的无毒还原剂等，仍然是石墨烯制备研究的热点。

二、氢化石墨烯

石墨烯和碳纳米管等碳纳米材料由于具有极大的表面 / 体积比和较小的密度，而被公认为是吸附储氢的理想材料之一。石墨烯表面的孤立 π 电子可以与游离的氢原子反应，形成氢化石墨烯结构。在此结构中，每个碳原子最多可与一个氢原子形成共价键，从而形成碳氢化合物（CH）。在完全氢化的石墨烯中，氢的质量达到 7.7%，超过了美国国家能源部储氢项目 2010 年的预期目标（6%）。石墨烯氢化物电子结构和晶体形态展示出与石墨烯不同的表现，一般称之为石墨烷（graphane）。Sofo 等人第一次预测了在理想状态下可合成出二维碳氢化合物（石墨烷）。石墨烯氢化物是氢元素和石墨烯键合产生一种饱和的碳氢化合物，碳元素与氢元素的比例为 1 ∶ 1。石墨烷中的碳原子是 sp^2 杂化结构，所以体现出半导体性质，储氢能力约为 0.12 $kg \cdot L^{-1}$。

使用石墨烯材料储氢的特点之一是，化学吸附的氢原子可以通过热退火的方法进行释放。当石墨烯与氢进行结合时，氢和石墨烯中的 π 电子形成共价键，同时，碳原子将倾向于形成金刚石结构中的正四面体结构。当石墨烯只有一侧可以与氢结合时，石墨烯将向未结合氢一侧弯曲。如果石墨烯的平面结构得以保持，碳 - 碳键由 0.142 nm（1.42A）伸长至 0.161 nm（1.61A）。

氢化石墨烯的电子结构与氢结合的方式有关。在同侧结合氢原子时，碳原子中的电子主要还是保持 sp^2 杂化，费米面能级附近 p_z 轨道是其主要贡献。因为 π 轨道与氢 s 电子的结合在费米面能级附近有 0.26 eV 的能隙；而当两侧都结合氢原子时，碳原子形成 sp^3 杂化，在费米面能级附近的电子态密度主要由 σ 电子贡献，且形成 3.35 eV 的能隙。由此可见，通过对氢化过程的控制，可以实现石墨烯由半金属向半导体和绝缘体的转变。

第一性原理研究还发现，氢化过程不仅使石墨烯的结构发生了较大的变化，而且使石墨烯发生变形，从而极大地改变其与氢的结合能。当石墨烯发生 10% 的应变时，同侧和两侧氢化石墨烯的结合能分别发生 54% 和 24% 的变化。

三、其他化学修饰与掺杂

通过含氟官能团的修饰，可以使石墨烯从导体变为绝缘体，由于氟化石墨烯结构和化学稳定性好，且具有超过钢的力学性质，因而可以用作 Teflon 的替代材料。此外，同传统的硅等半导体一样，还可以采用硼、氮等元素在石墨烯的面内或者边缘进行有效的 p 型或 n 型掺杂改性。通过空位和拓扑缺陷等方法对石墨烯进行掺杂，也是对石墨烯进行改性的有效方法之一。不同 N- 掺杂石墨烯的结构，用 N，V，来表示，其中 N 代表氮元素、V 代表石墨烯结构中出现的空穴、x 是石墨烯中引入的 N 原子数量、y 代表形成的空穴的数量。

N- 掺杂石墨烯主要形成吡咯型（pyrrolic）和吡啶型（pyridinic）两种掺杂类型。

通过离子键功能化，也是解决石墨烯可溶性和导电率矛盾的途径之一。例如，将钾盐插入石墨层间，然后在 N- 甲基吡咯烷酮（NMP）溶剂中剥离获得了可溶的功能化石墨烯。这个方法的优点在于体系中无任何表面活性剂和分散剂，仅仅利用钾正离子与石墨烯上羧基负离子之间的相互电荷作用，就使石墨烯能够分散到极性溶剂中，并且具有一定的稳定性。

石墨烯氧化物之所以能够溶解于水，是由于其表面负电荷相互排斥，形成了稳定的胶体溶液，而不单单是因为其含氧官能团的亲水性。同时由于羧基存在于石墨烯的边缘，对共轭结构没有大的影响，因此，保留石墨烯片层边缘羧基而还原片层中间的环氧基和羟基，就既能保证石墨烯的溶解性又能保证其导电率。通过这一做法成功地制备了水溶性的石墨烯。具体做法是通过 pH 调节，使羧基成为羧酸盐来实现对羧基的保护。

首先通过在 GO 中加入 KOH，形成 K^+ 改性的氧化石墨烯（KMG），然再用水合肼还原，获得了分散性好的还原的 GO，同时又保证了 GO 的导电性，导电率为 6.87×10^2 $S \cdot m^{-1}$。K^+ 的存在保护了部分羧基和羟基基团，有效地抑制水合肼的还原，同时被还原的部分结构还起到了导电的作用，取得了导电性和分散性的平衡。

同时，利用以上静电作用分散石墨烯的理论，还可实现石墨烯在不同溶剂之间的转移。具体的做法是将季铵盐阳离子表面活性剂加到带负电荷分散的石墨烯水溶液中，使表面活性剂上的正电荷与石墨烯上的负电荷相互作用，再加入氯仿，轻轻震荡，石墨烯则在表面活性剂的“拉扯”下，从水相转移到氯仿有机相。这个方法不仅适用于氧化石墨烯，还原后的石墨烯也同样适用。

四、石墨烯与基底之间的相互作用

无论在外延生长、化学气相沉积等石墨烯生长环境中，还是在石墨烯作为纳米电子器件的使用环境中，石墨烯通常都是处于金属或者半导体的表面上。根据基底的性质以及基底材料与石墨之间的结合状态的差异，石墨烯的结构与性质也会发生相应的改变。

采用第一性原理计算研究 Al，Co，Ni，Cu，Pd，Ag，Pt，Au 八种金属的（111）表面与石墨烯的结合状态。对于 Cu，Ni 和 Co 的表面，每一个碳原子都处于一个金属原子 A 和 C 的上方；而对于 Al，Au，Pd，Pt 等金属原子，它们的每一个原胞内都有 8 个碳原子和 3 个金属原子。经研究发现，这些金属大致可以分为两类：Co，Ni，Pd 和石墨烯有较高的结合能，分别为 0.16 eV，0.125 eV 和 0.084 eV，相应的石墨烯 - 基底之间的间距分别为 0.205 nm、0.205 nm 和 0.230 nm；而 Al，Au，Pd 和 Pt 与石墨烯的结合则相对较弱，结合能为 0.027~0.043 eV，与石墨烯的间距为 0.330~0.341 nm。

通过石墨烯的费米面能级与其在金属表面的化学作用、电荷转移之间关系的研究发现，石墨烯和基底之间的晶格失配并没有引起石墨的非均匀变形。但是，在实验的观测中，特别是在 Ru(0001)表面上却发现了波长为 3 nm 的周期性起伏。由此看来，第一性原理计算对石墨烯在金属表面上出现的这一现象不能给出合理的解释。此外，与金属不同的是，在半导体或者绝缘体的表面上，如 SiC 和 SiO_2 表面上，石墨烯通常在界面处与基底形成共价键或者发生范德瓦尔斯力相互作用。石墨烯与基底之间的界面结合状态还可以通过插入金属、氢、氧等原子进行调控。

第六节　石墨烯基杂化材料的制备

一、石墨烯基橡胶复合材料制备与性能

天然橡胶（NR）因其优异的柔韧性、强度和电绝缘性而广泛应用于各种领域。然而，由于不饱和双键和活性烯丙基氢的存在，在储存和使用过程中 NR 不可避免地会经历聚合物链断裂、含氧基团的形成等反应，严重地破坏 NR 的物理和机械性能，甚至使 NR 失去使用价值。因此，对于 NR 及其产品来说，抑制或减缓老化过程、延长使用寿命是非常重要的。通常，最有效的方法是将商业抗氧化剂包括芳香胺和受阻酚添加到橡胶材料中。但是大多数传统的抗氧化剂分子量较低，并且容易迁移到橡胶材料的表面，导致抗氧化效率出现明显的下降。为了克服这些缺点，可以通过将低分子量的抗氧化剂接枝到有机聚合物链和无机填料上，制备一种抗迁移性抗氧化剂。其中，以石墨烯为基体的抗氧化剂具有良好的效果。

Zhang 等制备了含有受阻酚基的新型功能化石墨烯（FGE）作为 NR 的抗氧化剂。实验测试表明，使用 FGE 后，NR 硫化胶的耐热老化性显著提高。其原因除了 FGE 中的受阻酚基和硫醚键的协同抗氧化作用外，石墨烯片在高温下对氧气的阻隔作用也是关键因素。

Zhang 等通过用异佛尔酮二异氰酸酯作为桥连剂将 2，6- 二叔丁基 4- 羟甲基苯酚（DBHMP）接枝到氧化石墨烯（GO）上，制备了受阻酚官能化石墨烯氧化物（HPFGO）。研究发现，HPFGO 可明显改善 NR 硫化胶的耐热老化性能。其原因在于受阻酚和氨基甲酸酯基之间的协同抗氧化作用以及 HPFGO 片对氧气的阻隔作用。

众所周知，橡胶的机械性能通常由硫化状态来决定，然而，随着纳米复合材料的迅速发展，橡胶的硫化动力学可以通过掺入纳米填料而发生明显改变。

Wu 等研究了石墨烯（GR）对硫化固化体系 NR 硫化动力学的影响。通过改进的胶乳混合方法制备了 GR/NR 纳米复合材料。结果表明，该方法能够有效地将石墨烯分散在 NR 基质中且添加少量的石墨烯便可以极大地改变 NR 的硫化动力学。此外，由于石墨烯参与了硫化过程，NR 的交联密度一直呈增加趋势。

Zhan 等通过胶乳混合工艺制备了具有导电分离网络（RGES）的石墨烯 / 天然橡胶复

合材料。结果显示，GR 含量为 10 份时，RGES 复合材料表现出较好的导电性能，其导电率为 2.7 S/m；研究还发现，RGES 复合材料经 4 次拉伸循环后再经热处理，其导电率可提高至 4.4 S/m，表明在拉伸过程中破坏的网络可以在后热处理过程中得到恢复。

二、石墨烯丁腈橡胶复合材料

丁腈橡胶（NBR）由于聚合物中所含极性基团导致其具有较好的粘结力、耐油性、耐热性和抗磨性，同时也存在耐低温性差、耐臭氧性差、绝缘性差和弹性差等问题。为拓宽 NBR 的适用范围，对其改性研究势在必行。

Jagielski 等人使用炭黑和石墨烯片来增加 NBR 材料的强度，并采用离子辐射技术对其表面进行处理。结果发现，即使加入少量的石墨烯，也会导致弹性体的抗撕裂性能显著提高，其原因是 NBR 与石墨烯复合材料的表面经离子辐照后，会导致氢原子从表面层剧烈释放，从而使橡胶表面形成了一层薄的高硬度富碳层。

氢化丁腈橡胶（HNBR）是丁腈橡胶的氢化形式，具有良好的耐热性、耐油性和机械性能，但 HNBR 的阻燃等性能较差，需要改性。Zimstein 等人使用一种由 10 个石墨烯薄片构成的多层石墨烯（MLG）纳米颗粒来填充改性 HNBR。研究结果表明，在 HNBR/MLG 纳米复合材料中，用 3 份 MLG 代替 2.5 份氢氧化铝后，复合材料的阻燃性能明显改善，且杨氏模量和硬度分别增加 60% 和 10%。

Valentini 等人考察了两种不同纳米结构的碳材料对丁腈橡胶机械性能、电性能以及界面相互作用的影响。分别将热还原氧化石墨烯（TRGO）或多壁碳纳米管（CNT）或二者同时加入丁腈橡胶中，制备复合材料并进行表征。结果发现，在特定的混合填料负载下，复合材料的机械和电性能均得到明显改善；同时研究还发现，复合材料浸泡后，其交联密度降低且交联密度降低最多的复合材料呈现出最低的界面相互作用。

三、石墨烯 / 丁苯橡胶复合材料

界面的相互作用对橡胶复合材料的力学性能有着至关重要的影响。Liu 等人制备了两种烷基胺（油胺和十八烷基胺）改性的丁苯橡胶 / 氧化石墨烯（SBR/GO）复合材料。两种烷基胺都通过共价键和离子键接枝到 GO 表面上，并且在烷基化过程中氧化石墨烯部分还原成石墨烯。由于烷基胺分子接枝到 GO 薄片上，使薄层间距离加大，改性后 GO 的分散性明显提高。由于分散性的提高和改性 GO 对橡胶基质的表面亲和性的提高，两种改性的 SBR/GO 复合材料的机械性能得到明显提高。同时，由于改性体系中硫和油胺之间的额外的界面交联，用油胺改性的体系比用十八烷基胺改性的体系具有更强的界面相互作用，性能提升更加明显。

贺东硕等将石墨烯与预分散的石墨烯分别加入 SBR 中进行了比较研究。实验结果显示，随着石墨烯用量的增加，SBR 的门尼黏度随之下降，而预分散的石墨烯对门尼黏度的影响更显著。同时，试验结果还显示，预分散石墨烯对橡胶性能的提升效果要优于普通石墨烯，如添加预分散石墨烯和石墨烯后，橡胶复合材料拉伸强度分别提升了 97% 和 41%。

郑龙等人将石墨烯与白炭黑通过乳液共混与机械共混的方法，使石墨烯与二氧化硅在丁苯橡胶中达到纳米级分散，并对其性能进行了研究。结果表明，共混后在混炼胶中可形成明显的填料网络结构。与此同时，复合材料的耐磨性、物理性能和动态力学性能均明显提高。

四、石墨烯 / 硅橡胶复合材料

由于硅橡胶（SR）具有高柔软性、弹性、光学透明性、电绝缘性、热稳定性、化学惰性和耐久性，已被广泛用于制造电子材料。然而，由于 SR 的低热导率，其应用受限。为了提高硅橡胶复合材料的导热率，常用氧化铝、氧化锌、氮化硅、碳化硅和氮化铝等对其改性，然而对于上述填料，只有当填充比例超过 50% 时，复合材料才能获得较高的导热性。但高填料含量不可避免地会导致材料机械性能的劣化。此外，高填料负荷还会极大地影响复合材料的流变行为，导致复合材料的加工困难。石墨烯具有独特的二维蜂窝状分层结构，使其具有的超高导热性，成为在低填料含量下提高 SR 导热性最有希望的候选材料之一。

Song 等人使用逐层组装方法来制造高导热性多层硅橡胶 / 石墨烯薄膜，发现这些薄膜表现出高度有序的层状结构，石墨烯高度取向在水平方向上提供了连续的导热通路。具有 40 个组装周期的多层膜在水平方向上具有 2.03 W/(m · K) 的导热率。此外，该膜可以高度扭曲到任何角度，并具有 325% 的断裂伸长率，即使在 50% 应变下仍可以达到 500 次拉伸恢复周期。可见，该复合材料在柔性电子产品、可穿戴设备和电子皮肤中具有很高潜在的应用价值。

Tian 等人制备了 3 种不同石墨烯含量的石墨烯 / 硅橡胶（GR/SR）复合材料，并研究了其热导率的变化规律。结果显示，与纯 SR 相比，3 种 GR/SR 复合材料的热导率分别提高了 20%、40% 和 50%。同时，研究还发现，水滴在此复合材料上的滚动速度是硅橡胶的 2.2 倍，GR/SR 复合材料的减阻特性使其在流体机械中显示出较大的应用潜能。

研究发现石墨烯具有独特的损耗机制，可从相邻石墨烯片间形成二面角之间多次反射 134-351 以及褶皱的石墨烯表面的多次散射。Chen 等人研究了含多孔石墨烯纳米片（HGNS）的硅橡胶复合材料的介电性能和回波损耗（RL）。发现在较低加热速率下，HGNS 复合材料可以减少对微波的吸收，如 HGNS 含量为 1% 时，对于 2.0mm 的吸收体厚度，在测试频率为 13.2GHz 时，测得的 RL 值仅为 -32.1dB。因此，该复合材料在通信设备和隐形技术等领域应用前景广阔，特别是基于此复合材料的微波吸收器的开发已引起科学工作者的广泛关注。

五、石墨烯/(溴化)丁基橡胶复合材料

丁基橡胶（IIR）是异丁烯和少量异戊二烯的共聚物，由于其具有优异的化学惰性、耐气体渗透性和耐候性，常用于汽车内衬、某些设备的保护和密封等领域。而与IR相比，溴化丁基橡胶（BIIR）具有更快的固化反应和更好的黏合性，其应用领域也更加广阔。特别是经石墨烯改性的BIIR纳米复合材料，由于其独特的材料特性和优异的物理化学性质，已在科学研究和工业应用等方面引起了普遍关注。

Kotal等将苯-胺（PPD）接枝到氧化石墨烯表面形成改性氧化石墨烯（GO-PPD），再将BIR接枝到GO-PPD上形成BIIR-g-GO-PPD；或者将BIIR直接接枝到还原的氧化石墨烯表面，之后再分散在BIIR基体中。研究结果表明，与石墨烯表面上的BIR接枝量相比，GO-PPD表面上的接枝量更高，因此，BIIR-g-GO-PPD在橡胶中分散更均匀。同时，与BIIR/BIIR-g-石墨烯纳米复合材料相比，BIIR-g-GO-PPD纳米复合材料具有更优异的机械性能、热性能和介电性能，并且气体渗透率显著降低。

韩潇等人通过机械共混将石墨烯微片加入溴化丁基橡胶中，并且对橡胶复合材料的导热性气密性、力学性能及电性能加以研究。研究发现，当橡胶中的石墨烯微片含量增加时，复合材料的导热性能提高但压缩疲劳温升会呈现先降低后升高的趋势，这主要是由于当石墨烯含量增加时，分散性降低，石墨烯片层间摩擦生热增强，使得生热速率大于散热速率；此外，实验结果还表明，随着石墨烯微片含量的增加，复合材料的拉伸应力也会随之增加，但气密性则呈现先增加后减小的趋势，当石墨烯微片用量为3份时，气密性最好。

第四章 面向工业应用的石墨烯薄膜制备

石墨烯薄膜制备技术研究的最终目的，是使其真正实现工业化制备与应用。与实验研究中更多的对高品质的追求有所不同的是，工业制备需要考虑更多的因素。首先，工业化制备需要具有一定的规模，对于石墨烯薄膜而言，这种规模不仅是数量上的（总面积），也有对产品单片面积的要求，与实验室中几厘米的面积相比，在工业生产及应用中，则需要几十厘米甚至几米的连续薄膜。其次，工业生产需要具有很好的稳定性和重复性。此外，在实际应用中，材料的品质要与应用相匹配，而不是单一地追求结构的完美性，更注重的是对材料结构的可控性。同时，成本也是工业生产中必须考虑的因素。本章将主要探讨石墨烯薄膜制备技术在降低成本、提高产品面积及生产规模等方面的发展，包括低温制备、非金属基底直接生长以及大面积和规模化制备。

第一节 低温制备技术

在石墨烯的制备技术研究与应用中，大多使用1000℃左右或者更高的石墨烯生长温度。一方面是因为所使用的碳源前驱体多为气体，如甲烷，这些气态前驱体需要较高的裂解温度；另一方面，在高温下，更容易获得大面积的石墨烯单晶以及较低缺陷密度的石墨烯薄膜。然而，高温过程会极大地提高设备成本及能耗，降低系统的安全性，同时，也使一些在电子器件上直接沉积石墨烯的制备过程无法实现。因此，有必要发展石墨烯的低温制备技术，从而降低石墨烯的制备成本，拓展石墨烯的应用。

Z.Li 等人研究了在不同温度下气态（甲烷 CH_4）、液态（苯 C_6H_6）和固态（PMMA 和 PS）等不同碳源制备石墨烯薄膜的结果。对于气态（CH_4）碳源，当生长温度降至800℃时，所得到的石墨烯薄膜不连续，拉曼光谱表征显示具有很高的 D 峰，在600℃时不再有石墨烯生长。对于固态碳源，即使在400℃时仍可以生长石墨烯，但在低温时（400℃ ~700℃），只能得到不连续的石墨烯薄膜，且所得到的石墨烯薄膜具有可见的 D 峰。而使用液体碳源时，石墨烯的生长温度可以低至300℃，并且未见 D 峰，但仍为不连续薄膜。通过比较甲烷及苯在 Cu（111）表面生长石墨烯的能量分布认为：首先，在第一阶段，前驱体分子与基底表面发生碰撞，将会吸附在基底表面，散射回到气相或者直接进入下一阶段。在这一阶段，甲烷和苯在 Cu（111）表面的吸附能都比较小，但相比之下，苯（0.02eV）比甲烷（0.09eV）更小一些，意味着较高的活化能并更倾向于低温生长。在第二阶段，前驱体在铜表面发生脱氢反应。苯在Cu(111）表面发生脱氢反应的活化能（1.47eV）也要低于甲烷（1.77eV）。此外，小气体分子通常需要失去多于1个氢原子才能被活化及参与聚合与成核。在这一逐步进行的脱氢反应中，能量也会越来越高，也就需要更高的温度来促使更高能量的中间物的产生。总体而言，甲烷整体的脱氢势垒要远高于苯。最后，在第三阶段，在铜表面脱氢或者部分脱氢的活化基团聚合成核并最终生长为石墨烯。这一过程的活化能基本上在1.0~2.0eV。尽管这一过程中甲烷和苯没有明显的区别，但需要注意的是，苯已经具有碳的六元环结构，而甲烷在聚合时，可能要经过更高能量的中间物。因此，甲烷要比苯的成核势垒更高。由此可见，苯比甲烷更容易吸附在基底表面、发生脱氢反应以及促进石墨烯的成核，因此可以在更低的温度下生长石墨烯。然而，该工作中，其低温制备的石墨烯薄膜并不连续。尽管一般来说，通过增加碳源浓度或增加生长时间可以提高石墨烯薄膜的覆盖率，但该工作中并未对此有进一步的展开。

B.Zhang等人使用电化学抛光的铜箔作为基底，甲苯（C_7H_8）作为碳源，通过两步法，即先低压生长，获得较小的晶核密度，然后增加压力，促进生长，获得连续的石墨烯薄膜。使用甲苯同样可以在300℃时得到不连续的石墨烯微晶，而通过提高压力，可以在600℃时得到连续的石墨烯薄膜。尽管如此，所得到的石墨烯薄膜缺陷较多，导电性较差。B.Zhang等人同时比较了电化学抛光铜箔与未进行抛光处理的铜箔基底的差别，结果表明抛光的铜箔容易获得更高的覆盖率。

E.Lee等人在使用多环芳香烃（Polyeyclic Aromatic Hydrocarbon，简称PAH）作为碳源时，加入适量的脂肪烃[如1-辛基磷酸（OPA）]，比单独使用PAH作为碳源时，可以获得更低缺陷密度的石墨烯薄膜。随着OPA的添加，石墨烯的缺陷密度获得显著的降低，在OPA含量为9.1%(质量）时达到最小值。E.Lee等人认为，这是因为脂肪烃可以裂解出更小的含碳基元，可以修复石墨烯中的空穴缺陷。在使用PAH作为碳源制备石墨烯时，石墨烯中的空穴缺陷可能会有两种产生机制：一种是由于碳源基元的无序拼接，另一种是基于碳源分子本身的结构。因为苯环在400℃~600℃时很难裂解出更小的含碳基团，因此PAH分子可以被看作石墨烯在低温生长时的最小单元。原则上，一些PAH分子，如嵌二萘（Pyrene）可以有序拼接成完美结构的石墨烯，但在实际过程中一些扰动会造成部分无序排列。另一方面，在使用密排结构的分子作为碳源时，缺陷更可能来自碳源本身的结构。当这些缺陷很小时，无法由苯环来修复。相对的，适当地添加脂肪烃，这些脂肪烃可以裂解出更小的含碳基元，这些含碳基元，可以进入空穴中，修复石墨烯的缺陷。

K.Gharagozloo Hubmann等人发现，芳香烃由于其较大的吸附能，易于在铜基底表面吸附，芳香烃的分子结构对石墨烯的生长也有很大的影响。使用对三联苯（p-3ph）和间三联苯（m-3ph），在400℃时可获得石墨烯的生长，而使用邻三联苯（o-3ph）和蒽（anthracene）时，则没有石墨烯生长。对于p-3ph和m-3ph，当分子吸附在金属表面时，吸附能主要来自伦敦色散力。与这些分子在气相中苯环之间有很大扭转相比，吸附的分子倾向于展平。这时，相邻的C-H键被活化，易于断裂，从而与相邻的分子形成C-C键而聚合。系统的能量由于形成更大的芳香烃而降低。垂直的氢原子依然保持其活性，继续聚合其他分子。

整体的能量由于分子不断的结合与展平而降低。这种分子间的合并持续进行最终生长成石墨烯薄膜。对于o-3ph，吸附展平时发生分子内反应，其末端两个苯环发生脱氢反应形成平面的三亚苯。这种平面分子之间的聚合对平面化并无帮助，并不会降低系统能量。因此，这种平面苯型的三亚苯不会聚合成石墨烯。同样，平面结构的蒽也没有生长石墨烯。但需要指出的是，这只是在特定的实验条件下（比如较低的温度及碳源前驱体蒸汽压）。当前驱体的浓度足够高，或者反应温度较高时，由于不同的动力学因素，平面结构的芳香烃也会促使石墨烯的生长。

其他被用于石墨烯低温制备的芳香烃碳源还包括六苯并苯、并五苯、红荧烯、蔡以及6，13-五并苯醌。X.Wan等人使用六苯并苯(coronene),并五苯(pentacene)及红荧烯(rubrene)分别作为碳源制备石墨烯，但所需温度仍然较高（>550℃），而且低温时缺陷较多。T.Wu等人在铜箔表面预先沉积少量六苯并苯作为石墨烯的晶核，然后使用萘作为碳源，从而实现石墨烯的低温制备。S.Kawai等人使用6，13-五并苯醌（6，13-pentacenequinone）作为碳源，利用相邻分子间的氧与氢之间形成的氢键，自组装成单层薄膜，然后在较高温度下脱氧脱氢，最终形成连续的石墨烯薄膜。Y.Xue等人使用氮苯（pyridine），在300℃下直接制备氨掺杂的石墨烯。

与使用大分子的液、固态碳源相比，仍有部分工作依然使用甲烷作为碳源，通过特殊的实验方法实现石墨烯的低温生长。R.M.Jacobberger等人研究了在低温下使用甲烷作为碳源时，石墨烯生长速度对其品质的影响，发现当石墨烯的生长速度达到足够小时，其缺陷可以被极大地减少。这里石墨烯的生长速度是通过控制甲烷的偏压（但仍保持各气体比例不变）来实现。实验表明，石墨烯的晶核密度基本保持不变，从而可以排除晶界的影响。R.M.Jacobberger等人认为，在石墨烯生长的过程中，活性基团从铜表面附着到石墨烯晶体后，需要一个特征时间在铜表面进行重组或脱氢以重新排列，才能形成有序的结构。如果生长速率太快，这些无序中间体可以被捕获在晶体中，导致晶格的局部破坏或配位缺陷。这种现象应该在低温下更普遍，因为这时没有足够的热能使这些烃类达到热力学上最有利的构型。

Y-Z.Chen等人将铜箔放置在石墨板上，使用内壁沉积了碳的石英管作为反应室，并将铜箔/石墨板放置在气流下端500℃左右的低温区位置，仍使用甲烷作为碳源，可以在铜箔背面（面对石墨板的一侧）生长高品质石墨烯薄膜。他们认为，一方面，当甲烷经过高温区域时，在沉积碳膜的催化下，会发生裂解，提供大量的活性基团，用于石墨烯生长。另一方面，石墨板本身也会提供部分碳源，从而促进高品质石墨烯薄膜的生长。需要指出的是，这一工作中，石墨烯的一些关键的直接表征结果并不是十分清楚。例如，论文中给出的Scm结果分辨率较低，无法清晰判断石墨烯的连续性及均匀性。Ra-man光谱背底噪声较大，接近 G 峰强度的 50%，因此无法对 D 峰的存在做较好的判断。

PECVD 法：

尽管通过使用不同的碳源，可以降低 TCVD 法制备石墨烯薄膜的生长温度，但是，从上述结果中可以看到，即使抛开对石墨烯质量控制这一方面，这种方法仍然存在其他方面的问题。首先，多数方法在生长石墨烯前，都要对基底进行高温退火处理，这从本质上并没有达到低温节能的目的；其次，所使用的液态或者固态碳源，在使用的过程中，会吸附在系统腔室及管路内壁，而这些碳源多具有较高的饱和蒸气压，增加系统背底气体中碳杂质的含量，降低系统的可控性和制备的重复性；另外，许多材料实际远比甲烷昂贵，也并没有起到降低成本的目的。

降低石墨烯制备温度的另一种方法是 PECVD 法，利用等人离子体来促进前驱体的激发与解离，使本来需要在高温下进行的化学反应由于反应气体的电激活而在相当低的温度下即可进行，是发展低温 CVD 制备的一种常用手段。

PECVD 的典型装置包括气体、等离子体发生器和真空加热反应室。在等离子体增强过程中，源气体由等离子体中产生的高能电子激活。源气体的电离、激发和离解都发生在低温等离子体过程中。首先，电离过程通过高能电子和气体分子之间的相互作用进行。其次，电离过程中产生的高能离子随后与源气体分子发生反应。最后，通过各种离解反应形成各种自由基。这些自由基比基态原子或分子活性更高，从而使石墨烯能在低温时在催化或非催化表面上形成。

等离子体增强是一个复杂的过程，包含各种粒子和反应，在石墨烯 PECVD 制备过程中起着重要的作用。例如，含碳粒子的密度可以影响生长的石墨烯的形态，而氢气、氩气可以刻蚀无定形碳而获得高质量石墨烯。Y.Woo 等人使用乙烯作为碳源，通过远程 RF-PECVD 在镍箔上 850℃下生长石墨薄膜，拉曼光谱基本没有 D 峰，表示极好的质量。G.Nandamuri 等人使用类似的方法，但使用甲烷 / 氢气作为反应气，将生长温度降至 650℃ ~700℃。Y.Kim 等人使用 MW-PECVD，通过调节氢气 / 甲烷比例来调控石墨烯的层数，发现石墨烯的层数随氢气 / 甲烷比例降低而增加，同时还发现，随着生长温度从 750℃降至 450℃，石墨烯的质量随之变差。

D.A.Boyd 等人用氢气 MW-PECVD 在低温下（<420℃）铜基底上获得高质量的石墨烯薄膜。该技术关键之处在于在氢气中混入少量甲烷和氮气，从而在等离子体中形成少量氰基（cyano radical，简称 CN）刻蚀铜从而获得光滑的铜表面，而对等离子体及基底温度并不敏感。甲烷的引入是通过一个高精度针阀控制，为 0.4%，而氮是利用背底气体中的残余气体，与甲烷的量相当。

在 PECVD 过程中，氢等离子体中的氢原子可以有效地去除铜表面的氧化物如 Cu_2O、CuO、$Cu(OH)_2$ 和 $CuCO_3$，而 CN 可以对铜进行刻蚀。甲烷和氮的比例对铜的刻蚀非常关键，甲烷过量时不会对铜进行刻蚀，而氮气过量时会导致对铜的过渡刻蚀。可以看到，铜箔的上表面较为粗糙，形成的是无序的石墨，而下表面则很光滑，生长的是高质量的单层石墨烯。延长生长时间则会有附加层产生，表明碳源的持续提供和石墨烯的不断沉积。对转移在 h-BN 基底上的石墨烯的电学性能测量结果表明，其室温载流子迁移率可以高达（6.0 ± 1.0）× $10^4 cm^2/(V \cdot s)$，甚至高于高温生长的石墨烯单晶，这其中的一个关键因素可以归结为低温生长的石墨烯受其与基底热膨胀系数不匹配的影响更小，从而其内应力更小。D.A.Boyd 等的这种利用超清洁表面低温制备石墨烯的技术为高质量石墨烯的制备提供了一种新的思路。

第二节　非金属基底制备技术

在金属基底上制备石墨烯的一个缺点在于，对于绝大多数的石墨烯应用场景，都需要将石墨烯从金属基底上剥离下来并转移到目标基底（多为非金属基底）上，而这一过程必然增加了石墨烯制备过程的成本。此外，尽管石墨烯的转移技术也一直在进行各种各样的开发和改进，由于转移过程引起的石墨烯性能上的负效应，如对石墨烯样品的污染、褶皱和破坏等一直存在，因此，直接在目标基底上生长石墨烯，是推动石墨烯未来研究和应用的有效解决方案之一。

直接生长石墨烯，基底的选择至关重要，因为它们对石墨烯性能以及对材料的潜在用途有重要的影响。这一领域的很多工作都是基于二氧化硅和蓝宝石基底，这是石墨烯应用中常用的基底材料。当然，对其他新型绝缘体材料也进行了较多的尝试研究，如六方氮化硼（h-BN）、玻璃、高 k 电介质材料等。在非金属基底上生长石墨烯面临的主要问题是低增长率、低催化效率和小面积尺寸等。

一、半导体 / 绝缘介质基底

深入了解详细的生长机制将为石墨烯在基底上的高效合成奠定基础，并加速石墨烯相关技术的发展。迄今为止，生长机制仍然是一个活跃的理论和实验研究领域，研究人员也进行了大量的研究来解释无金属催化 CVD 石墨烯生长过程的演变，关于从碳前驱体到结晶石墨烯结构转化机制的整个复杂生长过程，还没有得到令人信服的论证。为了实现大面积高质量的石墨烯生产，需要提出相应的生长机制和动力学解释，这将是一个非常重要的步骤。

前面对于金属催化石墨烯的生长，已经进行了充分的阐述，即根据金属基底中的碳溶解度，可以分为两类：一类是溶碳析碳机制，利用镍、钴和钌等金属有较高的碳溶解度，在生长过程中，碳原子在高温下溶解金属，在冷却过程中析出在金属表面形成石墨烯；另一种是表面催化机制，对于以相对较低碳溶解度的铜等金属来说，碳原子直接在铜表面聚集形成石墨烯。在没有金属催化剂的情况下，直接在半导体或绝缘基底上生长石墨烯则遵循一种不同的、特殊的机制。目前，虽然对石墨烯在非金属基底表面成核和生长的主要驱动力进行了广泛的理论研究，但对这个方法的详细生长机制的理解还是非常有限的。目前比较认可的生长机制，主要包括表面反应、范德瓦尔斯外延生长以及硅碳热还原等。

1. 无催化直接生长

基底对于石墨烯生长具有非常重要的作用，主要表现在三个方面：基底催化碳源裂解的能力、基底上碳迁移的能力以及石墨烯在基底上成核的能力。在过去的几年里，利用CVD 方法在非金属基底上直接生长石墨烯方面同样进行了大量研究。在绝缘基底上生长石墨烯主要依赖于在无金属催化自由环境下，载体气体氩气和还原气体氢气对碳源的热分解。尽管缺乏金属，但金属催化剂并不是石墨烯生长过程不可缺少的，只是需要不同的方法促进碳源的分解。由于非金属基底对碳前驱体分解和石墨烯生长的催化活性较低，因此研究人员提出了以下几种策略来促进生长速率和提高石墨烯的质量。

（1）提高生长温度

如前所述，以氢气为载体的碳氢化合物的热解是碳分解和排列的主要驱动力。在没有金属催化剂的情况下，提供大量的热能有助于克服反应能量障碍，促进碳源的分解。因此，在高温下产生更多的热能将促进生长过程。M.A.Fanton 等采用 CVD 法在蓝宝石基底获得了 1-2 层的石墨烯材料，并研究了在碳源浓度（碳源气体流量与载气流量比值）为 0.5% 时，生长温度对石墨烯材料的影响，在蓝宝石上生长石墨烯之前，重要的是评估 AI/C/O/H 化学系统的热力学平衡条件，以确定固态 C 沉积的适宜边界条件及确定热稳定反应产物。在蓝宝石基底的石墨烯生长过程中，C 和蓝宝石之间的反应趋势是最主要考虑的因素。

通过对 Al、O、C、H 和 Ar 组成的系统的建模预测不会有固相的含有 A-C 或 O-C 的产物形成，表明在石墨烯薄膜和蓝宝石基底之间不会发生共价键合。然而，当温度升高至1200℃以上时，CO（g）和 Al_2O（g）都将有显著的浓度，并且在 1400℃以上甲烷会被全部消耗，表明在蓝宝石上生长石墨烯的过程中可能会产生两种不良效应。第一种情况是，如果形成 CO（g）的反应速度快于 CH_4 分解为固体碳的速率，则不存在固体碳。第二种情况是，无论是固体还是气态，碳的存在都会显著地刻蚀蓝宝石衬底的表面，使其对半导体器件的制备来说过于粗糙。实验观察结果表明，当甲烷浓度为 0.5% 时，石墨烯生长之前和在 1500℃的温度下，蓝宝石基底的平均粗糙度（Ra）是 0.3~0.5nm。在 10%H2/Ar 无甲烷环境中，当温度升高至 1550℃，蓝宝石的表面粗糙度并没有太大变化。然而，当通入 0.5%的甲烷后，在 1525℃和 1550℃时，其表面粗糙度分别增加至 2.9nm 和 6.3nm，并存在高密度的六角形腐蚀凹坑，说明正是提供的碳源导致基底表面刻蚀。

Raman 光谱分析表明，随着生长温度从 1425℃到 1575℃逐渐升高，D 峰相应减小，石墨烯的质量得到明显提高。但在 1575℃的情况下，基底表面只有部分有石墨烯覆盖（<20%），而在高于 1575℃的情况下，没有石墨烯形成。这一现象与平均表面粗糙度的显著增加有关，表明碳对蓝宝石蚀刻的速率比石墨烯的沉积速率高。

（2）选择合适的碳源

甲烷之所以被广泛地用作石墨烯生长的碳前驱体，是因为它非常稳定，从而只能在金属催化剂的表面分解，而不是在整个反应腔室内。因此，在生长过程中可以很容易地控制石墨烯的层数。J.H wang 等人研究了甲烷分压、生长温度和氢气 / 甲烷比对石墨烯生长的影响，证明提高生长温度可以有效改善石墨烯的质量；氢气在获得高质量石墨烯过程中也非常重要，高氢气流量将导致表面碳的完全蚀刻，但是在略低于氢气流量的临界值作用下，石墨烯的质量最好，室温下霍尔迁移率可达 2000cm²/（V · s）。

当碳源浓度低于 0.6% 时，获得的石墨烯材料为 p 型，而高于这个值时为 n 型。J.H wang 等人发现，提高氢气流量与碳源气体流量的比值，可有效降低石墨烯材料中缺陷峰（D 峰）的积分强度。削弱 C 原子对蓝宝石基底表面的刻蚀作用，提高石墨烯材料表面平整度，减少石墨烯材料缺陷，是实现蓝宝石基底上 CVD 法制备高质量石墨烯材料的前提。降低石墨烯材料生长过程中碳源浓度是有效方法之一。但是，甲烷分压过低同样不利于石墨烯的生长。例如，如果甲烷浓度低于 0.2%，不管怎样调整生长时间和氢气含量，在生长温度高于 1450℃的情况下不会形成石墨烯或石墨薄膜。该研究组生长出的石墨烯材料拉曼光谱测试结果显示，I_D/I_G 小于 0.05，2D 峰半高宽仅为 $33cm^{-1}$，材料质量与铜箔上生长的水平相当，说明蓝宝石基底上采用 CVD 法生长石墨烯材料具有潜在的研究价值和应用前景。

虽然高温有利于石墨烯的生长，利用甲烷作为碳源可以提高石墨烯的质量，但在经济条件下是不可取的，因为高温的生长条件增加了能源消耗。研究人员发现，利用比传统的甲烷更容易分解的特殊材料，如乙炔和酒精等可实现低温生长。事实上，芳香烃也曾被用于在金属上生长石墨烯，显著降低了生长温度。然而，与甲烷相比，乙炔和酒精的使用会降低层数的可控性和石墨烯的质量。

（3）基底的预处理

基底预处理在金属催化石墨烯生长中的重要性已经被充分证明。良好的抛光和退火可以显著降低石墨烯在生长过程中的成核密度。同样，氢气退火也被用于直接促进无催化石墨烯的生长，并提高基底平整度和表面活性。通过精确的基底预处理，可以形成额外的活性成核点，以解决无金属 CVD 石墨烯生长的低催化问题。

（4）调节生长动态

除了生长过程中的工艺参数外，研究人员为了对石墨烯的生长过程进行调控，开发出了一种分离控制石墨烯成核和生长的两步生长策略，实现无金属催化直接生长石墨烯。J.Chen 等人展示了通过两段无催化 CVD 工艺，在氮化硅基底上实现了高质量石墨烯的生长，载流子迁移率达到 1510cm²/（V · s）。整个过程包括石墨烯成核和石墨烯生长。在第一个阶段（成核）中，少量的 CH_4（2.3sccm）和大量的氩气（300sccm）被引入 CVD 系统中，在 Si3N4 基底上形成离散的石墨烯纳米晶体。在随后的生长阶段，引入更高比例的碳源气体来提高石墨烯薄膜的质量。在一般的石墨烯制备过程中，石墨烯的自发成核所需的碳浓度大约是平衡浓度的两倍，在较高的甲烷浓度下，石墨烯生长过程中不能避免重复的成核。因此，将成核和生长阶段分开有利于控制成核密度和石墨烯的质量，可以利用不同的成核条件、沉积时间和沉积温度来调节石墨烯的生长。

S、C、Xu 等用一个带有两个温度区域的 CVD 系统在 SiO_2/Si 基底上生长连续且均匀的石墨烯薄膜，沿气流方向高温区位于上游而低温区在下游。当使用甲烷作为碳源时，连续的石墨烯薄膜可以在置于低温区域（800℃）的基底上生长，且单层石墨烯的覆盖率达 90% 以上。而不论是置于高温区域（1100℃），还是单纯使用低温区域，基底上都没有石墨烯生长。其原因在于，高温有助于甲烷热裂解，从而获得更多的活性基团，然而在高温区，热振动使得吸附在基底上的基团很容易脱离，难以形成稳定的石墨烯晶核。而在低温区，热振动相对较弱，活性基团可以有更多的机会在基底上团聚成核。另外，如果没有高温区的活化，低温时甲烷不易裂解，活性基团少，同样不易成核。

D.Liu 等人成功地实现了将成核与生长阶段分开。他们认为，从成核到边缘生长的增长模式的关键因素是生长温度。在 510℃以下，氢自由基的刻蚀占主导地位，没有石墨烯生长；温度高于 545℃时，开始有成核点出现；而在特定的生长温度（510℃ ~545℃）下，只有石墨烯生长，但成核可以在很大程度上得到抑制，因此，可以通过调整生长和刻蚀竞争，实现高温成核和低温生长。通过实验发现，在二氧化硅基底上触发石墨烯成核的最低温度为 545℃，随着温度升高，成核密度随之增加。

2. 金属辅助催化生长

虽然无催化剂直接在绝缘介质上生长石墨烯的策略可以实现，且石墨烯不受杂质的影响，但由于前驱气体的热分解和介质材料的低催化活性，石墨烯具有不可忽略的缺陷，更重要的是，除了缺陷和大小问题之外，无金属的 CVD 过程并不适用于非晶介质基底。随着 CVD 石墨烯生长技术的发展，多种过渡金属被证明具有催化碳源分解和加速石墨烯生长的能力。因此，结合金属催化和直接在基底生长石墨烯的优点，已经产生了一种新的技术，即金属辅助石墨烯的生长。Park 和其合作者首先利用蒸镀的铜膜来催化碳前驱体分解，在无金属的基底上生长大尺寸单层石墨烯，并用于制备晶体管阵列。随后，大量关于金属辅助石墨烯生长的研究发现，可以通过使用不同的牺牲金属和辅助方法调控石墨烯材料的层数、晶粒尺寸和形态。与无金属催化的直接生长策略相比，这种金属辅助石墨烯的生长可以结合金属催化和直接石墨烯在无金属基底上的特点。然而，基底的预处理和金属污染问题也应加以考虑，需要进一步改进。此处目的是强调金属辅助 CVD 石墨烯的生长，并研究最近在金属催化的无转移石墨烯生长方面的进展。按照金属和基底的接触模式可分为两种方法：镀层金属薄膜辅助石墨烯生长和气化金属辅助石墨烯生长。

（1）镀层金属薄膜辅助石墨烯生长

镀层金属薄膜辅助 CVD 石墨烯生长是预先在目标基底之上沉积金属薄膜再进行石墨烯生长。在有金属催化剂存在的情况下，碳前驱体裂解后，根据所用金属的不同，石墨烯可以直接在金属表面或金属和目标基底之间形成。

镍催化石墨烯的生长遵循溶碳析碳机制，因此，在目标基底上预沉积一层镍薄膜是在半导体和电介质上直接生长石墨烯的理想技术，因为碳原子可以溶解到镍中，直接沉淀到非金属基底表面。除了镍层与基体之间的界面空间外，在镍的上表面也会形成石墨烯。特别是在催化石墨烯生长的特殊扩散和沉淀机制下，双层石墨烯易于形成，这是开启石墨烯带隙的有希望的解决方案。

Z.Peng 等人报道了一种无转移的方法，通过碳扩散穿过一层镍，直接在二氧化硅基底上合成双层石墨烯。在二氧化硅表面沉积 400nm 厚的镍，可选择 PMMA、聚苯乙烯等固态碳源，也可选择甲烷等气态碳源，在 1000℃的退火过程中，镍层上的碳源分解并扩散到镍层。当冷却到室温时，在镍层和二氧化硅基底之间形成双层石墨烯，通过刻蚀去除镍，直接在二氧化硅上获得覆盖面积达 70% 的双层石墨烯。

在 1000℃退火过程中，碳源分解扩散到镍中，当快速降温时，碳原子在镍层的两面沉积形成石墨烯薄膜。多数情况下，在镍上边形成多层石墨烯，而在镍与二氧化硅之间形成双层石墨烯，这是由于镍膜和二氧化硅基底之间的限制环境显然有利于双层石墨烯的生长。研究显示，镍膜厚度对双层薄膜厚度的影响有限，所用三种镍膜厚度分别为 400nm、250nm 和 170nm，均在二氧化硅表面形成了双层石墨烯。但当镍膜厚度低于 170nm 时，大部分的镍在退火过程中被蒸发掉，只能获得间断的石墨烯。由于石墨烯的形成是由金属辅助石墨烯生长的催化剂引发的，因此可以通过金属催化剂结构的精确设计，在目标基底上实现对石墨烯的直接合成，通过在催化剂区域内限制石墨烯的形成，在有图案的催化剂下得到石墨烯的图案。早在 2009 年，K.S.Kim 等人人就已经实现在图案化的镍上生长石墨烯薄膜，然而，由于在镍层的上表面形成石墨烯，这些带图案的石墨烯薄膜需要通过腐蚀镍层转移到相应的基底上。D.Kang 等人报道了一种用简单的管式炉，在没有外部碳源的基础上，直接在基底上生长设计图案的石墨烯。

除了有图案的石墨烯结构外，D.Wang 等人利用镍催化实现了一种可扩展的直接在二氧化硅介电基底上生长石墨薄膜的方法。首先在掩膜保护下通过热蒸发在二氧化硅基底上沉积一层镍膜，由于碳源通过晶界沿预制镍薄膜的边缘形成有效扩散，在镍膜的边缘形成连续的石墨薄膜。蚀刻掉镍之后，在电介质基底得到长框形的石墨烯。

铜辅助石墨烯的生长受生长机理的限制，镍辅助石墨烯的生长主要产生多层石墨烯。然而，不同于镍催化石墨烯 CVD 生长，铜催化石墨烯的生长符合表面的自限性，为了优化生长过程和最终石墨烯的性能，目前已有几个小组研究铜作为低碳溶解度金属催化剂，以更好地控制石墨烯层的数量。C-Y.Su 等人报道了利用碳源通过铜晶界扩散，直接在二氧化硅上生长石墨烯的方法。在 CVD 过程中，在铜表面分离的碳元素不仅能在铜薄膜上形成石墨烯层，还能通过铜膜的铜晶界扩散到铜和底层电介质的界面上。通过工艺参数的优化可在电介质上直接形成连续、大面积的石墨烯薄层，实现了不需要石墨烯转移过程、直接在多功能的绝缘基底上生长晶片尺寸的石墨烯。该方法先在基底上沉积约 300nm 的铜膜，通过控制生长综合参数，甲烷在铜表面分解。众所周知，碳原子在铜中具有非常低的溶解度，因此，它们会在铜表面迁移，形成大范围和连续的薄石墨薄膜。与此同时，其中一些碳原子可以很好地通过铜颗粒边界扩散，并达到铜和底层绝缘体之间的界面。实验发现，如果甲烷在生长过程中没有出现，就没有石墨薄膜的生长，这表明底层石墨烯的形成与甲烷有关，而不是其他可能的碳杂质。此外，300nm 铜的薄膜也是接近底层石墨烯生长的最佳条件。A.Ismach 等人指出，铜薄膜厚度的减少会导致其退火后在介质表面不连续，而增加铜薄膜的厚度则不能保证在介质表面形成连续的石墨烯薄膜。这一结果也表明，底层石墨烯的形成机制与在镍表面碳溶解析出生长石墨烯的机制可能不同。

（2）气化金属辅助石墨烯生长

在介电质层上沉积的薄金属催化剂，一定程度上保证了石墨烯的质量。然而，金属催化剂的去除过程和不可避免的金属残留物仍然会导致石墨烯被污染。为了避免这些缺点，研究人员提出了一种提高石墨烯质量的远程金属催化辅助 CVD 石墨烯生长技术。将金属蒸气作为催化剂，在气相和基体表面与碳前驱体气体发生反应，而与基底没有物理接触。这种生长方法避免了耗时的金属去除过程，保证了石墨烯质量不被降低。作为一种具有较低熔点的高效催化剂，铜已经成为最合适的、用于远程辅助石墨烯生长的金属。

P-Y.Teng 等人利用铜箔在 CVD 过程中提供升华的铜原子，在没有预先沉积金属催化剂的情况下在二氧化硅上生长石墨烯。该方法的主要特点是利用漂浮的铜和氢原子作为气相中的催化剂，对碳原料进行分解。铜箔在 1000℃升华提供铜原子，浮动的铜分子催化剂使得甲烷的分解需要较低的活化能，这种气化金属的催化结果促使甲烷更完整地分解，提供足够量的铜粒子可以使反应物更有效地碰撞，提高在气相中碳原料分解的效率，从而在基底表面形成几乎没有缺陷和无定形碳的石墨烯。

P-Y.Teng 等人进一步研究发现，采用机械剥离的石墨碎片作为种子层成核点，可以进一步地减少碳源的随机成核，使得成核点处的石墨烯厚度有较好的一致性，在微区拉曼测试中表现为具有均匀的 G 峰强度以及一致的 2D 峰和 G 峰的强度比。随着成核点的降低，沿着石墨碎片外延生长的石墨烯具有较高的质量，在微区拉曼测试中表现为具有较低且均匀的 D 峰强度。这种生长方法的一个关键特征是，碳氢化合物的非现场分解和碳原子在二氧化硅基底上的直接石墨化。众所周知，碳氢化合物的完全分解是在催化剂辅助下的脱氢反应。甲烷在有些催化剂（如钯和钌等）的催化下分解是放热的，很容易得到碳原子，而铜催化分解是一个吸热过程。在当前的 APCVD 过程中，碳氢化合物的分解被认为是碳氢化合物与铜原子和氢原子的成功碰撞，因为在 LPCVD 中二氧化硅表面没有石墨烯形成。另一可能控制石墨烯生长的机制是蒸发的铜粒子暂时沉积在二氧化硅表面，催化石墨烯的形成，最后逐渐蒸发，只留下石墨烯在硅氧基上。这种情况使可以通过在更高和更低的温度下铜的蒸发量来调控石墨烯生长的说法得到验证。当生长温度低于 950℃时，拉曼光谱没有发现明显的 2D 峰，说明在该生长方法中，需要一个高温过程，这意味着蒸发的铜在硅氧的形成过程中起着至关重要的作用。

然而，该方法仍有很大的改进空间，特别是由于非均匀的随机成核，所以存在不均匀的石墨烯层。虽然采用石墨碎片辅助成核可以减少碳源的随机成核，但远离成核点处的石墨烯仍具有较大的缺陷。H.Kim 等人报道了另一种通过铜蒸气制备石墨烯的方法，在没有物理接触的情况下，将铜箔悬吊在目标基底上，高温退火过程中，铜箔升华产生的铜蒸气，催化了甲烷气体的裂解，并帮助石墨烯在基底上形成，其质量可与铜箔上生长的石墨烯相媲美。

SiO_2/Si 放在石英管中央，在上面悬挂一片铜箔并避免与硅基底有物理接触。如果发生接触，将迅速反应形成铜 / 硅合金导致铜和基片的机械损伤。在 1000℃的生长环境中，铜很容易蒸发，铜气的流动性非常高，足以克服气流和真空的力量在管道中移动，可以在石英管两端观察到铜颗粒的沉积。由于镍的蒸气压比铜低很多，通过使用镍箔进行测试，发现基底上没有石墨烯形成，证实石墨烯的生长确实与远程提供的铜蒸气有关。

该方法的生长机制与 P-Y Teng 的相似，质量之所以相对更好，主要是由于铜蒸气与甲烷的理想比例，并进行了实验验证。通过不同浓度的甲烷气体中，SiO_2/Si 基底和铜箔上常规生长石墨烯质量的对比发现，在前一种情况下，当甲烷流量增加时，拉曼 D 峰显著升高，而后者仅有较小的变化。在提高石墨烯的质量方面，铜箔的优化位置被证明是至关重要的。

Y.Z.Chen 等人提出了一种更方便的方法，通过非晶碳薄膜的石墨化来直接在非金属基底上形成石墨烯。利用铜催化非晶碳薄膜在二氧化硅和石英基底上从非晶态碳膜到石墨烯的相变。这种方法可以通过精确改变预沉积碳膜厚度来实现对石墨烯的厚度控制。通过 XPS 分析、Tcm 观察和 Scm-EDX 的系统研究，提出了与在金属基体上生长石墨烯不同的石墨化机理。并结合控制厚度和图形的方式，演示了一种单步制备全碳器件的方法，并具有良好的性能。在常规的铜催化 CVD 中，在高温区域蒸发的铜原子会在低温区域凝结，基于此现象，通过 1050℃退火过程中提供气体铜原子，在炉管两端沉积预制一层铜膜涂层，在退火过程中提供气态铜原子作为催化剂来触发石墨化过程。与涂层金属膜辅助生长相比，非接触式远程金属辅助石墨烯生长在无基底预处理和金属蚀刻工艺的情况下，得到了更有效的石墨烯生长。

（3）固态碳源 + 金属催化生长多层石墨烯

2011 年，Tour 课题组提出了一种通用的无转移方法，利用固态碳源如 PM-MA、聚苯乙烯等，可以在绝缘基底上直接生长双层石墨烯。基于镍的独特催化机理，利用镍辅助石墨烯生长直接实现了绝缘基底上的双层石墨烯薄膜制备。首先在洁净的 SiO2/Si 基底上旋涂一层聚合物或自组装分子作为固态碳源，然后再在上面镀一层镍作为石墨烯生长的催化金属，在 1000℃的低压还原气氛中，在基底与镍膜之间的碳源转化成双层石墨烯，去除镍层之后，在绝缘体上直接获得了双层石墨烯而不需要转移。并且，他们发现，在镍表面上的碳也可以分解扩散到镍膜中，并在冷却过程中，在镍的上下表面形成石墨烯，从而消除了镍在精确厚度的聚合物膜上的沉积。

H.J.Shin 等人报道了一种类似的合成方法，它通过热解在催化金属和基底之间的自组装单层（SAM）的方法，在电介质基底上生长多层石墨烯。通过精确控制 SAM 中碳原子的浓度可以实现石墨烯层数的控制。这种反向催化结构和生长过程为均匀厚度的无转移石墨烯生长提供了一种可靠的方法。

为了打开石墨烯的带隙，一种可行的方法是氮或硼掺杂周期性替代碳原子。实现均匀掺杂的石墨烯仍然是一个挑战。Q.Q.Zhuo 等人介绍了一种利用铜作为催化剂和多环芳烃（PAHs）作为碳源，在玻璃或二氧化硅上直接合成石墨烯的方法。多环芳烃可以简单地通过热蒸发或自旋涂层通过理想的掩膜覆盖在不同的底物上。此外，利用含有 N 原子的环芳烃，可以很容易地在相对较低的温度下获得氮掺杂的石墨烯。G.Yang 等人演示了一种自下而上的无转移生长方法，使用自组装单分子作为碳源，用于制备多层石墨烯。

3.PECVD 生长

通常，在半导体或绝缘基底上生长石墨烯需要 1000℃以上，有时候为了得到理想的平衡条件，一个生长周期长达 72h，无法满足工业化生产。在石墨烯的生长过程中引入等离子体可以克服这些问题，并能有效地实现介质表面的低温生长。由于在高能等离子体环境中这些反应性自由基的形成和碰撞，碳原料的分解容易发生，需要热量较少，从而降低了生长温度。这种低温度的无催化生长方法被认为是与当前微电子产品相容性高的高产量石墨烯制造方法中最有前途的方法之一。与上述两种方法的超高生长温度和超长反应时间不同，该策略可以显著降低生长温度，加速生长过程。当然，这需要额外的生长设备来启动高能量的等离子体，而且通常观察到快速增长和可控性差。与其他方法不同，PECVD 的另一个优点是，除了在介质基底上获得原始石墨烯外，通过将 NH_3 引入生长环境，可以实现氮掺杂，这已被证明是实现石墨烯氮掺杂的一个简单途径，是一种将石墨烯调制为 n 型的很有前途的方法。

2011 年，Zhang 等人用 PECVD 在各种基底上实现了无催化的石墨烯生长，在此之后，出现了大量关于 PECVD 石墨烯生长的研究，以发展这种低温生长方法，这也揭示了它在石墨烯制备中的可扩展性。除了低温的 PECVD 外，T.Kato 等人还开发了一种高温等离子体反应来实现高质量石墨烯的无催化生长。然而，大多数得到的样品都是小的纳米团或多晶石墨烯，不适合用于电子器件的应用。

对于单晶石墨烯在介电基体上的生长，D.Wei 等人人通过引入 H2 等离子体来平衡 H2 等离子体蚀刻和 CH_4 或 $C2H_4$ 等离子体的生长，实现了单晶石墨烯生长。基于 PECVD 技术，直接在蓝宝石、高度定向的热解石墨（HOPG）和 SiO_2/Si 基底上实现了微米尺寸六角形的单晶石墨烯薄膜生长，连续膜达到厘米尺度。采用 PECVD 生长技术，C_2H_4 用作碳原料，生长温度可以下降至 400℃。这种生长温度是石墨烯催化剂自由生长的最低温度。为实现关键的边缘增长，系统地研究了生长温度和 H2 含量对成核和边缘蚀刻之间平衡的影响。

石墨烯掺杂是一种有效的调节其电子性质和化学反应活性的方法。石墨烯的氮掺杂已被许多方法实现，而 CVD 这种方法可以简单地通过使用含氮的碳前驱体或引入含氮气体（如 N2 或 NH3）进入反应腔，来构建 N 掺杂的石墨烯。然而，以往的尝试主要是在金属基体上产生低掺杂氮含量的石墨烯。因为石墨烯晶格中的氮原子不稳定，容易在高温下释放，因此，基于 PECVD 的低温制备是一种高效的石墨烯掺杂方法，并应用于各种基团的掺杂石墨烯的制备。

T.Kato 等人通过快速加热 PECVD(RH-PECVD) 直接在 SiO2 基底上生长可控载流子密度的石墨烯。结合一层镍催化和等离子体的增强，他们在二氧化硅基底生长出大面积和高质量的单层石墨烯。在 RH-PECVD 生长过程中，石墨烯基场效应晶体管（FET）的电气传输类型可以通过提高 NH3 气体浓度来精确地实现从 p 型到 n 型的转换。

为提高 N 掺杂石墨烯的质量，Wei 等人提出了利用 PECVD 在原子级洁净的电介质表面生长六角形氮掺杂单晶石墨烯连续膜的方法，生长温度低至 435℃，STM 图像证实石墨烯晶体结构表面有几个明亮的氨掺杂剂。类似于 PECVD 的本征石墨烯生长，N 掺杂石墨烯的生长强烈依赖于 NH3 的含量和生长温度，以实现在 N 掺杂石墨烯的成核和蚀刻的竞争过程之间的临界平衡状态。在未来的石墨烯电子产品中，这种直接的 n 掺杂石墨烯生长方法在原子级洁净的表面和无金属生长过程中具有重要的价值。

二、h–BN 基底

由 CVD 在半导体和绝缘体上生长的无催化石墨烯的早期研究主要是用硅基基底进行的，然而，基于 Si 的器件正面临着根据摩尔定律的尺寸限制问题，阻碍了技术进步的进程。因此，更合适的石墨烯生长基底（如高 k 电介质或高迁移率半导体）是目前石墨烯制备体系的一个重要方面。h-BN 是一种结构类似石墨烯的绝缘体（有一个典型的带隙，为 5.8eV），具有较高的平面机械强度和良好的化学性质，已被证明是一种用于提高石墨烯器件性能理想的介电层。虽然绝缘 h-BN 已被证明是石墨烯器件的极好基底，但大多数研究是在 h-BN 基底上转移石墨烯。然而，在转移过程中，完全阻止水分子和其他杂质吸附到石墨烯和 h-BN 界面仍然是一个挑战。

早期，研究人员利用常压 CVD 法成功在 h-BN 单晶片和插层 h-BN 上实现了石墨烯的生长，然而，由于所用的薄片太小，无法研究其生长机制。2011 年，S.Tang 等人报道了一种利用低压 CVD 实现单晶石墨烯形核生长的方法，提出石墨烯螺旋位错处形核成核和跃阶流生长机制，采用该方法制备的石墨烯晶畴的尺寸达到 270nm。W.Yang 等人首次提出了利用 PECVD 在 h-BN 上生长的大面积固定取向的单晶石墨烯。以甲烷为气源，通过远程等人离子体增强的气相外延技术，实现了在 h-BN 上石墨烯的可控范德瓦尔斯外延生长。

Jiang 研究组为 h-BN 生长多层石墨烯和大规模单晶石墨烯贡献了大量的研究成果。通过 STM 研究石墨烯生长，他们进一步证实了这种石墨烯的范德瓦尔斯外延性质，并揭示了关于石墨烯晶格配在 h-BN 上的关键问题。为了研究石墨烯在 h-BN 上的晶畴取向，他们在略低的温度下制备了一种多晶单层石墨烯样品。研究发现，云纹干涉法对 h-BN 上石墨烯的领域取向比较敏感。

三、玻璃基底

玻璃作为一种典型的传统材料，拥有良好的透明度和低廉的成本，在日常环境中呈化学性质，亦不会与生物起作用，已经成为人们生活中不可或缺的重要材料，被广泛应用于建筑、化工、电子、光学、医药以及食品等诸多领域。但其本身不具备导电和导热性，制约了其在更多领域的应用。将石墨烯与玻璃完美结合，生产出一种新型复合材料石墨烯玻璃，既保持玻璃本身透光性好的优点，又将石墨烯超高导电性、导热性和表面疏水等优异特性赋予玻璃，可以用于表面防护、透明电极、光伏发电、屏幕触控、透明集成电路等多个方面，极大地拓展了玻璃的应用空间，引发玻璃产业从大批量低附加值的应用到节约型高附加值应用的革命性转变。

当前石墨烯玻璃通常采用液相涂膜或转移 CVD 法制备的石墨烯来获得，然而液相涂膜获得的石墨烯薄膜尺寸小、缺陷多、层数不均，导致利用这种方法制备的石墨烯薄膜的均匀性和品质都很差，与理论性能存在很大差距。将金属基底表面生长的石墨烯转移到玻璃表面的过程中，不可避免地存在表界面污染的问题，从而严重影响石墨烯玻璃的性能。这些方法存在操作繁复、成本高、产率低等问题，因而难以满足大规模应用的需求。因此，发展一种在玻璃基底上直接生长石墨烯的新方法，是目前相关研究中的一个重要课题。

利用 CVD 方法在玻璃表面直接生长石墨烯需要解决两方面问题：一是催化碳源裂解在玻璃表面的成核和生长；二是玻璃的软化温度较低，需要降低石墨烯的生长温度。通过金属远程催化的方法能够提高碳源的裂解效率，在玻璃表面生长高质量的石墨烯，但始终无法避免金属的污染。北京大学刘忠范院士领导的研究团队利用 CVD 的方法，开发了三种不同路径，成功在玻璃表面上实现了石墨烯的直接生长。

1.APCVD 在耐高温玻璃表面生长石墨烯

前面已经提到，CVD 法利用甲烷作碳源生长高质量的石墨烯，通常需要 1000℃以上的高温。因此，为了在玻璃表面生长石墨烯，就需要选择耐高温玻璃作为生长基底，如石英玻璃、硼硅玻璃等。2015 年，刘忠范研究团队报道了一种无金属催化的 APCVD 法，直接在耐高温玻璃上生长石墨烯薄膜。由于玻璃对于碳氢化合物分解的催化作用十分有限，热裂解成为甲烷裂解的主要方式。值得注意的是，在 LPCVD 体系下，物料迁移迅速，导致碳源气体分子的浓度较低，无法满足碳源在玻璃表面成核和石墨烯生长的要求，因此通常都是采用 APCVD 体系。

在玻璃表面生长石墨烯受碳源浓度的影响，随着甲烷的增加，样品的透光率逐渐降低，这表明在玻璃上的石墨烯的厚度可以通过调节前驱体的量来决定。拉曼表征表明在石英玻璃基底上生长的石墨烯主要为单层，在高硼硅玻璃和蓝宝石玻璃基底上生长的石墨烯为少数层。将玻璃基底制备的石墨烯做成场效应晶体管，测试结果表明其载流子迁移率为 553~710$cm^2/(V\cdot s)$，优于二氧化硅基底直接制备的石墨烯。通过调整生长参数，石墨烯的面电阻和透光率均可以调控。

2.APCVD 在熔融态玻璃表面生长

在基底的液体形式（如熔化的铜和镓）上，由于碳源在表面的加速迁移和液体的不同催化方式，石墨烯的成核和生长可以比固体基底更好地控制。基于此，刘忠范院士团队提出了石墨烯在熔融态玻璃表面的生长方法。石墨烯在熔融态玻璃表面的生长过程，包括成核、快速生长和缓慢生长三个阶段。首先是成核过程，在生长进行到 30min 时形成可见的石墨烯核心，石墨烯在熔融玻璃表面是同时成核的，在后续生长过程中基本不会再有新的核心产生。然后是生长过程，当生长到一定阶段时，会形成尺寸约 1μ m 的石墨烯圆片，这些圆片的大小和分布都十分均匀，这是因为熔融玻璃表面是各向同性的，同时石墨烯片在熔融玻璃表面存在一定程度的迁移行为。值得注意的是，石墨烯在熔融玻璃表面的生长行为与在相同条件下的固体二氧化硅的生长行为是不同的。特别是，熔融玻璃表面提供了一个各向同性的平台，并消除了诸如缺陷、扭结和粗糙点等高能量点，使石墨烯的成核均匀。通过延长生长时间发现，不同于固态玻璃基底，石墨烯在熔融玻璃表面的生长速率在生长过程中会逐渐减慢并最终趋于停止，而不是持续生长形成多层石墨烯。因此，可以通过控制甲烷浓度和生长温度等获得不同覆盖面积和不同层数的石墨烯。温度对于石墨烯在熔融态玻璃表面生长的影响是多方面的。一方面，温度升高有助于碳源的裂解，同时提升碳活性物种在玻璃表面的迁移能力，有助于石墨烯片长得更快更大；另一方面，石墨烯临界成核尺寸随温度的升高而增大，导致高温下成核数目减少，石墨烯圆片更加稀疏；除此之外，温度越高，熔融态玻璃的热运动也就越剧烈，表面漂浮的石墨烯圆片也就越容易发生碰撞，也就越容易在生长的前期融合在一起形成石墨烯片的聚集体。

3.PECVD 低温条件下在玻璃表面生长

虽然石墨烯在高温条件下的生长有助于其品质的提升，但是对于那些已经成型的玻璃器件，高温生长会导致其外观和性质发生不可逆转的变化，因此实现低温条件下石墨烯在固态玻璃表面的可控生长是发展石墨烯玻璃的重要组成部分。在低温条件下，石墨烯在各种玻璃基底上的催化和可伸缩合成，对于许多应用，如低成本的透明电子产品和最先进的显示器，都具有极其重要的意义。PECVD 方法是低温生长石墨烯的有效手段，它通过高能等离子体辅助碳源的裂解，有效降低石墨烯生长所需的温度，在 400℃ ~600℃条件下即可完成石墨烯的生长。2015 年，刘忠范院士团队报道了用 PECVD 方法实现在各种玻璃上直接生长石墨烯。通过控制生长参数，可以对获得的石墨烯的形态、表面润湿、光学和电学性能进行调控。

甲烷在等离子体辅助下很容易分解为 CH_x，$C2H_y$ 和原子 C 等活性基团，部分会吸附到玻璃表面开始石墨烯的成核和生长。在石墨烯生长过程中，碳源浓度对石墨烯质量影响很大，当碳源浓度很低时，尽管延长生长时间也几乎没有石墨烯的形成，高浓度的 CH_4 能会使石墨烯的生长更厚，获得的石墨烯薄膜的面电阻也出现相应的变化。在 FTO 玻璃基底上生长石墨烯，温度越高，石墨烯质量越差，这可能是由于 FTO 涂层在低压力、温度升高的环境下不断受到破坏，而石墨烯沉积在这样的表面上是很困难的。石墨烯透光率和导电性同样可以通过控制生长条件进行调整。由于等离子体发生器产生的电场方向与玻璃表面相垂直，生长的石墨烯呈网络状直立结构，当玻璃表面覆盖上这种石墨烯后，将会极大地改变原始玻璃基底表面的润湿行为，普通玻璃的接触角为 10° ~17° ，光学透过率为 89% 的石墨烯玻璃接触角可达 95° ，这种石墨烯玻璃具有如此良好的疏水性能，可应用于多功能、低成本、环保的自清洁窗户和雨雾水收集器皿。

PECVD 石墨烯的生长速率比高温 CVD 下生长更快，但由于生长温度较低，导致吸附在玻璃表面的活性炭物种的迁移受到限制，目前，PECVD 生长的石墨烯晶畴尺寸很小，缺陷更多，结晶质量也更差。该方法仍有很大的提升空间，如通过优化生长条件，提升石墨烯玻璃的品质。

四、其他半导体或高 k 介质基底

1. 锗基底

锗与硅在材料上具有类似的特性，预计将成为一种有前途的通道材料，取代传统的 Si 而用于下一代高性能金属氧化物半导体场效应晶体管。因此，除了在硅基基底生长石墨烯外，许多人研究了在锗上直接制备大面积的石墨烯。例如，在 Ge(110) 面外延生长单层单晶石墨烯。在此研究中，作者认为，Ge(110) 的双重对称各向异性对石墨烯晶畴结合成单晶起主导作用。其他各向同性锗表面如 Ge(111) 表面主要生长出多晶石墨烯薄膜，G.Wang 等人通过 CVD 直接获得在 Ge(001) 面上的多晶连续单层石墨烯。除了通过调整 CVD 条件来最大化晶体生长的各向异性之外，R.M.Jacobbogger 等人演示了在 Ge(001) 面直接生长高深宽比纳米带。这种纳米带更容易亲近 Ge(001) 取向，使石墨烯纳米带可调至宽小于 10nm，纵横比为大于 70。这种各向异性的生长是通过在一个系统中运行 CVD 条件来实现的，其生长速度在宽度方向上特别慢。为了优化和最大化各向异性，他们研究了生长速率与宽度（W）和长度（L）方向的关系。增加生长时间导致了各向异性生长的减弱，降低了石墨烯纳米带的平均长宽比。这一方向各向异性的生长使纳米技术直接在半导体上实现，为纳米带集成到未来混合集成电路提供了道路。

2. 高 k 介质基底

从技术的角度来看，选择合适的绝缘基底直接生长石墨烯非常重要，因为它对石墨烯的质量有很大的影响，并直接影响器件性能。在这方面，高 k 介电质基底的使用有助于减少栅极泄漏，改善栅极电容以及更好的栅极调制。因此，在高 k 材料上直接生长石墨烯将对高性能石墨烯电子学的发展具有巨大的影响。到目前为止，一些高 k 材料被用作石墨烯生长的基底。

金属氧化物在这方面具有良好的介电性能和催化性能。一般来说，在非金属表面上生长的石墨烯比金属上生长的质量更低，在某些情况下，石墨烯甚至被发现是 p 或 n 掺杂的。

S.Gottardi 等人比较了 Cu(111) 和氧化 Cu(111) 表面的石墨烯生长，并进行了密度泛函理论计算，以深入了解反应过程，帮助解释氧化铜的催化活性。研究结果表明，在预氧化 Cu(111) 表面上，一步生长高质量的单层石墨烯是可行的。与 Cu(111) 上的石墨烯相比，在氧化铜表面与石墨烯之间未发现弱相互作用和掺杂，可以有效地与基体分离，从而使其固有特性得到保留。重要的是，这意味着自由石墨烯的带结构被保留。由于氧化铜是一种高 k 的介电材料，所以这些发现对石墨烯电子器件的实现是一个重要的贡献。

正如上面所提到的，选择合适的基底来直接生长石墨烯对制造纳米电子设备是非常重要的。在未来的高性能石墨烯器件中，直接在更多新颖、有用的半导体和电介质上生长出石墨烯是很有必要的。

第三节　大面积及工业化制备技术

从理论上讲，基于铜基底的 CVD 制备石墨烯薄膜的技术，石墨烯薄膜的尺寸只受基底尺寸及反应腔室尺寸限制，但是在实际的生产中，却要从设备的可实现性、成本、安全性等多方面因素综合考虑。例如，当加大反应腔室尺寸时，设备的整体设计难度及成本都呈指数级的增加，而当反应空间变大时，温度及气流的均匀性、可控性也都会变差。因此，当石墨烯从实验室规模的小尺寸制备转为工业化的大尺寸、大批量制备时，除了考虑工艺因素外，还需要对 CVD 设备的设计进行考虑。对于石墨烯的规模化制备，主要有两种策略，即片式制备和卷对卷制备。下面就对这两种方式进行简要的介绍。

1. 片式制备

片式制备是指将一个批次的基底（基底一般呈片状或其他特定形态）同时放入反应室中，完成石墨烯制备从基底装载到基底预处理和石墨烯生长，最后取出基底的整个过程。这和实验室中的制备过程基本相同，但是在一般实验室操作中，所使用的反应室通常为石英管，铜箔以展平状态置于反应室中，其长度 L 等于恒温加热区的长度，由石英管反应室的长度和管式炉的长度决定，其宽度 W 与反应室的直径相当。一般实验室用的管式炉的恒温加热区为几十厘米，通过增加加热元件可以比较容易地延长加热区域。而使用石英管的直径为 25~200mm，可见，石墨烯的尺寸主要是其宽度 w 受石英管直径 D 的限制。将铜箔卷绕在一个直径稍小的石英管上，可以使石墨烯的宽度 W 达到反应室直径的 3 倍多，但这一增加仍然有限。此外，不论是哪种方式，反应室的空间都没有被充分地利用。在工业生产中，一方面，使用的反应腔室更大；另一方面，通过对铜箔装载方式的设计，例如使用特定的支架，可以装载远大于反应室尺寸的铜箔或多片铜箔，从而更有效地利用反应室空间，提高生长效率。X.Li 等人发明的一种铜箔装载方式，通过手指状石英支架将铜箔分隔以避免其在高温时黏结，可以实现尺寸为石英管直径几十倍的石墨烯的制备。而将铜箔卷绕起来，则可以将尺寸提高至数百倍。一种改进的片式制备工艺是采用模块化多腔室装置，即将整个 CVD 过程分解成多个步骤，每个步骤在不同的反应室中完成，从而实现生产的连续进行。

2. 卷对卷制备与转移

（1）卷对卷生长工艺及设备

尽管通过将反应室增大及对基底装载方式进行优化设计，可以提高片式制备石墨烯的面积及生产效率，但单片石墨烯的转移过程，却极大地限制了石墨烯最终产品的生产效率及成本。与片式制备工艺相对的另一种工艺是卷对卷（roll toroll，简称 R2R）工艺。R2R 工艺是指基底通过成卷连续的方式进行制备，不仅可以用于石墨烯的 CVD 制备，还可以用于石墨烯的转移。石墨烯的 R2R 制备与转移相结合，不仅能提高生产率，更重要的是可以提高自动化程度。这种高自动化的生产明显地减少了人为操作和管理因素，受环境条件（温度、湿度洁净度等）影响变化小，有利于获得更高的产品合格率、质量和可靠性。

2015 年，密歇根大学 E.S.Polsen 等人介绍了一种同心管反应器的设计，用于 R2R 连续生长石墨烯。在同心管反应器中，铜薄片是绕着内管缠绕的，并通过同心管之间的间隙进行转换。他们使用实验室规模的原型机在铜基板上合成石墨烯，其速度从 25mm/min 到 500mm/min 不等，并研究了工艺参数对连续移动的箔片的均匀性和覆盖范围的影响。

（2）卷对卷转移工艺

2010 年，韩国 S.Bae 等人利用 TRT 实现了对角线长 30 英寸的单层和多层石墨烯转移。首先，将 TRT 与石墨烯 / 铜箔通过两个辊轴在 0.2MPa 压力下贴合，形成 TRT/ 石墨烯 / 铜箔结构；然后多次通过温度和浓度可控的过硫酸铵溶液，将铜箔腐蚀掉，并用去离子水清洗表面杂质，再用氮气吹干；随后经过辊轴与 PET 基片压合，加热至 120℃，TRT 自动从石墨烯表面脱离，得到单层石墨烯 /PET 卷。重复以上步骤可以得到多层石墨烯膜。尽管他们所转移的是单片的石墨烯，但这种装置同样适用于石墨烯的 R2R 转移。

2014 年，该研究组公开报道研发的石墨烯生长系统、R2R 层压、腐蚀、清洗和烘干系统，形成了较成熟的中试型自动化生产线。石墨烯生长所需的高能量是由石英腔室外的热线圈产生的热辐射，石墨烯生长好之后，经温度和压力可控的层压机与 TRT 贴合，然后，用过氧化氢和硫酸为基础的蚀刻溶液，通过 R2R 蚀刻系统，将 TRT 另一侧的铜去除，同时背面的石墨烯也一起被除去。在完全刻蚀铜箔之后，用去离子水冲洗附着在 TRT 上的石墨烯，清洗后贴在 100pm 厚的 PET（玻璃化温度约 120℃）上，再次以 0.5mm/min 速率通过两个压辊（0.4MPa，110℃），即成功将石墨烯转移到 PET 上。转移的石墨烯倾向于跟随基质的表面形态，从而使石墨烯和 PET 之间的范德瓦尔斯接触面积最大化，在石墨烯与 PET 之间可以不使用胶层。整个工艺流程转移效率高。

日本索尼公司采用 R2R 转移法，在 125 μ m 厚的 PET 上均匀涂覆一层 UV 胶，与石墨烯 / 铜箔层压贴合后，经紫外线固化形成 PET/ 环氧树脂 / 石墨烯 / 铜箔的层状结构。将卷材连续通过 CuCl2 溶液喷涂机腐蚀掉铜箔，然后用去离子水清洗氮气吹干。

石墨烯成功地转移到理想的基板上之后，仍然需要复杂的工艺过程来制造所需的形状，如传统的光刻、电子束光刻、离子束光刻等。它们也会出现一些问题，包括低效率和多处理步骤，这些步骤会阻碍基于石墨烯器件的大面积和 R2R 制造。

硅胶拥有与 PDMS 一样低的表面能，PET/ 硅树脂与 PDMS 有类似的性质，但是硅树脂的强自粘特性使得石墨烯能够在不留下任何明显残留的情况下附着和释放。T.Choi 等人展示了一种可应用于各种衬底的滚动连续图形化转移方法，使用的是 PET/ 硅树脂的双层结构薄膜，可以在不需要任何附加的复杂系统的情况下连续执行，并且该方法适合于卷式大规模生产。生长在铜箔上的单层石墨烯与低黏附力的 PET/ 硅树脂经滚轴压合在一起，形成了紧密接触。接下来，用 0.1mol/L 的过硫酸铵溶液腐蚀掉铜箔，在通过压花辊和反式辊之间压印时，所需要的图案就印在了石墨烯薄膜上。PET/ 硅树脂 / 石墨烯只与凸出的图案部分接触，由于在界面上有很高的附着力，石墨烯附着表面，而剩下的石墨烯就留在了 PET/ 硅树脂层上。最后，在石墨烯 / 硅树脂和石墨烯 / 目标基底之间的黏附力差的情况下，可以很容易地从 PET/ 硅树脂薄膜转移到目标基板上。由于硅树脂的表面能量非常低，和石墨烯之间的黏附力要比石墨烯和大多数基板之间的黏性要小得多。因此，石墨烯可以附着在滚筒上的压花表面上，并成功地释放目标基板。

第五章　石墨烯在超级电容器中的应用

第一节　超级电容器概述

随着科技和社会的迅速发展，对高性能电源的需求量越来越大。这些电源装置不仅要有较高的比能量，而且还要有较高的比功率。传统静电电容器尽管有大的比功率，但其比能量较小，因此不能满足实际要求。同时，如今电动汽车等对电源功率的要求逐渐提高，而电池却不能达到其要求。在此背景下，超级电容器因为具有传统静电电容器和电池所不具有的优点而得到了广泛的关注。

1. 超级电容器的定义及特点

超级电容器又称超大容量电容器、电化学电容器或双电层电容器（ElectricDouble Layer Capacitors，EDLC），是一种介于电池与普通电容之间兼备二者特点的新型储能器件。对电动汽车动力系统而言，当单独使用电池已无法满足需求时，可以联合使用高比功率的超级电容器和高比能量的电池，以满足动力需求。

电容器不同于电池，在充放电时不发生化学反应，电能的储存或释放是通过静电场建立的物理过程来完成的，电极和电解液几乎不会老化，因此使用寿命长，并且可以实现快速充电和快速大电流放电。但原有的电容器的容量只能达到微法数量级，能存储的能量极小，只能作为电子设备中的滤波、交流耦合器件、振荡电路元件等。而超级电容器储存电荷的能力比普通电容器高出 3~4 个数量级，这也是其被称为“超级”的理由。

超级电容器可以像传统电池一样储存能量，并具有普通电容器充放电速度快、效率高、对环境无污染、循环寿命长、使用温度范围宽、安全性高等特点。超级电容器具有如下优点：

（1）超高电容量（0.1F~600F）。与钽铝电解电容器相比，超级电容器电容量大得多，比同体积电解电容器容量大 2000~6000 倍。

（2）具有非常高的比功率。电容器的比功率可为电池的 10~100 倍，可达到 10kW/kg 左右。可以在短时间内放出几百安到几千安的电流。这个特点使得电容器非常适合用于短时间、高功率输出的场合。

（3）充电速度快。电化学超级电容器充电是双电层充放电的物理过程或电极物质表面的快速、可逆的电化学过程，可采用大电流充电，能在几十秒至几分钟内完成充电，是真正意义上的快速充电。而蓄电池则需要数小时完成充电，即使采用快速充电也需几十分钟。

（4）使用寿命长。超级电容器充放电过程中发生的电化学反应具有很好的可逆性，不易出现类似电池中活性物质的晶型转变、脱落、枝晶穿透隔膜等引起的寿命终止的现象，碳基电容器的理论循环寿命为无穷，实际可达 10 万次以上，比电池高 10~100 倍。

（5）低温性能优越。超级电容器充放电过程中发生的电荷转移大部分都在电极活性物质表面进行，所以容量随温度的衰减非常小。电池在低温下容量衰减幅度却高达 70%。

（6）漏电电流极小。超级电容器具有电压记忆功能，电压保持时间长。

（7）放置时间长。超级电容器有更长的自身寿命和循环寿命，超过一定时间会自放电到低压，但仍能保持其容量，且能充电到原来的状态，即使几年不使用仍可保留原有的性能指标。

（8）使用温度范围宽。电化学电容器可以在 -40℃ ~70℃的温度范围内使用，而一般电池为 -20℃ ~60℃。

（9）免维护。由于电化学电容器的使用寿命可高达 10 万次，可以做到真正意义上的免维护，非常适合边远哨所、气象观测、灯塔等特殊应用的需要。

（10）安全环保。由于电化学电容器中电极材料主要是碳材料，而电解液一般采用有机电解液，对环境不存在重金属污染等问题。

2. 超级电容器的发展

随着微电子和集成电路的出现，需要更大容量的电容器作为这些元器件的备用电源。传统的电容器在某些应用方面已经凸显出其局限性，发展更大容量、更小体积、更轻的电容器势在必行。因此，对超级电容器的研究应运而生。1957 年，Becker 首先提出了可以将较小的电容器用作储能元件的专利，该元件具有接近电池的比能量。1968 年，美国标准石油公司（SOHIO）的 Boos 提出了利用高比表面积碳材料制作双电层电容器的专利。随后，该技术被转让给日本 NEC 公司，该公司从 20 世纪 70 年代末开始生产商标化的“Supercapacitor”。NEC 公司最初的产品主要使用活性炭电极，以水溶液为电解液，采用对称性设计，即两个电极采用同样的电极材料。几乎与此同时，日本松下公司设计了以活性炭为电极材料，以有机溶剂为电解质的“Goldcapacitor”。80 年代，日本 NEC 公司实现了产业化，推出了系列化产品，并占据世界双电层电容器市场，从而引起各国的广泛关注。

3. 超级电容器的分类

根据不同的标准，超级电容器可分为不同种类，大致有如下几种分类方法：

（1）按储能机理不同可分为：1）双电层电容器其电容的产生主要基于电极、电解液上电荷分离所产生的双电层电容；2）电化学电容器，由贵金属和贵金属氧化物电极组成，其电容的产生是基于电活性离子在贵金属表面发生欠电位沉积，或在贵金属氧化物电极表面及体相中发生的氧化还原反应而产生的吸附电容，该类电容产生的机理不同于双电层电容，它伴随着电荷传递过程的发生，通常具有更大的比电容。

（2）按所采用电极材料的不同可以分为碳电极电容器、贵金属氧化物电极电容器和导电聚合物电容器。

（3）按其正负极构成与电极上发生反应不同可分为两种：1）对称型电容器，两个电极的组成相同且电极反应相同、反应方向相反，如炭电极双电层电容器、贵金属氧化物电容器等；2）非对称型电容器，两个电极的组成不相同或反应不同，由 n 型和 p 型掺杂的导电聚合物做电极的电容器，能表现出更高的比能量和比功率。

（4）按所采用电解质的不同可分为水体系电介质电容器、有机体体系电介质电容器和固体电介质电容器。

（5）按电容量的大小可分为小型、中型和大型电容器。三者在容量上大致归类为 5 F 以下、5F~200F、200F 以上。

4. 超级电容器的结构

（1）超级电容器的基本结构单元

目前，商业化生产的超级电容器种类很多，但大多基于双电层结构。其基本结构主要由电极、电解液、隔膜、集流体和外壳组成。其中外壳用于将超级电容器进行封装。

1）电极

电极活性物质是电极材料中起关键作用的物质，主要是产生双电层、积累电荷。因此一般要求电极活性物质具有大的比表面积，不与电解液反应，有良好的导电性能。常见的有碳材料、金属氧化物材料和导电聚合物材料等。

电极的设计原则：①电极稳定性高；②电极与电解液、集电极的相容性好；③内阻小；④比表面积大；⑤加工工艺简单；⑥原料来源广泛、价格低廉；⑦有利于环保。超级电容器电极的制备工艺是：将活性电极材料、导电剂和黏结剂均匀混合，进行和浆处理，制成一定的形状；将制好的预成型品与集流体进行键合，在一定的压力下压制成型，真空干燥后即得到电极片。

导电剂在电极中起着增强导电性的作用，减小电极内阻，促进电极的充放电过程，从而增大其容量。常见的导电剂有炭黑、乙炔黑和导电石墨等。

在制备电极过程中，为了增加电极的强度，提高其力学性能，防止循环过程中活性物质的脱落变形，而在其中加入黏结剂。目前，研究较多的黏结剂包括聚四氟乙烯（PIFE）、羧甲基纤维素钠（CMC）等。其中，CMC 分子极性大、弹性大、耐膨胀性差；PVDF 价格较高。

由于电极材料多为粉末材料，加入黏结剂后，在电极的制备过程中必须施加一定的压力以便于成型。压力的大小对电极性能有重要的影响。当施加一定压力时，活性物质之间有较好的接触。同时也能改善电极物质与集流体的接触性能，降低接触电阻。如果压力太小，整个电极的力学性能较差，电极比较疏松，电极材料颗粒和颗粒之间内阻较大，电极材料和集流体之间的接触电阻大，也导致整个电极的比电容不高。

2）电解液

电解液是超级电容器的重要组成部分，由溶剂、电解质和添加剂构成。电解液对超级电容器的性能有着重要的影响，如对离子传导有加速作用、对离子补充有离子源作用、对电极颗粒有黏结作用等。

电解液的设计原则：①电解质溶液中溶剂化阴离子的极化率高，以增大离子的介电常数，进而提高比电容，有利于形成高的电容量。②电导率高。超级电容器的内部阻抗中电解质溶液的电阻占的尽可能小，提高电容器大电流放电性能，而且，减少电解质溶液电阻对电容器温度特性的影响。③电解质具有较高的溶解度，电解质离子浓度至少应能满足电极形成电容的需求。④分解电压高。储存在电容器中的能量由公式 $E=I/2CV^2$ 给出，提高电压，电容器储存的能量显著提高。⑤电解质不与集流体发生化学反应。⑥使用温度范围宽，电容器的工作温度主要由电解质溶液的工作温度决定，电解质溶液至少要在 -25℃ ~70℃的温度区间内稳定工作。⑦纯度高，以减少漏电流。⑧浸润性好，以增加电极有效面积，进而提高比电容。超级电容器的工作电解液包括水系电解液、有机电解液、固体电解液和胶体电解液。

水溶液电解液：

水溶液电解液的优势是价格便宜，电导率高，电容器内阻低，电解质分子直径较小，容易与微孔充分浸润；不足之处是分解电压低，腐蚀性强。常用的水溶液电解液有 H_2SO_4 和 KOH 水溶液两种。

在酸性水溶液中最常用的是 H_2SO_4 水溶液，因为它具有电导率及离子浓度高、等效串联电阻低等优点，目前已用于大容量、高功率的双电层电容器，日本 NEC 公司已制造出 H_2SO_4 体系的电容量双电层电容器。但是以 H_2SO_4 水溶液为电解液，腐蚀性大，集电体材料要求高，电容器受到挤压破坏后，会导致硫酸的泄漏，造成更大的腐蚀。所以也有人尝试用 HBF_4 水溶液为电解液，聚苯胺做电极，得到的超级电容器比能量为 2.7W · h/kg，比功率为 1W/kg，还有人用 HCl、H_3PO_4、HNO_3 做电解液，但后三者电解液目前都不太理想。

对于碱性电解液，最常用的是 KOH 水溶液，相对于 H_2SO_4 溶液而言，KOH 水溶液导电性稍差，但腐蚀性弱于 H_2SO_4 集电极可采用高导电的金属材料，因而被人们采用。除了用 KOH 水溶液外，也可以用 LiOH 水溶液做电解液，NiO 为电极。

有机电解液：

有机电解液电位窗广，腐蚀性低，使用温度不像水溶液那样受水的冰点及沸点限制，不仅熔点低，而且沸点高。有机电解液的分解电压与比能量比水溶液体系的超级电容器高；有机电解液的电导率较水溶液电解液小，比电阻高，是水溶液电解液的 20 倍左右，放电时其电压降比水溶液电解液体系的大。但是其高分解电压弥补了这个不足，因此有机电解液体系超级电容器可以获得较大的比能量。

固体和胶体电解质：

固体电解质和凝胶电解质具有良好的可靠性，且无电解液泄漏，比能量高，循环电压较宽，尤其凝胶电解质电导率达 10^{-3} 数量级，和有机电解液相差不多，循环效率达 100%，这使得超级电容器向着小型化、超薄型化发展成为可能。

但是固体多聚物电解质在双电层电容器中受到一定限制，因为室温下大多数聚合物电解质的电导率较低，电极 / 电解质之间接触情况很差，电解质盐在聚合物基体中的溶解度相对较低，尤其当电容器充电时，低的溶解度会导致极化电极附近出现电解质盐的结晶。

3）隔膜

隔膜是为了防止超级电容器中两个相邻电极发生短路而将其分开的材料。可作为隔膜的材料有尼龙隔膜聚丙烯膜、电容器纸等。普通电池的隔膜也适用于双电层电容器。

隔膜的厚度大小及孔隙度也会影响到单元电容器的内阻、漏电流以及由其引起的电压稳定性。一般隔膜越薄，孔隙率越大，则内部阻抗也越小。对隔膜材料的一般要求：①电阻尽量小，使得离子通过隔膜的能力强，即隔膜对电解质离子运动的阻力小。②是电子导体的绝缘体。③在电解液中化学性能稳定。④具有一定的机械强度，隔离性能好。⑤组织成分均匀，厚度一致。⑥材料资源丰富，价格低廉。

4）集流体

集电极是指双电层电容器中介于极化电极与外引导线之间的部分，它起到传递电荷的作用。集流体是超级电容器中电极活性物质的载体，可以增大电极活性物质与电解液的接触面，同时它又通过导线与外界相连，起着电子集结的作用。集流体的电化学稳定性对单元电容器的耐压性和循环稳定性有重要的影响，使用强度高、质量小的集电极和外壳材料有利于提高单元电容器的比功率和比能量。

集电极的设计原则：①与电极接触好，以减少接触电阻。②化学惰性，对工作电解液的化学和电化学稳定性好，不发生化学反应。③导电性能好，以减少内阻。集电极材料有石墨、导电橡胶、导电胶黏剂金属箔、金属网、金属纤维、金属纤维布和金属纤维毡等。金属材料中，通常为铝、钛、镍、铜、不锈钢等。其中，铝和不锈钢材料的电化学稳定性好、电导率高、强度高、质量较小且价格便宜，适合于采用有机电解液的 EDLC；而镍箔或泡沫镍则适合于采用 KOH 电解液的 EDLC；至于采用 H_2SO_4 电解液的 EDLC，则应该使用电导率偏低的导电橡胶做集电极材料，以替代昂贵的金属铂。

（2）超级电容器的结构设计

目前，超级电容器主要有叠片型和卷绕型两种结构类型。叠片型 EDLC 的特点是结构简单、质量小、体积小，但相应的电压和电容量也较低，适合微小型电器的后备电源。叠片型 EDLC 一般由电极材料、电解质溶液、隔膜和封装元件四部分组成。

卷绕型结构，就是构建一个薄而大面积的电极，正极和负极两两对齐，中间隔有纤维纸隔膜、正极和负极极耳，最后分别焊接在以其构成电容器的正极和负极引出。这种单体结构内部一般为并联，但多个单体之间可通过串联的方式进一步提高电容器组件的工作电压。

5. 超级电容器的工作原理

超级电容器根据储能机理的不同，可以分为双电层电容器和法拉第准电容器。作为能量储存装置，其储能的大小表现为电容的大小，一种是采用高比表面积电极材料，利用电

极 / 电解液之间形成的界面双电层静电容来存储能量，即双电层电容；另一种是采用导电高聚物或过渡金属氧化物做电极材料，在电极表面或体相中的两维空间或三维空间，电极活性物质发生高度可逆的吸附 / 脱附或氧化 / 还原反应而产生比双电层电容更高的容量，即法拉第赝电容器。

6. 超级电容器的性能指标及研究方法

主要性能指标：

（1）比电容：表示电容器容纳电荷的能力，单位质量或单位体积的电容器所给出的容量，分别称为质量比电容或体积比电容（F/g 或 F/cm^3），这是电容器的一个重要指标。

（2）比能量：指单位质量或单位体积的电容器所给出的能量，分别称为质量比能量或体积比能量（W · h/kg 或 W · h/L）。

（3）比功率：单位质量或单位体积的超级电容器所给出的功率，也称为比功率。表征超级电容器所承受电流的大小。超级电容器的比功率是电池的数量级倍数。

（4）内电阻：指电容器的内部阻力，与电极材料、隔膜、组装方式等有关。

（5）漏电流：指在充电时阻碍电容器电压的升高、放电时加速电压下降的那部分非正常电流。它是双电层电容器性能的一个重要性能指标，是电容器在充放电过程中不可避免的特征现象。

（6）循环寿命：超级电容器经历一次充电和放电，称为一次循环或一个周期。与充电电池相比，超级电容器的循环寿命很长，可达 10^5 次 ~10^6 次以上。

主要研究方法：

通常，用电化学方法研究电容器电极的电化学性能，或直接测试超级电容器的电化学性能，根据测试结果的分析研究，可以获得电容器的各项性能指标参数。常用的电化学研究方法主要有以下几种：

（1）交流阻抗测试

交流阻抗测试是以不同的小幅值正弦波扰动信号作用于电极体系，由电极系统的响应信号与扰动信号之间的关系得到电极阻抗，从而推测电极过程的等效电路，进而分析电极系统所包含的动力学过程，由等效电路中有关元件的参数值估算电极系统的动力学参数，如电荷转移过程中的反应电阻等。

交流阻抗测试是研究电极过程动力学和界面反应比较重要的手段。由于阻抗与电流和电压有着密切的关系，所以可以对电容器体系施加小幅度的微扰信号，通过观察系统在达到稳定后的电压响应或者电流响应对扰动信息的跟随情况，从而达到对体系性能的研究。一般情况下，响应是输入信号频率、幅度与相位的函数，从中可以计算出电化学响应的实部和虚部。

利用交流阻抗测试，可以获得以奈奎斯特曲线表达的不同测试频率下的电极材料的阻抗值和电容值，从而获得多孔材料电极在电化学充放电过程中的时间效应。由于理想的电容器不存在频率效应，所以相应的奈奎斯特曲线理论上应该是一条垂直线。而非理想的电容器则在高频区存在一个半圆，这是电解质溶液中的离子与电极表面官能团发生反应所出现的反应电阻，在中频区存在一个45°的瓦尔堡区域，在低频区域则逐渐过渡为一条直线，这主要是由于多孔材料电极的表面粗糙度以及孔隙的不均匀性造成的。因为在高频区，电解质溶液中的离子只能进入大的外部孔隙，电阻较小；随着频率的降低，电解质溶液中的离子可以逐渐地扩散进入电极的内部孔隙，电容器的电容值逐渐增大，同时阻抗值也迅速地增加。

（2）漏电流测试

漏电流的典型测试过程：先以恒定的电流密度对电容器恒流充电至工作电压，然后恒压一定的时间，记录恒压过程电流随时间的变化。

漏电流形成的原理：电极 / 溶液界面双电层由紧密层和分散层构成，双电层上的离子受到电极上异性电荷的静电吸引力和向溶液本体迁移力两个力的共同作用。由于分散层中的离子受到的静电吸引力小，向溶液本体迁移的趋势更大，紧密层中离子也会由于自身的振动脱离紧密层而进入分散层，再向本体扩散，这便造成了电容器的漏电，加之超级电容器容量巨大，其漏电流不可忽略。

漏电流与电容保压性能密切相关，而保持电压的能力是电容器性能的一个重要指标。

（3）循环寿命测试

循环寿命是衡量电容器性能的一个重要指标，能够反映电容器电容的稳定性和实用性。测试方法是利用恒电流充放电，在一定的电压区间内，以合适的电流对电容器进行连续充放电并记录电位 - 时间关系曲线；然后用与恒流充放相同的计算方法计算出电容器的比电容，并做出循环次数—比电容关系曲线，通过分析实验曲线评价电容器容量的稳定性。

7. 超级电容器的应用

由于超级电容器具有上述优异特点，因此一经问世便受到足够的重视，现已成功运用到许多领域，并且其应用范围还在不断扩大。正在开发的超级电容器的应用领域有电子行业、电动汽车与混合电动汽车、太阳能与风力发电、军事和工业领域等。

超级电容器主要用于后备电源、替换电源和主电源三类。做后备电源应用较广的领域是在电子产品方面，主要是充当存储器、计算机计时器等的后备电源；做替换电源是根据电化学电容器具有长使用寿命、高循环效率、宽范围使用温度、低自放电率等特点，所以很适合与太阳能电池、发光二极管结合；应用于主电源时，电化学电容器能提供几毫秒到几秒的大电流脉冲，随后又被其他电源小功率充电。

（1）电子行业

超级电容器可以在短时间内充电完毕，并能提供比较大的能量，可用作存储器微型计算机、系统主板和钟表等的备用电源。当主电源中断或由于接触不良等原因引起系统电压降低时，超级电容器就可以起后备补充作用，可以避免因突然断电而对仪器造成的影响。超级电容器可取代电池作为电动玩具、数字钟、照相机、录音机便携式摄影机等小型电器的电源。超级电容器也是数字无线应用的理想选择。超级电容器还可以用在相当苛刻环境中工作的数据记录设备上，如点货设备或包裹检测器等。目前，处于实用阶段的是新型小体积、低高度的柱形脉冲超级电容器。

（2）电动汽车与混合动力汽车

由于大量使用石油作为汽车燃料使环境污染加剧，因此世界各国对电动汽车的应用越来越迫切。电动汽车的关键部分之一是电源系统，电动车对蓄电池提出的最大挑战在于能否满足车辆在加速、制动以及低温启动等条件下的高功率放电要求。目前主要是开发混合电动汽车（HEV），平时主电源蓄电池为脉冲电源，超级容器做充电备用。在车辆启动时，由于瞬间所需电流非常大，而高倍率放电对蓄电池的损伤严重，此时刚好可以利用超级电容器大电流放电来补充，而当车辆匀速行驶时，主要由蓄电池供应电能；车辆爬坡或加速时，备用的超级电容器大电流放电，加速车辆行驶；车辆减速或刹车时，直流电动机反转产生电能，可以回收到蓄电池和超级电容器中备用。另外，超级电容器拥有较好的低温特性，能在 -40℃ ~60℃的环境温度中正常使用。通常，车辆低温启动过程中，在 -20℃时，由于蓄电池的性能大大下降，很可能不能正常启动或需多次启动才能成功，而通过超级电容器与蓄电池并联，汽车就能够在较低的温度下一次启动，提高了汽车在低温下的启动性能，延长蓄电池的使用寿命。

此外，除了用于动力驱动系统外，超级电容器在汽车零部件领域也有广泛的应用，可用作汽车部件的辅助能源。例如，未来汽车设计使用的 42 V 电系统（转向、制动、空调、高保真音响、电动座椅等），如果使用长寿命的超级电容器，可以使需求功率经常变化的子系统性能大大提高；另外，还可以减少车内用于电制动、电转向等子系统的布线；同时减少了汽车子系统对电池的功率消耗，延长电池使用时间。

从 1996 年年初，欧盟开始超级电容器的研究计划，目标是满足电化学电池和燃料电池电动汽车要求，为工业开发做准备。日本政府部门推选的新太阳能规划吸引了很多高新技术企业参加，超级电容器的研究与开发是重要项目之一，并成立了新电容器研究会。俄罗斯专注于电容器汽车技术和电动车制动能量回收的研究，其启动型超级电容器比功率已达 3000W/kg，循环寿命在 10 万次以上。各大全球性汽车厂商（如宝马、大众、现代、通用等）在积极进行这方面的研究，以论证超级电容器在电动汽车上应用的可行性。在电动车中采用超级电容器，一方面有助于降低综合成本，另一方面能够提高整体可靠性。根据部分厂商相关研究项目显示，超级电容器在汽车上的应用前景仍比较乐观，尤其是燃料电池车。目前大部分观点都认为燃料电池车将是电动汽车发展的终极目标。而在宝马、本田、大众和马自达等厂商研发的燃料电池车中，大多采用了“燃料电池 + 超级电容器”的配置方案，由超级电容器提高峰值功率和回收制动能量。

国内有多家厂商在研发或已生产出电动汽车用超级电容器（大容量超级电容器），上海奥威、哈尔滨巨容、北京集星、北京合众汇能、洛阳凯迈嘉华、锦州凯美和锦州富辰等厂商已能够提供有机超级电容器样品进行试验，其中上海奥威的超级电容器应用技术已成熟。

（3）太阳能与风力发电

超级电容器可以作为太阳能或风能发电装置的辅助电源，将发电装置因风源和光源强度的不稳定而产生的瞬间大电流以较快的速度储存起来，并按照设计要求释放，大大增加了电网的工作稳定性。另外，超级电容器的长寿命、免维护和环保等特点也便于在野外长期免维护工作，成为真正的绿色能源。例如，航标灯，在白天由太阳能提供电源并对超级电容器充电，晚上则由超级电容器提供电源。由于超级电容器的使用维护要求极低，使用寿命可达 10 年，这种新型的航标灯可以大大减轻日常维护工作的强度，并能保证长时间可靠工作。

（4）军事领域

在国外，超级电容器已被广泛地应用于雷达、航空航天、坦克和装甲车辆等需要高功率或对环境要求苛刻（如低温）的特殊场合。但在国内，由于超级电容器生产厂家少，我国军事领域的应用尚处于探索性阶段。

新一代航天飞行器在发射阶段除了具有常规高比能量电池外，还必须与超大容量电容器组合才能构成“致密型超高功率脉冲电源”，通过对脉冲释放率、脉冲密度峰值释放功率的调整，使脉冲电起飞加速器、电弧喷气式推进器等装置能实现在脉冲状态下达到任何平均功率水平的状态。Evans 公司开发了一种大型的超级电容器，工作电压为 120V，存储的能量超过 35kJ，功率高于 20kW。

（5）工业领域

一些工业过程（如半导体、化学、制药、造纸、纺织工业）对电源的短暂中止和混乱非常敏感，并且会引起巨大的损失。从几秒到几分钟的不间断电源（UPS）装置可以保护这些敏感负载。超级电容器对于这些应用能提供更好的能量对功率的比率，并且缩减这类系统的大小和成本，使它们更加可靠。因此，超级电容器广泛用于燃气石油、化工、电力、制药、冶金等行业的警报控制器中。随着工业技术的不断发展，各种工业仪器仪表功能日益智能化，仪表不仅要有显示功能，还要具有长期保存数据的功能；使用超级电容器作为电源不仅可以延长仪表的使用寿命，而且可以保障仪表关断的可靠性。

8. 超级电容器的产业化现状及市场前景

（1）国外研究进展

国外研究超级电容器起步较早，技术相对比较成熟。它们均把超级电容器项目作为国家级的重点研究和开发项目，提出了近期和中长期发展计划。目前，在超级电容器产业化方面，美国、日本、俄罗斯处于领先地位，几乎占据了整个超级电容器市场，这些国家的超级电容器产品在功率、容量、价格等方面各有自己的特点与优势。从目前的情况来看，实现产业化的超级电容器基本上都是双电层电容器。美国 Powerstor、Maxell 公司和 LosAlamos National Lab、Pifnacle Research Institute 均在超级电容器的研制开发方面做了大量工作，尤其是 Maxell 公司，开发的超级电容器已在各种类型电动车上得到良好应用，其 PC 系列产品体积小、内阻低，产品一致性好，串并联容易，但价格较高。日本 NEC、

Panasonic、EPCOS、Honda、Tokin 公司等在超级电容器方面的研究也很活跃，并已开始积极推向市场，其产品规格较为齐全，适用范围广，在超级电容器领域占有较大市场份额。俄罗斯 ECOND 公司对超级电容器已有近 30 年的研究历史，该公司代表着俄罗斯的先进水平，其产品以大功率超级电容器产品为主，适用于做动力电源，且有价格优势。此外，法国 Saft 公司、澳大利亚 Cap-xx 公司、韩国 NESE 等也都在加紧电动车用超级电容器的开发应用。

（2）国内研究进展

近年来，由于看好超级电容器广阔的应用前景，中国一些公司也开始积极涉足这一产业，并已经具备了一定的技术实力和产业化能力。

目前，国内厂商大多生产液体双电层电容器，重要企业有锦州富辰公司、北京集星公司、上海奥威公司等 10 多家。锦州富辰公司是国内最大的超级电容器专业生产厂，主要生产纽扣型和卷绕型超级电容器。北京集星公司可生产卷绕型和大型电容器。此外，北京有色金属研究总院、北京科技大学、北京化工大学、北京理工大学、解放军防化院等科研单位在电动车用超级电容器的开发方面也开展了系列工作，国家十五计划“863”电动汽车重大专项攻关，已将电动车用超级电容器的开发列入发展计划。但从整体来看，我国在超级电容器领域仍明显落后于世界先进水平。

超级电容器具有大容量、比功率高、充放电能力强、循环寿命长、可超低温工作、无污染等许多显著优势，在汽车（特别是电动汽车、混合燃料汽车和特殊载重车辆）、电力、铁路、通信、国防、消费性电子产品等方面有着巨大的应用价值和市场潜力。本节概述了超级电容器的结构与特点、工作原理、性能指标及研究方法，及其应用、产业化现状和市场前景等。

目前，超级电容器在市场上占有的份额还很小，高单位质量或体积比能量，高充放电比功率将是发展的方向，目前正在向备用电源领域和电动车用大规模电容器—电池混合电源方向发展。今后超级电容器的研究重点仍然是通过新材料的研究开发，寻找更为理想的电极体系和电极材料，提高电化学电容器的性能，制造出性能好、价格低、易推广的新型电源以满足市场的需求。

第二节　石墨烯基超级电容器电极材料

由于石墨烯具有比表面积大、电导率高、稳定性好以及机械性能强等性质，因此在能源领域有着非常广阔的应用前景。目前有很多学者都在研究石墨烯材料在空气电池、燃料电池、锂离子电池、超级电容器等领域的应用并取得了大量高水平的成果。

一、石墨烯在双电层电容器中的应用

1. 化学法还原氧化石墨烯

Ruofr 等人在发表了石墨烯作为超级电容器电极材料使用的文章后，他们使用水合肼和 CO 水溶液制备了还原石墨烯材料。由于无法解决石墨烯片层团聚的问题，因此这种材料的比容量相对较低，在水系电解液和有机系电解液中，其比容量值分别为 135 $F \cdot g^{-1}$ 和 99 $F \cdot g^{-1}$。

为了解决还原石墨烯电极材料的团聚问题 Chen 等人采用肼蒸气还原了氧化石墨烯并恢复了石墨烯片层内的碳六元环结构。他们制备的石墨烯（GMs）样品表面有大量的褶皱结构，这些结构防止石墨烯片层的团聚进而增大其比表面积，有利于在石墨烯片层表面吸附更多的电解液离子从而提高材料的比容量。电化学测试表明，在水系电解液中，该电极材料的比容量达到了 $205F \cdot g^{-1}$，能量密度为 28.5 $Wh \cdot Kg^{-1}$，功率密度达到了 $10kW \cdot kg^{-1}$。同时，该材料表现出优异的循环稳定性能，经过 1200 次循环测试后，其比容量约为初始值的 90%。

2. 热还原氧化石墨烯

还原石墨烯也可以通过氧化石墨烯的热剥离来制备。相关研究表明，在常压下当温度高于 550℃时，氧化石墨烯可以剥离成还原石墨烯。Vivekchand 等人以 CO 为原材料使用热剥离法在 1323K 下合成了石墨烯材料，该材料的比表面积达到了 $925m^2 \cdot g^{-1}$，在 $1mol \cdot L^{-1}$ 的 H_2SO_4 电解液中其比容量达到了 $117F \cdot g^{-1}$。如上所述，大部分热还原法在制备还原石墨烯的过程中都会需要很高的温度（550℃以上），这就会消耗大量的能源，另外这种高温的热还原法也无法保证石墨烯片层的完全剥离。Yang 等人报道了一种低温剥离（远低于通常使用的温度甚至低于预测的临界剥落温度）生产石墨烯的方法。在制备石墨烯的过程中，氧化石墨烯的剥离温度低至 200℃剥离过程必须伴随高真空环境。获得的石墨烯材料具有较大的比表面积和较高的比容量。在没有经过后处理的条件下，他们制备的还原石墨烯的比容量达到了 264 $F \cdot g^{-1}$。

Zhu 等人发现氧化石墨烯可以非常好地分散在碳酸亚丙酯中（PC），因此他们通过水浴超声将石墨氧化物剥离并分散在碳酸亚丙酯中。在 150℃下加热氧化石墨烯悬浮液还原了氧化石墨烯薄片，在该过程中石墨烯片层表面的含氧官能团被大量去除了；还原的石墨烯样品是由一堆还原的石墨烯片组成的，其层数 2~10 不等。所得的还原石墨烯样品具有透明且褶皱的外观形貌，包含这种还原的氧化石墨烯薄片的样品具有 $5230S \cdot m^{-1}$ 的电导率。他们通过向还原的氧化石墨烯 /PC 浆料中加入四乙基铵四氟硼酸盐制备了双电池超级电容器，获得约 $120F \cdot g^{-1}$ 的比容量。由于碳酸亚丙酯经常用作电解质的高介电常数组分，因此他们认为，石墨烯氧化物薄片在碳酸亚丙酯中的优异分散和随后的有效还原为大规模生产还原氧化石墨烯提供了机会，而且这种可扩展是绿色的工艺，可以实现石墨烯材料的重要商业应用。

当使用热还原制备的石墨烯作为超级电容器电极材料时，普遍采用的方法是以高温热反应将 GO 还原进而去除掉 GO 表面大量的含氧官能团，其中羧基、羰基、羟基官能团是能够通过法拉第反应提高材料的烟电容性能的。因此，GO 表面大量的含氧官能团被去除后，电极材料就基本上失去了质电容性能。另外，这些方法生产的石墨烯电极材料无法有效解决石墨烯片层团聚的问题。

3. 制备石墨烯水凝胶

在一般情况下，仅仅通过化学和热还原制备的基于石墨烯的电极材料仍然没有足够大的孔用于电解液离子的转移。因此，大多数研究中的高比容量和能量密度只能通过低电流密度（$<1\ A\cdot g^{-1}$）下的充电 / 放电或低电位扫描速率（$<50\ mV\cdot s^{-1}$）下的循环伏安扫描来实现。研究人员非常需要制造一种具有合适的孔径、较少的团聚且自支撑和无黏合剂的石墨烯基电极材料。为了解决上述问题，Xu 等人采用一步水热法成功地制备出了自组装的三维多孔还原石墨烯水凝胶（SGH）超级电容器电极材料。具有良好的机械强度和电导率，采用两探针法测定的电导率值达到了 $5\times10^{-3}S\cdot cm^{-1}$；另外，该石墨烯水凝胶具有明确的和交联的三维多孔结构，孔径在亚微米至数微米的范围内。由于这些有利于离子转移的孔洞的存在，因此该电极材料表现出了优异的超级电容性能，在 $1\ A\cdot g^{-1}$ 的电流密度下其比容量达到了 $160F\cdot g^{-1}$ 左右。

二、石墨烯基赝电容器电极材料

由于单纯石墨烯材料组装的超级电容器无法满足实际应用的需求，所以很多科研工作者将目光转向了石墨烯基赝电容器电极材料，寄希望于将石墨烯超大的比表面积、优异的电导率、良好的孔径结构和赝电容电极材料性能相结合进而制备出优异的复合电极材料。因此，目前关于石墨烯基赝电容器电极材料的报道越来越多。

1. 石墨烯基金属氧化物（氢氧化物）复合电极材料

金属氧化物（氢氧化物）作为超级电容器电极材料具有优越的赝电容性能，金属氧化物（氢氧化物）的比容量一般高于碳材料和导电聚合物，其主要是通过在电极 / 电解液界面发生部分可逆的氧化还原反应来存储能量的。金属氧化物（氢氧化物）的储能形式主要来源于法拉第准电容，法拉第准电容不仅可以在电极表面产生，也可以在电极内部产生，因此获得的电容远远大于双电层电容，金属氧化物（氢氧化物）在能源材料领域有着非常好的应用前景。但是，由于其较大的电阻和较低的循环使用寿命限制了其在超级电容器领域的应用。近年来，由于石墨烯的出现，很多研究人员将目光转移到了石墨烯 / 金属氧化物（氢氧化物）复合材料的制备及应用研究上，并且取得了相当多的成果。

循环稳定性能还是不能满足商业化的基本要求。他们的研究还表明，石墨烯的质量以及纳米材料的形态和结晶度对这些石墨烯基复合电极材料的电化学性能是非常重要的。他们非常希望提高 Ni(OH)$_2$/ 石墨烯片复合材料与具有相对高性能的合适的对电极材料耦合，进而实现更大的工作电压范围并优化真实超级电容器的能量密度和功率密度。他们认为这将是 Ni(OH)$_2$/ 石墨烯电极材料下一步的研究热点。

石墨烯 / 金属氧化物（氢氧化物）复合电极材料虽然可以提高材料的比容量和能量密度，但是这类材料的循环稳定性能太差，仅仅能够经受几千次的充放电测试。因此，这类材料目前还无法满足实际应用的要求，不适合作为超级电容器电极材料使用。

2. 石墨烯导电聚合物复合电极材料

导电聚合物是一种新型的超级电容器电极材料，相比金属氧化物这类材料的生产成本较低，与碳材料相比导电聚合物材料具有较高的电荷密度，而且这类电极材料在掺杂态时具有良好的导电性。另外，导电高分子聚合物具有很高的可塑性易于制成薄膜电极，因此，在柔性超级电容器领域有着非常大的应用潜力。导电聚合物作为超级电容器电极材料时，其电容来源主要是赝电容，在导电聚合物表面形成双电层的同时通过氧化还原反应在电极上发生快速可逆的 n 型或 p 型元素掺杂 / 去掺杂，从而产生法拉第准电容。常用的导电聚合物材料有聚吡咯（PPy）、聚 3，4- 乙烯二氧噻吩（PE-DOT）、聚噻吩（PTh）、聚苯胺（PANI）等具有共轭结构的聚合物及其衍生物。导电聚合物作为电极材料的缺点是循环稳定性较差，在多次充放电后其电化学性能会变差，为了解决这一问题，科研人员一般将导电聚合物与其他循环稳定性好的碳材料（碳纳米管、活性炭、石墨烯等）进行复合，充分利用不同组分之间的协调作用来提高材料的电化学性能。

Wang 等人采用三步法合成了石墨烯 / 聚苯胺复合材料。首先在乙二醇介质中制备该产物，然后用热 NaOH 溶液处理以获得还原的氧化石墨烯 / 聚苯胺杂化材料，NaOH 作为复合材料中聚苯胺的去掺杂试剂。在酸性溶液中重新掺杂后，获得薄的、均匀且柔性的导电石墨烯 / 聚苯胺复合材料，其形态未改变。电化学测试结果表明，复合材料显示出比纯单个组分更好的电化学性能，在 1 $mV \cdot s^{-1}$ 的扫描速率下该复合材料的比容量高达 1126 $F \cdot g^{-1}$，其能量密度达到了 34.8$Wh \cdot kg^{-1}$。在 0.2$A \cdot g^{-1}$ 的电流密度下经过 1000 次充放电循环后，其比容量值为初始值的 84%。另外，该复合材料的能量密度和功率密度也优于纯组分材料，其能量密度几乎是纯石墨烯的 10 倍。此外，他们认为该法有利于新型石墨烯基复合材料与其他导电聚合物如聚吡咯聚噻吩等在超级电容器中的广泛应用。这些具有高比容量的柔性复合材料在各种储能装置中都具有很好的应用前景。Bose 等人采用原位聚合法制备了石墨烯 / 聚吡咯复合电极材料。在该复合材料中石墨烯纳米片作为聚吡咯电化学性能的支撑材料也为电子的传输提供了通道。在 100 $mV \cdot s^{-1}$ 的扫描速率下该复合电极材料的比容量为 267$F \cdot g^{-1}$，其能量密度和功率密度分别为 94.93 $Wh \cdot kg^{-1}$ 和 13797.2 $W \cdot kg^{-1}$。但是这种电极材料的循环稳定性能非常差，仅仅经过 500 次在 100 $mV \cdot s^{-1}$ 扫描速率下的循环测试后其比容量就下降了 10%。

综上所述，石墨烯 / 导电聚合物复合电极材料与石墨烯 / 金属氧化物（氢氧化物）复合电极材料类似。虽然能够提高电极材料的比容量和能量密度，但是这类材料的循环稳定性能太差，无法作为商用的超级电容器电极材料使用。

3. 氮掺杂石墨烯电极材料

石墨烯超大的比表面积使其非常适合作为双电层超级电容器的电极材料使用。然而，碳元素的化学惰性使纯的石墨烯无法产生质电容而石墨烯赝电容复合材料的循环寿命又太低，因此目前石墨烯基电极材料的研究又有了新的研究方向。氮元素与碳元素的原子半径相近。因此当在石墨烯片层中掺杂进氮元素后对其晶格结构的破坏较小。另外，氮掺杂石墨烯比纯石墨烯具有更好的可润湿性以及存在可发生法拉第可逆反应的含氮基团，因此更加适合作为超级电容器的电极材料使用。相关研究表明，氮掺杂石墨烯的超级电容器性能不仅与其氮含量相关更与其内部的氮原子存在形式相关。由于具有很大的偶极子运动效应石墨氮与吡啶氮可以提高石墨烯的可润湿性；另外石墨氮可以提高石墨烯的电导率、有助于降低材料的电阻，因此可以提高电极材料的倍率性能。再者，吡啶氮和吡咯氮在碱性电解液中能发生可逆的法拉第反应，可以为电极材料提供大量的赝电容。目前石墨烯掺氮的方法主要有物理法（等离子体溅射等）和化学法（水热合成）两大类。采用化学法制备氮掺杂石墨烯时氮源一般选择尿素、氨水、三聚氰胺、氨基酸等含有氮元素的有机或无机化合物。不同的氮源与不同的反应条件都会影响氮元素在石墨烯中的键合类型。

尽管各种碳纳米材料（包括活性炭、碳纳米管和石墨烯）已成功用于高性能超级电容器，但其电容仍需要进一步提高，以适应更广泛和更具挑战性的应用要求。Jeong 等人使用等离子体溅射法制备了氮掺杂石墨烯电极材料。使用该电极材料组装的可穿戴的超级电容器，其比容量值达到了 280 $F \cdot g^{-1}$，是纯石墨烯的 4 倍左右。同时，该电极材料组装的超级电容器还兼具了优异的循环寿命（>200000）和高功率密度。他们使用扫描电子显微镜了解了氮掺杂石墨烯材料产生电容的机理，并且在单片石墨烯中探测到了局部 N-C 键的键合配置，该电极材料中存在着 N- 构型，其微观特征如基面上的 N 掺杂位点，边缘和基面之间的 N 构型的独特分布以及它们与等离子体持续时间的独特演变。等离子体处理期间的局部 N 构型映射，揭示了增加电容的起源是基面处的某种 N 构型。

三、氧化石墨烯在超级电容器中的应用

石墨烯作为一种二维材料，由于其超高的电导率、超大的比表面积以及较高的化学稳定性成为超级电容器领域的研究热点。石墨烯的理论比容量为 550 $F \cdot g^{-1}$，但是由于其无法避免片层堆积问题造成其比表面积远比理论值要小，因此，目前使用的石墨烯电极材料其比容量仅为 200$F \cdot g^{-1}$ 左右。氧化石墨烯可以被看作是一种功能化的石墨烯材料，其表面和边缘布满了含氧官能团，这些含氧官能团能抑制石墨烯片层的堆积进而保持其较大的比表面积，但同时也造成氧化石墨烯的电导率偏低。因此，从理论上来说，氧化石墨烯不能直接作为超级电容器电极材料使用。基于上述原因，很多研究者合成了氧化石墨烯 / 过渡金属氧化物及氧化石墨烯 / 导电聚合物复合材料。通过测试表明，这类材料具有良好的

电容性能，但这些复合材料固有电阻大、电化学稳定性差等缺点造成其循环稳定性能达不到实际应用的要求。同时，这些研究也表明氧化石墨烯不适合单独作为超级电容器电极材料使用。

除了比表面积、孔径结构、电导率等因素以外，碳材料的化学活性也对其电容性能有着重大的影响。研究表明，碳材料表面的含氧官能团、含氮官能团不仅能够提高碳材料的可润湿性还能够通过法拉第氧化还原反应为材料提供额外的质电容。氧化石墨烯有较大的比表面积和大量的含氧官能团，这些优点有利于其在超级电容器电极材料领域中的应用。但是在制备氧化石墨烯的过程中，石墨片层被氧化剂严重破坏导致其电导率偏低，严重限制了其作为电极材料的使用。例如，Xu 等人使用氧化石墨烯材料组装了超级电容器。由于氧化石墨较小的比表面积以及较大的电阻，其比容量仅为 189F · g^{-1}，可以说其性能很不理想。目前，氧化石墨烯一般都是作为前驱体材料在经过过度还原或大量掺杂氮、硼、磷、硫等杂原子后再作为超级电容器的电极材料使用。在反应过程中氧化石墨烯表面大量的含氧基团都被去除掉了，借以恢复材料的电导率。这是一种舍本逐末的方法，白白浪费了含氧官能团的赝电容作用，同时也增加了超级电容器的制造成本。这是因为，氧化石墨表面的酸性含氧官能团如羧基和羟基可在碱性电解液中发生法拉第氧化还原反应提高材料的赝电容，醌式氧可以在酸性电解液中提高材料的质电容，羰基氧可以在不发生离子交换的情况下储存或释放电子。与上述含氧官能团不同，环氧官能团不仅不能通过氧化还原反应提高材料的赝电容性能，而且大量存在的环氧官能团还会严重影响材料的电导率。单纯由水热反应制备的部分还原氧化石墨烯材料的表面还保留着很多对材料电导率和电容性能都有害的环氧官能团，因此这类材料的比容量仅仅为 190F · g^{-1} 左右。

四、部分还原氧化石墨烯材料的电化学测试

首先采用两电极体系在 1mol · L^{-1} 的 Na_2SO_4 电解液中对所制备样品的超级电容器性能进行了研究。在 1 mol · L^{-1} 的 Na_2SO_4 中性电解液中主要发生的是电解液离子在电场的作用下在碳电极材料表面的吸附脱附过程，因此碳电极材料会表现出其双电层电容性能而不会产生赝电容。PRGObda6 样品及 PRGOpeal0 样品的循环伏安曲线在 5—100mV · s^{-1} 的扫描速率范围内展示出了良好的矩形性，并没有出现由法拉第反应所引起的氧化还原峰，表明了样品具有良好的双电层电容特性。曲线的面积随着扫描速率的增加而增加，当扫描速率增大到 100 mV · s^{-1} 时，曲线的形状并没有发生明显的变化，这说明由所制备样品组装的超级电容器具有较小的接触电阻，电解液离子可以在样品表面快速传输。在经过少量有机胺在水热条件下的部分还原后，PRGObdas 和 PRGOpeas 具有比 PRGO 样品更大的比表面积和更好的孔径结构，因此这两类样品展示出了更高的比容量。

PRGObda6 样品和 PRGOpeal0 样品所组装的超级电容器的恒流充放电曲线都呈现出了类似等腰三角形的性状，随着电流密度增大出现了较小的电压降，这表明这两类材料都

具有良好的电容性能。电压降的大小能够反映出超级电容器内部的总电阻大小，如果电压降过大则表明超级电容器工作过程中会有大量的能量被浪费掉，影响其工作效率。因此，PRGObdas 和 PRGOpeas 样品比 PRGO 样品拥有更好的电容性能，更加适合作为超级电容器电极材料使用。

通过恒流放电曲线分别计算了所制备样品的质量比容量和体积比容量。随着电流密度的增大，各个样品的质量比容量和体积比容量都会逐渐减小。这是因为电流密度增大以后电解液体系中的极化作用增强使电解液离子与材料的可接触比表面积缩小，进而降低了样品的比容量。

交流阻抗图谱分为高频区和低频区，样品在低频区出现了近乎垂直的直线，说明离子在活性物质 / 电解液界面传输过程中所产生的扩散电阻较小，这表明样品具有良好的超级电容性能。高频区出现的半圆代表电解液在电极活性材料内部渗透能力，PRGObdas 和 PRGOpeas 电极材料的半圆相对 PRCO 来说较小，表明这两类样品具有更好的表面相容性。样品的等效串联电阻都小于 10。与少量有机胺在水热条件下反应后，由于氮掺杂对石墨烯片层的恢复与有机胺分子尾链对样品三维网状结构的调节作用，PRGObdas 以及 PRGOpeas 样品比 PRCO 样品拥有更大的比表面积和更好的孔径结构，因此更加适合作为超级电容器电极材料使用。

循环寿命是检验超级电容器性能的重要指标。使用恒电流充放电测试在 $10A \cdot g^{-1}$ 的电流密度下对基于 PRGObda6 和 PRGOpeal0 样品的超级电容器进行了 1000 次的恒电流充放电循环测试。这两种样品都具有较好的循环稳定性能。经过 10000 次的充放电循环后基于 PRGObda6 样品的超级电容器其质量比容量的保持率为 89.66%，基于 PRGOpeal0 的超级电容器的质量比容量保留率为 85.66%。以上结果说明，PRGObda6 样品和 PRGOpeal0 样品采用中性溶液作为电解液时可以作为超级电容器电极材料使用。

由 XPS 等表征结果可知，PRGObdas 和 PRGOpeas 样品除了在表面保留了大量的酸性含氧官能团外，还引入了一部分含氮官能团。这些杂原子官能团可以通过法拉第氧化还原反应提高材料的质电容。因此，使用 $6\ mol \cdot L^{-1}$ 的 KOH 作为电解液研究了所制备材料的质电容性能。PRGObda6 和 PRGOpea10 样品具有良好的双电层电容特性，电荷可以快速地在材料表面传输。同时我们也观察到这两种样品的循环伏安曲线在 0~0.8 V 电压范围内出现了一个很宽的氧化还原峰，这表明在这两类电极材料中同时存在着双电层电容和赝电容。

基于 PRGObda6 和 PRGOpeal0 材料的超级电容器的质量能量密度已经超过了现在商用的超级电容器，这说明有机胺功能化部分还原氧化石墨烯材料可以作为商用超级电容器的电极材料使用。

相较于 PRCO 样品 PRGObdas 样品和 PRGOpeas 样品在低频区都出现了斜率更大的直线，这表明当电解液中的离子在这两类样品的表面进行扩散和传输时所产生的电阻更小。PRGObdas 样品和 PRGOpeas 样品在高频区的半圆直径比 PRGO 样品更小，同时这两类样品的半圆与 x 轴的截距也比 PRGO 样品小，说明这两类材料具有更小的电荷转移电阻和接触电阻。这是因为经过有机胺部分还原后样品的比表面积更大了、孔径结构更松散了。这些改变都有利于电解液离子的扩散与传输。与样品在 1 mol · L^{-1} 的 Na_2SO_4，溶液中的阻抗相比，样品在 KOH 溶液中具有更好的电化学活性和更小的电阻。这是因为样品表面的酸性含氧官能团会与 KOH 发生反应生成石墨烯的钾盐，这个反应过程会在样品的表面引入大量的负电荷进而提高样品的可润湿性和离子导电性。

使用恒电流充放电法在 6 mol · L^{-1} 的 KOH 电解液中以 10 A · g^{-1} 的电流密度测试了基于 PRGObda6 样品和 PRGOpeal0 样品的超级电容器的循环稳定性能。基于 PRGObda6 样品和 PRGOpeal0 样品的超级电容器展现了优异的循环稳定性能。在 10000 次充放电循环后这两种样品的比容量值分别为初始值的 101.03% 和 101.85%，说明这两种样品在充放电过程中都具有良好的稳定性和可逆性。这是因为随着充放电测试的进行电极材料的表面和内部会不断得到活化，同时随着测试时间的延长，电极材料和电解液的有效接触面积也会不断增大。与 PRGObda6 样品和 PRGOpeal0 样品在 1 mol · L^{-1} 的 Na_2SO_4 电解液中的循环稳定曲线相比，这两种电极材料在 6 mol · L^{-1} 的 KOH 电解液中呈现出了更好的循环稳定性能。

由以上分析结果可知，经过有机胺功能化和部分还原的样品具有优异的超级电容性能，其各项指标都超过了氮掺杂石墨烯材料。这是因为在氮掺杂石墨烯材料的制备过程中石墨烯片层的团聚比较严重，因此影响了材料的双电层电容性能。

第三节　石墨烯基超级电容器

随着世界经济高速发展而伴生的传统能源枯竭、生态环境恶化已成为人类社会可持续发展所面临的共同难题。新能源产业的发展已成为解决能源危机，保护、治理环境的重要举措。开发高效的新型能源存储器件是发展新能源产业的关键环节之一，已成为当今社会亟待解决的重要任务。作为一种新型储能装置，超级电容器兼具了普通电容器和电化学电池的优点，在电动汽车、电网储能、移动通信、消费电子、医疗器械，以及国防、军事装备等领域具有广泛地的应用。目前，超级电容器的研究重点是提高其能量密度和功率密度，发展具有高比表面积、电导率和结构稳定性的电极材料。

石墨烯得益于其独特的化学结构而拥有大的比表面积、优异的电子导电性和导热性、高的载流子迁移率和力学强度。石墨烯优异的综合性能使其被认为是发展高能量密度和高功率密度超级电容器的理想电极材料。石墨烯以其高比表面积、晶体化结构和高电导率等独特的特点在提高超级电容器比能量、延长使用寿命和提高功率密度方面发挥了不可替代的作用。石墨烯在超级电容器领域表现出色，能够有效解决超级电容器面临的难题。但是，石墨烯的理论容量较低，在电极制备的过程中易发生堆叠现象，导致材料比表面积和离子电导率下降。石墨烯堆叠、离子迁移电阻高、孔隙率低、有效比表面积小是发展石墨烯基超级电容器急需解决的技术难题。优化制备方法，对石墨烯进行修饰或与其他材料复合制备特定复合材料是发展超级电容器石墨烯基电极材料的有效途径。

实现高效制备比电容、功率性能高、循环稳定、长寿命的石墨烯基超级电容器是学术界和产业界广大工作者亟须解决的关键问题，也是电容器领域未来发展的重点。本节以石墨烯在超级电容器中的应用为切入点，简要阐述了超级电容器产业发展面临的问题、石墨烯以其自身优异的材料属性在解决上述问题中所发挥的关键作用。扼要分析了石墨烯基超级电容器的发展方向与研究现状，讨论了石墨烯基超级电容器未来发展与应用的关键问题与挑战。

1. 超级电容器

超级电容器，也被称为电化学电容器，是一种介于传统电容器与电池之间的新型储能装置。根据储能机理可将超级电容器分为化学双电层电容器和法拉第赝电容器。化学双电层电容器通过电极电解液中离子吸附实现能量的存储，法拉第赝电容器除了通过离子吸附，还会通过电极电解液中离子氧化还原反应存储能量。基于其储能原理，超级电容器具有优异的功率和循环性能，通常能在 100C（C 代表充放电倍率）以上的充放电电流密度下反复使用数十万次。此外，与传统电容器通过静电吸附电子储能不同，超级电容器的比容量远高于传统电容器。超级电容器和电池、传统电容器的电化学性能对比，作为一种新兴的储能器件，它在功率密度、倍率充放电、循环能力上比电池具有显著的优势，且在能量密度上也比电容器具有显著的优势。从小容量的特殊储能到大规模的电力储能，从单独储能到与蓄电池、锂电池或燃料电池组成的混合储能系统，超级电容器都展示了独特的优越性。超级电容器的出现，填补了传统电容器和电池间的空白，随着技术的不断成熟，超级电容器在工业（新能源发电系统、分布式电网系统、节能建筑、工业节能减排、智能仪表、电动工具）、消费电子（运动控制领域、玩具）、通信（数码产品）、医疗器械、国防军事装备（高功率武器）、交通（电动汽车、混合电动汽车）等领域呈现出越来越广的应用前景。但是，超级电容器在电能存储方面与电池相比还有一定的差距。因此，提高单位体积内的能量（能量密度）是目前超级电容器领域的研究重点与难点。其中，发展具有高比表面积、高电导率和结构稳定性的电极材料是解决超级电容器能量密度低的关键。

尽管目前国内整体发展态势不错，已取得了一系列突破性的进展，但石墨烯行业还存在一些亟待解决的问题制约着其实际推广应用。石墨烯基超级电容器的市场化过程依然面临种种困难与挑战，如何将科研人员丰硕的研究成果，有效转化为经济、性能稳定的产品是其市场化的主要瓶颈。石墨烯基超级电容器未来发展所面临的主要挑战可总结为：（1）在材料制备上，缺乏经济、可控的方法大批量制备质量、面积、层数可控的石墨烯材料；（2）在生产过程中，电极、电容器结构优化与控制以及后期的超级电容器实际安装过程中的安全性问题；（3）在实际服役过程中，石墨烯片层的团聚问题严重制约石墨烯基电极材料性能的发挥。

综合考虑石墨烯基超级电容器的发展现状、存在的关键问题以及市场发展的需求，笔者认为未来一段时期内石墨烯基超级电容器的发展要把以下几个方面作为主要的攻关方向。

（1）鉴于不同结构的石墨烯基电极材料呈现出的物理、力学和化学性能存在极大的差异，进而影响超级电容式的能量存储性能。通过研究石墨烯基电极材料结构与电化学性能之间的关系，发展制备结构稳定、电化学性能优异的电极结构的技术仍是优化石墨烯基超级电容器性能的主要方向。

（2）对于法拉第赝电容超级电容器，石墨烯纳米复合电极在电化学过程中，材料结构和材料界面相互作用对法拉第过程具有重要的影响，澄清界面间相互作用的反应机理对于加速优化石墨烯在法拉第赝电容器中的实际应用至关重要，是一项亟待解决的难题。

（3）近年来，随着科技的进步，柔性电子器件得到了快速发展，亟须可变形的柔性储能器件为其提供动力支撑。得益于石墨烯优异的性能，石墨烯基超级电容器在柔性电子器件领域呈现出特有的优势。优化石墨烯基超级电容器及其电极结构是今后的重点发展方向。

此外，政府部门在串联科研院所、产业应用专家、企业与消费市场，加速石墨烯基超级电容器的市场化步伐的过程中应起到桥梁与纽带作用。同时，政府部门政策调控在规范石墨烯基超级电容器市场发展中起着无可替代的作用，对于未来石墨烯基超级电容器技术的推进影响深远。政策调控与支持是促使石墨烯基超级电容器从实验室走向市场产品应用、实现量产的市场化过程的加速器。

2. 石墨烯在双电层电容器中的应用

石墨烯具有优异的导电性、高的比表面积、合适的孔隙率等性能，使其应用于双电层电容器拥有独特的优势。但是在石墨烯的制备过程中石墨烯的团聚问题成为最亟待解决的问题之一。文献综述表明，通过高温热还原、化学还原或减少黏结剂的使用等方法可以降低石墨烯的团聚或提高活性物质的利用率，从而达到提高石墨烯的比表面积、电导率及比电容值的目的。

Sun 等将氧化石墨烯悬浮液在室温下自然挥发水分后形成的氧化石墨烯薄片在 200C. Ar 气氛下保温 1min 得到了石墨烯，此样品具有 C/O 原子比高的特点，说明氧化石墨烯已被充分还原。组装的超级电容器具有 120F/g 的比电容，并在 1500 次循环性能测试后电容无明显下降。Tnurist 等利用静电纺丝法在乙腈的三乙基甲基铵四氟硼酸盐溶液中制备出了静电微孔石墨烯碳电极。相比传统制备方法，该方法制备出的复合电极拥有更低的密度和厚度，并获得了 120 F/g 的比电容。

Singh 等开发出一种具有高电导率和有高电化学稳定性等优点的新型丁二腈基偏二氟乙烯 - 六氟丙烯电解质，并以石墨烯为电极组装成超级电容器。在 5A/g 的电流密度下，该超级电容器在初始电容（57F/g）衰减 30% 后显示出稳定的充放电性能。

Hamra 等研究了不同类型氧化剂及十二烷基苯磺酸钠表面活性剂对电化学剥离氧化

石墨烯的影响，当采用含 2MKOH 的尼龙膜和聚合物凝胶作为电解质时，研究发现，在 0.5 A/g 的电流密度下循环 1 000 次后，尼龙膜电容器的容量保持率为 94%，而聚合物凝胶电容器表现出更高的容量保持率，接近 100% 并具有 24.54 F/g 的比电容。Luo 等在制备出多孔氧化石墨烯凝胶后使用维生素 C 进行还原处理后得到还原氧化石墨烯凝胶，3D 多孔互联结构有效地避免了石墨烯片的团聚，故在 1 N/g 的电流密度下具有 152 F/g 的高比电容。

3. 石墨烯在赝电容电容器中的应用

石墨烯可以直接用于超级电容器的电极材料，但成本较高，比电容较小且团聚严重，限制了其大规模的应用。目前各国科学家通过将石墨烯进行表面官能团修饰或与其他材料进行复合等方式，获得了具有更好电化学性能的石墨烯基电极材料。

在石墨烯纳米片中掺氮硫及其他官能团，不仅可以加强石墨烯电极和电解质之间的浸润性，而且能引入质电容效果，提高比电容。Chang 等通过在羟胺的乙醇溶液中纺丝氧化石墨烯后进行热处理得到了氮掺杂的石墨烯纤维（NG-FMs）。NG-FMs 电极在 5mV/s 的扫描速率下的比电容为 188 F/e，将其组装成超级电容器，能量密度和功率密度在 300 A/g 的放电电流下可达到 2.24 Wh/kg 和 48.7 kW/kg 并显示出良好的倍率性能和循环稳定性。Alabadi 等采用原位聚合法制备出硫掺杂的石墨烯，在 2MKOH 电解质中，0.3 A/g 的电流密度下具有 296 F/g 的比电容，并且在 4000 次循环后容量保持率为 92%。

4. 石墨烯在不对称超级电容器的应用

石墨烯以其独特的电化学性能，吸引着科学家们对其在不对称电容器中的应用不断探索。随着石墨烯的引入，不对称超级电容器在各个性能上都有了比较明显地提升。Deng 等通过将钒酸铵甲酸和氧化石墨烯的混合物水热处理使 GO 还原成 RGO 获得了 RGO/VO_2 复合材料，在 0.5 mol/LK_2SO_4 溶液中比电容为 255 F/g 将其作为正极，RGO 为负极组装为不对称超级电容器后，该不对称超级电容器提供了 22.8 Wh/kg 的能量密度，并且在 5 A/g 的电流密度下循环 1 000 次后容量保持率为 81%。Deng 等将 GR/MnO_2 作为正极，GR 为负极，MNa_2SO_4 为电解液组装的不对称超级电容器可提供 21.27 Wh/kg 的能量密度，并且能在 2 230 mA/g 的大电流密度下依然具有良好的循环性能。Choudhury 等将 V_2O_5 纳米纤维（VNFs）原位合成到石墨烯上得到 VNFs/GR 复合材料，形态分析表明 VNF 均匀地分布在石墨烯上，并且在 1 A/g 的电流密度下提供了 218 F/g 的比电容。将其作为正极，活性炭为负极组装的不对称超级电容器，在 1A/g 的电流密度下有 279 F/g 的比电容，37.2 Wh/kg 的能量密度和 3.7 kW/kg 功率密度。

第六章　石墨烯材料在锂离子电池中的应用

第一节　锂离子电池概述

多年来，不同化学成分的可充电电池已经被开发出来，并根据其性能被商业化应用。然而，一般来说，可充电电池还没有取代初级（不可充电）电池成为主要的储能设备，因为它们的成本高、循环寿命有限、能量密度不理想、功率低，特别是充电速度慢。近几年，手持电子和通信设备如智能手机、平板电脑和笔记本电脑的迅速普及，大大增加了对可充电电池的需求。随着市场的扩大，对电池性能的要求也越来越高：更轻的质量，更长的循环寿命，更快的充电，更低的成本。在过去的十几年里，锂离子电池已经成为满足这些需求的最理想的设备。在可充电电池中，它具有最高的能量密度和功率密度以及相对较长的循环寿命。

锂离子电池（简称LIB）是一种可充电电池，锂离子在放电和充电时从负极移动到正极。与不可充电锂电池中的金属锂相比，锂离子电池使用插入式锂化合物作为电极材料。电解液允许离子运动，两个电极是锂离子电池的组成部分。锂离子电池虽然广泛应用于各种便携式电子设备中，但直到最近才进入商用电动汽车市场。但锂离子电池也有一些不足，如不能大倍率充放电、锂枝晶的形成以及枝晶对锂离子电池外壳或隔膜有损害；锂离子的不可逆嵌入导致电池的循环稳定性能比较差等问题。因此解决上述问题提升锂电池的性能就成为目前研究的主要领域。

一般锂离子电池都是由正极、负极隔膜和非水电解质四个部分组成的。正极材料可以提供锂离子扩散路径和位置，其中性能较好的有尖晶石结构的 $LiMn_2O_4$、$LiFePO_4$ Li_xNiO_2 和部分三元锂离子化合物等。它们具有高达 3.6 V 以上的插锂电位。通常情况下用 Li_xC_6 作为电池负极材料，除此以外还有纳米级锡基氧化物和金属间化合物等正被广泛研究，以期在未来可以在负极材料上有所突破。锂离子中电子的传导主要依靠电解液来实现，这种传导介质被要求具有高离子电导率，但电子的电导率要很小最好达到绝缘体的效果，此外还要求电解质的热稳定性和化学稳定性好。基于以上要求人们按照不同比例配制成不同用途的电解质。隔膜被用于隔绝，以防止正极和负极的直接接触而造成内短路现象。优异离子通过率的隔膜可以使锂离子自由移动传导，最重要的是它同时又是电子的绝缘体。现在产业化的隔膜有单层膜（PP、PE）、双层膜（PP/PE）以及三层膜（PP/PE/PP）。

石墨烯作为一种新型的二维碳材料，具有较大的比表面积和优越的导电性，在锂离子电池领域具有重要的应用。石墨烯因其特殊的片层结构，可以提供更多的储锂空间。石墨烯还具有很高的电导率、良好的机械强度、柔韧性、化学稳定性以及很高的比表面积，尤其是化学转化的石墨烯具有较大比例的官能团，决定了其非常适合作为复合电极材料的基底。通过与各种材料复合，能有效地降低活性材料的尺寸，防止纳米颗粒的团聚，提高复合材料的电子、离子传输能力以及机械稳定性，从而使电极材料具有高容量、良好倍率性能以及循环寿命长的良好性能，充分发挥石墨烯及相关材料间的协同效应。此外，石墨烯也可作为导电添加剂代替其他导电剂或是与其他导电剂一起使用来提高材料的电导率，改善电池的性能。

石墨烯储锂主要有以下特点：1. 锂离子在石墨烯中表现出较高的脱嵌锂电位（0.3—0.5 V），高的比容量（700—2 000 mA·h/g），远超过商业化石墨（372 mA·h/g）；2. 高的充放电速率，多层石墨烯材料的层间距明显大于石墨的层间距，进而有利于锂离子的快速脱嵌；3. 低的首次库伦效率，由于石墨烯大的比表面积、丰富的表面官能团和缺陷位点等，首次充放电时与电解液很容易产生 SEI 膜，造成部分比容量损失；4. 石墨烯的储锂机理和孔结构、缺陷、比表面积、层间距、层数、表面官能团和混乱度等诸多因素有关。但是，有些因素对于储锂性能的影响也存在很大的争议，因此，对于这些因素如何影响石墨烯的储锂行为还有待进一步深入研究。对于石墨烯的储锂研究最早 YOO 等首先证实了石墨烯与碳纳米管或富勒烯复合后，其可逆比容量显著增加。在众多的影响石墨烯的储锂行为的因素中，研究者普遍认为较大的层间距和比表面积、孔结构、缺陷是石墨烯高储锂容量的重要因素。

第二节　石墨烯基锂离子电池正极材料

锂离子电池正极材料的性能直接影响锂离子电池的能量密度、比容量、温度以及安全性能。2000 年，日本真空技术株式会社作为石墨烯在锂离子电池领域最早的专利申请者，申请了石墨烯用于锂离子电池领域的第一项专利申请 JP2001288625A，采用化学气相沉积法利用金属催化剂制备石墨烯片层，用在锂离子正极材料中，从而控制沉积的碳材料的形貌，以提高正极的质量。虽然该专利申请得到的石墨烯片层与单层石墨烯的厚度还有一定的差距，但是其得到的也是纳米级的石墨烯层，对于推动石墨烯制备技术奠定了基础。此后，很多研究者就致力于将石墨烯材料应用到正极材料中。采用石墨烯改性锂离子正极材料的优点有：1. 石墨烯修饰后的正极材料导电性增加，提高了活性物质的倍率性能；2. 石墨烯可以作为保护层，起到缓冲体积膨胀的作用，增加材料的循环稳定性；3. 石墨烯的机械性能好，化学稳定性高、耐腐蚀；4. 石墨烯与活性材料复合后，会有协同效应的出现，整体上提高了锂离子电池的性能。

下面就石墨烯在正极材料中的相关技术进行梳理。

1. 石墨烯与磷酸铁锂复合用作正极

磷酸铁锂（$LiFePO_4$）因其具有安全性高、价格便宜和放电平台平稳等优点成为锂离子电池正极材料的研究热点。但 $LiFePO_4$ 的导电性差，锂离子扩散速度慢，高倍率充放电时实际比容量低。目前，常通过掺杂或包覆导电剂等方法制备 $LiFePO_4$ 复合材料来提高其离子迁移率和电子电导率。石墨烯由于具有高比表面积、优异的导电性能和化学稳定性，用于 $LiFePO_4$ 复合材料时具有以下优势:（1）可以与 $LiFePO_4$ 颗粒和集流体形成很好的电接触，易于电子在集流体和 $LiFePO_4$ 颗粒之间迁移，从而降低电池内部电阻，提高输出功率;（2）优异的机械性能和化学性能赋予石墨烯 /$LiFePO_4$ 复合电极材料较好的结构稳定性，从而提高电极材料的循环稳定性;（3）$LiFePO_4$ 在石墨烯负载，可以有效控制晶粒增长，使得到的颗粒尺寸控制在纳米级。

中国科学院将石墨烯与 $LiFePO_4$ 分散于水溶液中，通过搅拌和超声使其均匀混合，随后干燥得到石墨烯复合的 $LiFePO_4$ 材料，再通过高温退火最终获得石墨烯改性的 $LiFePO_4$ 正极活性材料。三星电子使用喷雾干燥法制备了石墨烯 /$LiFePO_4$ 复合正极材料，其是将 $LiFePO_4$ 前驱物分散在氧化石墨烯悬浊液中，然后将这一混合体经过喷雾干燥，煅烧后即可获得石墨烯 /$LiFePO_4$ 复合正极材料。基于上述正极活性材料的锂离子二次电池具有电池容量高、充放电循环性能优良、寿命长及高循环稳定性的特点。

为了提高锂离子和电子传输性能，武汉科技大学通过水热法，制得石墨烯气凝胶负载 $LiFePO_4$ 多孔复合材料，该多孔复合材料中的薄层石墨烯交错连接，形成微米级孔道，有良好的电解液浸润性，大大提高了材料的锂离子扩散性能，同时，石墨烯的优良导电性能可以显著改善材料的电导率，使其更加适合于大电流放电，提高了材料的高倍率性能。这种优异倍率性能主要是由于:（1）活性石墨烯提供的连续导电网络，将 $LiFePO_4$ 纳米颗粒连接到一起，便于电子的转移;（2）与普通石墨烯片相比，具有孔状结构的活化石墨烯为锂离子的扩散提供了丰富通道，缩短了锂离子扩散路径，为快速充放电反应提供了可能;（3）高比表面积的多孔活化石墨烯在 $LiFePO_4$ 纳米颗粒和附近包围电解质，提供较大界面接触，从而增加了电化学反应活性面积。

石墨烯在 $LiFePO_4$ 材料的分布状态对其复合材料电化学性能的影响也至关重要。中国科学院通过将插层膨胀的薄层石墨烯掺入到 $LiFePO_4$ 合成原料中，在插层膨胀的薄层石墨烯上原位合成 $LiFePO_4$ 纳米粒子，得到石墨烯搭桥或包覆 $LiFePO_4$ 纳米粒子结构形式的材料。哈尔滨工业大学制备的复合材料为 $LiFePO_4$ 颗粒穿插于多层石墨烯的层间的夹层结构，这种特殊结构对材料的性能具有以下积极的作用:（1）多层石墨烯形成的三维立体导电网络，比表面积大且导电性良好，从而显著降低电化学反应过程中的界面电流密度，减小了电化学反应极化，同时，在极短的时间内可实现大量电荷的储存和释放，具有超级电容性质;（2）多层石墨烯为具有层状结构的团状物，层间距较大（约 7—8 nm），可在层间

形成微小的 $LiFePO_4$ 颗粒，限制材料粒径的增长，缩短了离子扩散途径，降低离子扩散阻力。上海大学制备了一种三明治结构的石墨烯 /$LiFePO_4$ 复合材料，石墨烯层片被 $LiFePO_4$ 外壳完全包裹后形成块状颗粒，颗粒内部是一层 $LiFePO_4$ 一层石墨烯多层堆叠的三明治结构。Yang 等研究了堆积石墨烯和单层石墨烯对石墨烯 /$LiFePO_4$ 复合材料电化学性能的影响。与堆积石墨烯相比，单层石墨烯能够使 $LiFePO_4$ 分布更加均匀，并且每一个 $LiFePO_4$ 纳米颗粒通过导电层连接在一起，进而提高材料导电性。

针对 $LiFePO_4$ 掺杂过程中石墨烯易出现的团聚现象，中国科学院是先制备得到纳米金属氧化物 / 石墨烯的复合材料，然后再通过原位复合，制得纳米金属氧化物 / 石墨烯掺杂 $LiFePO_4$ 电极材料。分散到石墨烯纳米片表面的纳米金属氧化物增加了石墨烯片层间距，从而大大减小石墨烯片层之间的相互作用，有效阻止了石墨烯片的团聚。此外，通过添加纳米金属氧化物减少石墨烯用量提高 $LiFePO_4$ 的体积能量密度。

长沙赛维在 $LiFePO_4$ 表面包覆一层由氮化钛与石墨烯组成的导电网络膜，由于 $LiFePO_4$ 材料和氮化钛的界面作用很强，两相间的过电位低并存在强的化学键作用，从而可大大提高电子导电率，而且石墨烯与 $LiFePO_4$ 材料可以形成连续的三维导电网络并有效提高电子及离子传输能力，进而改善锂离子电池的高倍率性、循环性能和充放电比容量。北京万源是在 $LiFePO_4$ 表面先形成极薄的氮化碳层，再将其与石墨烯进行复合，氮化碳可以阻止晶粒生长，并提高材料的电导率，特别在 -20℃的低温下也能保持相当高的容量。

此外，对石墨烯进行元素的 N 掺杂，是石墨烯改性的常见方式，N 掺杂后可以使石墨烯产生大量的缺陷和活性位点去捕捉锂离子，因此增加了石墨烯对锂离子的束缚和存储能力，合肥国轩通过在制备过程中引入氮源（三聚氰胺、木质素磺酸钠、聚苯胺、氨基酸、聚吡咯、尿素、氨水、二氰二胺），得到氮掺杂石墨烯包覆磷酸铁锂正极材料。

由于石墨烯不仅具有优越的电导率，而且将其与正极活性物质颗粒桥接在一起，改善了原来颗粒之间单纯的点—点接触，增加了点—面接触模式，修复不完整的碳包覆层，与碳共同形成三维导电网络。此种改性方法防止正极材料与电解液的直接接触，抑制了材料结构的转变或抑制了与电解液的副反应，因此增强了材料的电化学可逆性，显著减小了电荷转移电阻，从而提高了 $LiFePO_4$ 正极材料的电化学性能。天津大学采用悬浮混合法制备石墨烯和碳共包覆 $LiFePO_4$ 正极材料，采用该正极材料组装的扣式电池，在 0℃，0.1 C 倍率下首次放电比容量为 147.3mA · h/g，首次效率为 98.2%；1 C 倍率下，循环 100 次后的容量保持率为 95.1%；在 -20℃，1 C 倍率下，循环 100 次后的容量保持率为 90.1%。

2. 石墨烯与含锂过渡金属氧化物复合用作正极

在正极材料方面，研究较多的除了 $LiFePO_4$ 外，主要还有 $LiCoO_2$、$LiNiO_2$、LiMnO2、$LiNi_XCoYMn_{-X-Y}$，O_2 等，其中三元材料由于存在三元协同效应，与其他单一组分材料相比结构更稳定，具有更好的电化学性能，成为近年来锂离子电池正极材料的研究热点。但三元材料也存在着活性材料与电解液易发生副反应的问题，从而导致电池稳定性较差，比容量衰减较厉害，这些问题在高温或大倍率条件下尤为突出。为了解决上述存在的缺陷，很多研究者选择用石墨烯对其进行复合改性。LG化学株式会社采用石墨烯与锂锰氧化物进行复合，使得锂离子电池包含含有尖晶石基锂锰氧化物和具有层状结构的锂锰氧化物的混合正极活性材料，可以在高电压下进行充电，从而提高其稳定性。

层状镍钴镁钛和镍钴铝钛四元材料具有高比能量、成本较低、循环性能稳定等优点，可有效弥补钴酸锂、镍酸锂、锰酸锂各自的不足，因此，四元材料的开发成为正极材料领域的研究热点。合肥国轩分别制备了石墨烯基复合镍钴镁钛四元正极材料和石墨烯基复合镍钴铝钛四元正极材料，上述两种材料均可大大改善正极材料的导电性与安全性能，显著提高锂离子电池的比能量与比功率。

3. 石墨烯与聚合物复合用作正极

氮氧自由基聚合物、羰基化合物、导电聚合物和聚硫化合物等聚合物的活性官能团与Li+ 发生氧化还原反应起到存储能量的作用，氧化还原电位通常高于1.5 V，因此，石墨烯聚合物复合正极材料的储锂性能与聚合物的活性官能团的氧化还原可逆性有关。

导电聚合物的氧化还原是在其掺杂态和本征态之间相互转变，不会发生溶解，但是在充放电过程中导电性会下降，导致容量不能有效发挥和循环性能较差。中国科学院先通过原位聚合得到聚苯胺 - 石墨烯氧化物复合物，再通过肼加热还原制备聚苯胺 - 石墨烯复合物，用石墨烯氧化物与石墨烯的大比表面积和导电聚合物独特的电容特性，将两者结合作为复合物，可以解决聚苯胺结构松散、导电性不足的缺点。

共轭羰基聚合物具有良好的氧化还原活性，放电平台为2.0—3.0 V，理论容量较高但是导电性差，活性基团容易溶解，导致实际容量较低，倍率性能和循环性能较差。而将共轭羰基聚合物与石墨烯复合，能够提高复合材料的导电性和倍率性能。以蒽醌及其聚合物、含共轭结构的酸酐等为代表的羰基化合物作为一种新兴的正极活性材料逐渐受到关注，其电化学反应机制是：放电时每个羰基上的氧原子得一个电子，同时嵌入锂离子生成烯醉锂盐；充电时锂离子脱出，羰基还原，通过羰基和烯醇结构之间的转换实现锂离子可逆地嵌入和脱出。THAQ（1，4，5，8- 四羟基 -9，10- 蒽醌）是一种有机多醌类化合物，其每个分子中有六个能与锂离子反应的活性电位，其理论容量855 mA · h/g，但是实际制备得到的THAQ容量仅为250 mA · h/g，远远小于其理论容量。海洋王通过原位聚合物分别制备了THAQ/ 石墨烯复合材料，该复合材料存在高电导率的石墨烯，能有效地将电子快速地传导到其表面的THAQ分子活性反应中心，有利于提高THAQ分子容量的发挥。充放电比容量可由230 mA · h/g提高到563 mA · h/g，且100次循环后容量保有率也有明显提高。华为提供了一种醌类化合物 / 石墨烯复合材料，醌类化合物（单体或聚合物）化学键合在石墨烯表面。其中，醌类化合物具有较高的比容量和氧化还原电位；醌类化合物中的双羰基具有电化学活性点，在电化学反应过程中具有较好的结构稳定性，因此具有较好的循环稳定性。其放电容量可为254 mA.h/g，5.0C倍率放电比率为86.3%，0.2 C循环容量保持率为84.2%，弯折后0.5 C倍率放电比率为71.8%，弯折后0.2 C循环容量保持率为72.6%。

聚硫化合物是通过 S-S 键的反复断裂与键合进行能量的存储与释放。但多硫聚合物在充放电过程中 S-S 键断裂的动力学较慢，导致极化现象严重。Ai 等人采用原位聚合将聚硫化合物与石墨烯复合，聚硫化合物均匀地分散在石墨烯表面并形成化学结合，该复合材料具有优异的循环性能和倍率性能，经过 500 次循环的容量达 1 600 mA.h/g。

4. 石墨烯自身及其衍生物盐用作正极

石墨烯表面的 -OH、-COOH 等含氧官能团有利于提高储锂容量，东丽株式会社通过将适度地进行了官能团化的石墨烯与正极活性物质进行复合化，具有高电子导电性和离子导电性，其官能团化率为 0.15 以上 0.8 以下，具有高电子导电性和离子导电性。另外，海洋王制备了石墨烯锂盐和石墨烯衍生物锂盐，不仅具备良好的导电性以及高的机械性能，还有较好的功率密度以及循环寿命，材料有较好的界面相容性，同时石墨烯的多种衍生化方式可以使其有较高的容量，其储容理论量达到 620 mA · h/g。

5. 石墨烯与其他化合物复合用作正极

以 SiO_4 四面体为聚阴离子基团的正硅酸盐正极材料，即 $LiMSiO_4$（M=Fe、Mn 等）。此类正极材料具有稳定的 SiO_4 四面体骨架、丰富的自然资源、环境友好等优点，另外，其理论上可以允许 2 个 Li^+ 可逆脱嵌，理论容量达到 330 mA·h/g。但其在第一次充放电后，结构发生很大变化，从而影响了锂离子的可逆脱嵌，阻碍了其应用。实际上，以硅酸铁锂为代表的硅酸盐正极材料在使用上只能脱嵌 1 个 Li^+，致使其理论容量仅有 166 mA · h/g。目前，人们通过表面包覆、金属掺杂和合成纳米粒子等方法改善其电化学性能，其中碳包覆是较为常见的改性方法。上海大学利用溶剂热辅助溶胶凝胶法合成了 $LizMnSiO_4$/ 石墨烯，通过 $LiMnSiO_4$ 和 Lin $MnSiO_4$/rGO 的寿命衰减对比可知，$LiMnSiO_4$ 的放电比容量维持在 40—50 mA · h/g。经过 50 次循环，其放电比容量维持在 95—110 mA · h/g。

作为锂二次电池的正极材料，金属氟化物是一类有前景的锂电池正极材料。由于氟的电负性大，金属氟化物正极材料的工作电压远高于其他金属氧化物、金属硫化物等正极材料。金属氟化物是具有允许锂离子嵌入 / 脱出的结构。金属氟化物不但可以进行锂离子嵌入 / 脱出反应，还可以和锂发生可逆化学转换来贮存能量。但金属氟化物在很大程度上被忽视了，主要是因为金属氟化物强的离子键特征，大的能带隙，导致了其差的电子导电性。Fe-F 化合物具有高能量密度、高电压、充放电性能好、低成本、高理论容量等优点，因而是非常具有应用前景的正极材料。但三氟化铁（FeF_3）的导电性差，在锂离子的脱嵌过程中，伴随着严重的极化现象，导致在充放电过程中容量衰减严重，降低了电池的效率和循环性能。目前，改善 FeF_3 正极的方法主要是减小 FeF_3 颗粒尺寸和优化 FeF_3 正极导电性能。减小 FeF_3 颗粒尺寸的目的主要是减小锂离子和电子扩散路径，增大电化学反应面积；优化 FeF_3 正极导电性能则可提高电子在电极内部的传输效率，优化电化学性能。因而，为实现优化电极导电性能的目的，选择将石墨烯与 FeF_3 进行复合，有效克服 FeF_3 应用过程中的导电性差和极化严重等缺点。

第三节　石墨烯基锂离子电池负极材料

锂离子电池的负极能够可逆地脱嵌锂离子是负极材料的关键。已实际用于锂离子电池的负极材料主要包括碳素材料（如石墨、软碳、硬碳等）、过渡金属氧化物、锡基材料、硅基材料等，石墨烯与这些负极材料复合，可以获得更好的循环稳定性、高比容量，从而降低成本。锂离子电池领域的重要专利申请人和研究者于 2007 年申请了负极材料的相关专利，提供了一种纳米级石墨烯薄片基阳极组合物，其包含能吸收和解吸锂离子的微米或纳米级颗粒或涂层和包含石墨烯片或石墨烯片堆叠体的多个纳米级石墨烯薄片，薄片的厚度小于 100 nm。颗粒和 / 或涂层物理贴附或化学结合到薄片，该组合物具有较高的循环寿命和可逆容量，缓冲体积变化引起的应变和应力，降低内部损失或内部加热。

从负极材料的制备技术可以看出，石墨烯改性负极材料的技术手段早期相对简单，主要使用的是直接混合的方式，即直接将石墨烯、负极材料与黏结剂和 / 或溶剂混合以后涂覆在集流体上，然后干燥后使用。随着研究的增多，后续发展的技术手段除了直接混合以外，还包括将石墨烯的制备工艺与负极材料的制备工艺结合起来，即在原料中混入石墨烯或氧化石墨烯，通过原位反应的方法制备石墨烯负极材料，根据需要决定是否需要还原的步骤，达到石墨烯与正极 / 负极材料的良好分散，制备的电极材料具有优异的电化学性能。

1. 石墨烯直接用作负极材料

石墨烯作为锂离子电池的负极材料，兼具石墨材料的优点和硬炭材料的特点，同时具有较大的储锂容量和功率特性，是一种非常理想的高功率电池负极材料。虽然也有一些问题，即比表面积偏大，可能会造成较大的 SEI 膜，经过各种表面处理，可望解决相关问题。石墨烯材料以很薄的片状存在，通过一定的手段可以控制石墨烯片层堆积的方式，进而影响其储存锂离子的性能，并且有望实现大倍率充放电。

天津大学就直接将石墨烯作为负极活性材料压制在铜馆集流体上制成负极片，首次放电容量可以达到 400—800 mA · h/g，首次充放电效率可以达到 40%—90%，稳定后的容量可以达到 380—450 mA · h/g。美国的通用公司是将碳前驱体气体的石墨烯平面沉积到集流器基底上直接用作负极片。

石墨烯片层之间易互相堆垛，影响其性能的发挥，因此研究具有特殊形貌的石墨烯材料以解决石墨烯片层的堆垛问题从而提高其性能具有重要意义。石墨烯是由石墨烯片层卷曲围绕成具有内部空腔且不同于碳纳米管的一种新型石墨烯材料，其特有的内部空腔可以减少石墨烯片层的堆垛。Yoon Seon-Mi 等人用镍纳米粒子作为模板，三甘醇作为碳源，在镍纳米粒子的表面渗透碳，然后通过热处理并将模板刻蚀掉得到单分散多层石墨烯中空球，也称为石墨烯笼。将其用作锂离子电池负极材料具有较好的倍率性能，但该材料的比容量极低，小于 30 mA · h/g，这是由于单分散石墨烯中空球不利于电子在石墨烯球间的传递，封闭的中空结构也不利于电解液的渗入和锂离子的存储。北京化工大学以 ZnO 作为膜板，采用化学气相沉积方法在 ZnO 膜板表面沉积石墨烯层，酸溶解去除 ZnO 膜板得到的级次结构石墨烯笼，具有相互连接的石墨烯层及内部导通的空腔，有利于电子的传递、电解液的渗透及锂离子的扩散，比容量随着循环周数的增加而逐渐升高，循环 250 周后比容量为 900 mA · h/g，明显高于文献报道的石墨烯的比容量；该材料还具有优异的倍率性能，在 2A/g 的电流密度下，比容量仍能达到 300 mA · h/g。加利福尼亚大学洛杉矶分校的团队制备了一种石墨烯气溶胶，通过改进的水热法，利用氧化石墨形成自由无支撑的石墨烯气溶胶立方体。再经过简单的溶剂置换，将气溶胶结构转换成三维溶剂化的石墨烯架构，大大提升了锂离子交换和导电性。

由于石墨烯直接作为锂离子电池负极材料所制得的电池器件性能并不稳定，因此，很多研究工作者尝试使用 N 或 B 掺杂来提高石墨烯负极材料的性能。Wang 等制备了高倍率性能良好的 N、B 元素掺杂石墨烯负极材料，通过在液态前驱体中使用 CVD 得到了生长可控制的 N- 掺杂石墨烯。在 50 mA/g 的充放电倍率下，N- 掺杂石墨烯材料的容量为 1 043 mA · h/g，B- 掺杂石墨烯材料的容量为 1 540 mA · h/g，是未掺杂的石墨烯材料容量的两倍。不仅如此，掺杂 N、B 后的石墨烯材料可以在较短的时间内进行快速充放电，在快速充放电倍率为 25 A/g 下，电池充满时间为 30s。这种性能的改善可能是由于杂原子以及杂原子带来的缺陷改变了石墨烯负极材料的表面形貌，进而改善电极 / 电解液之间的润湿性，缩短电极内部电子传递的距离，提高 Li+ 在电极材料中的扩散传递速度，从而提高电极材料的导电性和热稳定性。

虽然将石墨烯作为锂电池负极材料可以提高电导率并改善锂电池的散热性能，但石墨烯材料直接作为电池负极存在如下缺点：（1）制备的单层石墨烯片层极易堆积，丧失了因其高比表面积而具有的高储锂空间的优势；（2）首次库伦效率低，由于大的比表面积和丰富的官能团及空位等因素，循环过程中电解质会在石墨烯表面发生分解，形成 SEI 膜，造成部分容量损失，因此首次库伦效率与石墨负极相比明显偏低，一般低于 70%；同时，碳材料表面残余的含氧基团与锂离子发生不可逆副反应，填充碳材料结构中的储锂空穴，造成可逆容量的进一步下降；（3）初期容量衰减快，一般经过十几次循环后，容量才逐渐稳定；（4）存在电压平台及电压滞后等缺陷。因此，将石墨烯和其他材料进行复合制成石墨烯基复合负极材料是现在锂电池研究的热点，也是今后发展的趋势。

2. 石墨烯与碳材料复合用作负极

石墨烯 - 石墨球复合材料，既具有石墨烯导电率高、储锂量大的优点，又结合了石墨球安全性高的长处，是制备锂电池负极的理想材料。目前制备石墨烯 - 石墨球复合材料，通常有三种路径：（1）将石墨球进行弱氧化插层，将表面部分的石墨氧化，还原后得到表面是石墨烯，内核是石墨球的结构。但该工艺难以控制弱氧化插层的程度，所制得样品的均一性较差。（2）在液相中将石墨球与石墨烯混合，然后滤干。但石墨烯在水及有机溶剂中都很难分散，与石墨球混合时，只有少量的石墨烯能包覆到石墨球中。（3）在液相中将石墨球与氧化石墨烯均匀混合，然后将氧化石墨烯还原。该方法解决了石墨烯难以分散的问题，但带来氧化石墨烯还原不彻底的问题。

福建省辉锐材料科技有限公司用立体式化学气相沉积的方法，在高温下通过多孔催化金属裂解碳氢气体，得到气相的碳自由基，所述碳自由基沉积到石墨球的石墨化表面，原位地在石墨球表面生长出石墨烯，从而制备出石墨烯 / 石墨球复合负极材料。苏州大学是在石墨烯的溶液中加入聚合物单体（如苯胺、吡咯、吡咯烷酮、噻吩、苯乙烯、丙烯氰）和聚合物引发剂使之发生聚合反应，生成的聚合物包覆石墨烯；后进行高温热还原和碳化反应即可获得碳包覆石墨烯材料。导电聚合物在高温下碳化可以转化为氮掺杂的硬碳，将硬碳与石墨烯进行复合，在一定程度上降低了石墨烯的比表面积，减少了部分由于吸附脱附于石墨烯纳米片层间的锂带来的容量，增强了石墨烯结构的稳定性，而且硬碳掺杂到石墨烯的层间，增强了石墨烯片层间纵向电导率。而哈尔滨工业大学制备了一种氮掺杂石墨烯膜与多孔碳一体材料，微孔滤膜在高温下退火，有机组分碳化时，部分碳原子以气态形式挥发，这些碳原子在铜箔的催化作用下在铜箔基底上成核生长，最后在铜箔上形成大面积的石墨烯，另一部分碳原子在碳化过程中被固定下来形成了多孔碳结构，这主要是因为微孔滤膜中的孔道起到了一个模板的作用，此外微孔滤膜中自身含有丰富的氮元素，碳化过程中氮元素与碳形成六元环或五元环进而掺杂到滤膜碳化后的产物中，该氮掺杂石墨烯膜和多孔碳一体材料具备高的储锂容量和较高的库伦效率，优良的倍率性能，卓越的循环稳定性。

3. 石墨烯与硅基、锡基或其他非金属复合用作负极材料

硅具有理论上的最大比容量（4200 mA · h/g），并且来源广泛，成为潜在的负极材料替代。但是由于硅材料在锂离子的嵌入和脱出过程中，伴随着高达 300% 的体积变化，导致循环过程中活性材料的粉化、脱落等而影响其循环性能。目前的研究针对这一问题，主要通过以下三种途径解决:（1）硅材料的纳米化，通过制备纳米线、纳米膜、纳米颗粒等纳米级的材料，减小其在循环过程中的绝对体积变化，从而避免材料的粉化、脱落;（2）活性材料的复合化，将硅与其他材料复合，利用其他材料束缚硅在充放电过程中的体积变化，从而提高循环性能;（3）将以上两种方法结合起来，通过微结构设计制备出高容量、循环性能好的纳米硅复合材料。其中第三种方式在研究中应用最广泛，复合材料中的基体材料作为惰性成分束缚硅材料在锂离子插入和脱出过程中的体积膨胀，可以在提高比容量的基础上明显改善循环性能。其中在基材的选择中，由于碳材料结构稳定，在充放电过程中体积变化相对较小，并且导电性和热、化学稳定性好，具有一定的比容量，除此之外，碳与硅的化学性质相近，二者在结合上更有优势。相比于使用其他碳材料的改性方法，石墨烯的引入能够有效降低硅材料在膨胀和收缩过程中对电极材料的破坏，从而提高硅材料的锂离子和电子的传输能力，进而提高器件的循环性能。Liangming Wei 等人在表面活性剂的辅助下，先制备了复合材料，然后通过镁热还原反应，最后制备得到多孔三明治结构的硅 / 石墨烯（PG-Si）复合负极材料，该负极材料在 200 mA/g 的电流下，容量达到 1464

mA · h/g，500 次循环后，在电流密度为 1.68 A/g 的情况下，容量保持在 920 mA · h/g。多孔硅颗粒包裹于石墨烯层，可维持硅颗粒与石墨烯间的紧密接触，保证锂离子电池负极材料良好的电子传导；石墨烯具有很好的韧性，可有效缓冲充放电过程中硅的体积效应，保护锂离子电池负极结构的完整性。美国斯坦福大学和美国能源部 NLAC 国家加速器实验室将硅阳极粒子包裹在用石墨烯定制的“笼子”中。微观石墨烯笼子的尺寸大小足以使电池充电过程中硅粒子有足够的膨胀空间，但同时又足够紧凑，以便在粒子分离后总能汇拢在一起，这样就使电极能持续保持大容量。此外，柔性、强健的石墨烯笼子还能阻挡电极与电解液发生有害的化学反应。

由于硅的导电性能差，且与锂反应不均匀会降低硅材料的循环性能。因而，近年来，研究者也尝试使用具有高的体积能量密度的硅合金作为硅粉基复合材料。锡基负极材料因为具备高理论比容量（992 mA · h/g）、导电性好、安全环保、价格低廉等优点而备受关注，但其致命的弱点就是锡基材料在充放电过程中由于锂离子的嵌入和脱出，会引起本身体积的剧烈膨胀（约为 340%），从而易于导致活性材料在循环过程中发生粉化，进而导致其循环性能和倍率性能较差。但将其与石墨烯进行复合，锡颗粒分布在石墨烯表面，可大大增加锡与电解液的接触面积，并通过石墨烯的高强度限制锡在嵌锂和脱锂过程中的体积效应。

天津大学利用改进的模板热解法，制备出片层极薄、自组装成三维石墨烯状，且表面负载锡纳米颗粒的新型锡碳复合材料，锡纳米颗粒的分散性较好。复合材料用于锂离子电池负极时，能使锡在充放电过程中引起的体积膨胀得到抑制，且具有很高的比容量与极好的循环性能，在 200mA/g 的电流密度下循环 100 次仍能保持 1000mA · h/g 以上的比容量，并在 10A/g 的高电流密度下仍保持 270mA · h/g 的比容量。

将碳纳米管混杂在石墨烯 / 锡颗粒复合材料之中，形成的网格网络结构，为锂离子进出电极提供了大量顺畅的输运通道，使其可充分与负极材料接触，提高负极材料的利用效率。同时碳纳米管和石墨烯的高导电性能够在充放电过程中保证载流子（电子）的快速迁移，达到降低现有电池内阻的目的。

SnO_2 负极材料具有储锂容量高（782 mA · h/g）、嵌锂电势低、安全性高及环境友好等优点，但 SnO_2 在充放电过程中巨大的体积膨胀导致电极材料的循环性能及大电流密度下的充放电性能较差。而将石墨烯与 SnO_2 复合后能够发挥二者的协同作用，SnO_2 能够阻止石墨烯团聚和堆叠现象的发生，石墨烯能够缓解 SnO_2 在嵌锂和脱锂过程中的体积膨胀，进而提高锂离子电池的充放电容量和延长锂离子电池的循环寿命。

浙江大学将石墨烯和硝酸亚锡混合，超声分散溶解在乙醇、乙二醇、1，2- 丙二醇溶剂中，形成金属阳离子前驱体溶液，通过静电喷雾技术，石墨烯和 SnO_2 以直接化学键合或机械混合的方式在基片材料上形成三维网状结构。合成的石墨烯基复合锂离子电池薄膜负极材料具有三维网孔状结构，十分有利于锂离子的输运和扩散，有效地缓解了 SnO_2 电极在充放电循环中的体积变化，大大提高了电极的比容量和循环性能，同时增强了薄膜和基片的链接。而 Shahid 等用石墨烯包覆 SnO_2 纳米球体颗粒，构建了三明治状夹层结构的

SnO_2/ 石墨烯复合材料。这种“三明治”状夹层结构一方面提高了电极材料的稳定性；另一方面，最大化利用了 SnO_2 分子的比表面积，有利于 SnO_2 分子均匀地分散在石墨烯片层上，避免了 SnO_2 分子的团聚，缓解了体积膨胀，加强了纳米分子间的相互联系，从而避免了导电添加剂和黏结剂的使用，其首次充放电容量为 1783 mA · h/g 和 1247 mA · h/g，较石墨烯 /SnO_2 纳米片层材料的充放电容量提升了 24.08% 和 41.06%。同时研究发现，经过石墨烯的包覆，SnO_2 材料的不可逆容量降低。这可能是石墨烯包覆在 SnO_2 表面，降低了部分吸附在材料细小孔道中不能可逆脱除 Lit 的量，从而减少了容量的损失。

就如何减小吸附在细小微孔中不能可逆脱出的 Lit 造成的容量损失这一难题，Liu 等利用柯肯特尔效应经过高温处理后，使 SnO_2 纳米分子镶嵌在石墨烯材料的表面，制备了克量级石墨烯介孔 SnO_2 复合电极材料。复合材料内部的孔径尺寸为中孔和微孔，减少了不能可逆脱出的 Lit 的量，在 100 mA/g 的电流密度下充放电循环 50 次后，可逆容量为 1354 mA · h/g，在 2 A/g 倍率下放电测试容量为 664 mA · h/g。

为了解决现有方法制备中 SnO_2 与石墨烯复合作为负极材料使用时，在大电流密度下的循环性能及储锂性差的问题，可以选择其他碳材料和石墨烯对 SnO_2 进行双重修饰。

4. 石墨烯与有机化合物复合用作负极

为了解决石墨烯由于范德华力容易堆积和石墨烯表面官能团不稳定的问题，研究者通常选择把石墨烯和聚苯胺、聚吡咯或其他聚合物进行复合用作负极材料。而华南师范大学制备的对苯二甲酸锂 - 石墨烯复合物，具有以对苯二甲酸锂的盒状结构作为基体，片状石墨烯均匀地嵌入其中的复合特征结构。一方面，复合材料中片状石墨烯能有效嵌入在对苯二甲酸锂中形成一种复合的结构，而避免了片状石墨烯之间的聚合，保持石墨烯表面积大的优势，能提供更多的嵌锂活性位置，缩短锂离子迁移路程；另一方面，夹层结构的空间也能在材料中形成较多的孔隙，有利于电解液的扩散及离子之间的氧化还原反应。

作为一种有机无机杂化配位的超分子材料，以有机配体分子和金属离子链接组成的具有三维网络结构的金属有机骨架（MOF）材料，如铁基金属有机骨架化合物具有较高的容量，而且三价铁属于硬路易斯酸，与羧基的结合能力较强，因此结构稳定性较高，是一类新型的有机负极材料，但是由于 MOF 材料本身较低的电导率，限制了锂，离子在其中的脱嵌效率，导致其活化作用时间较长，无法满足快速充放电的需要。中国科学院则是将铁基金属有机骨架化合物 MOF 材料原位生长于石墨烯片层结构上，形成石墨烯复合的铁基 MOF 材料。石墨烯的加入能够提高材料的导电性和稳定性，铁基 MOF 材料能够提供较多的活性位点，而且孔径结构较多，结构稳定性较好，有利于锂离子的插入和脱出。

石墨烯基纳米复合材料不仅还可以在保留石墨烯和纳米颗粒的固有特性的基础上有效降低石墨烯片层的团聚，而且两者之间还可以产生协同效应，提高储锂材料的电化学性能。石墨烯基纳米复合材料的结构和性能的优势主要体现在以下几个方面：

（1）石墨烯导电性能好，耐腐蚀，用作负极材料或导电剂，可以增强活性物质与集流体的导电性；（2）石墨烯片层作为单层二维结构，原则上不存在体积膨胀，所以结构稳定，充放电快，循环性能好;（3）纳米颗粒原位法合成于石墨烯表面形成复合材料，通过控制其生长颗粒的尺寸，从而缩短锂离子和电子扩散距离，改善材料的倍率性能;（4）纳米颗粒均匀覆盖在石墨烯表面，一定程度能够防止石墨烯片层的聚合以及电解质浸入石墨烯片层，导致电极材料失效。石墨烯纳米片（GNS）是新兴的纳米材料，是具有一个原子厚度和强键合碳网络的二维材料，它的出现引起了人们对其在结构、热学、电子和纳米技术各种应用极大的兴趣。这些材料具有优于石墨碳的电导率、超过 $2600m^2 \cdot g^{-1}$ 的大比表面积较强的化学耐受性和广泛的电化学窗口，这对于能量技术中的应用是非常有利的。目前锂离子电池电极使用的材料是锂插层化合物，如石墨和 $LiCoO_2$，因为这些材料可以在插层电位下可逆地充放电，并且具有足够的比容量。然而，随着对先进电子设备和电力备份的需求增加，高密度电极越来越重要。

Ho nma 等人的研究通过控制石墨烯纳米片材料的层状结构，探讨了提高锂存储容量的可能性。CNS 材料可以通过将大块石墨晶体剥离到单个原子层石墨烯薄片的分散状态来制备，并通过重新组装过程得到分层纳米薄片产品。根据这一过程，纳米片材料由许多原子石墨烯片组成。在溶液中控制单层石墨烯薄片材料的重新组装将允许调整层间间距以及 GNS 的厚度和形貌。石墨烯纳米片材料的结构控制可能会影响锂的存储性能。功能性纳米碳，如碳纳米管（CNT）或富勒烯（C60）已被深入研究用于先进的能量储存材料，他们将这两种碳材料纳入 CNS 材料的重新组装过程，在此标识为 GNS 系列，用于制备 LIB 插层负极材料。通过石墨烯纳米片与功能纳米碳之间的相互作用，他们研究了这些电极材料的比容量的增强，旨在获得一种不同寻常的纳米空间大小、用于具有更高能量密度的锂离子插层材料。电化学测试结果表明，GNS 的比容量为 $540\ mA \cdot h \cdot g^{-1}$，比石墨大得多，将 CNT 和 C60 大分子加入 GNS 中，比容量分别增加到 $730mA \cdot h \cdot g^{-1}$ 和 $784mA \cdot h \cdot g^{-1}$。He 等人使用容易且可扩展的钴催化汽化策略制造具有多孔结构的引入缺陷的石墨烯片作为锂离子电池的负极材料。这些孔通过为 Li 提供进入石墨烯片的重叠和皱纹的通路来释放 Li 插入电位。因此，这种先进的负极材料具有高达 $1009\ mA \cdot h \cdot g^{-1}$ 的首次可逆比容量，在 $300\ mA \cdot g^{-1}$、$500\ mA \cdot g^{-1}$ 和 $1000\ mA \cdot g^{-1}$ 的电流密度下其比容量可达到 $898\ mA \cdot h \cdot g^{-1}$、$667\ mA \cdot h \cdot g^{-1}$ 和 $453\ mA \cdot h \cdot g^{-1}$。Han 等人采用一种简便、可扩展的方法制备了石墨烯网络包裹的硬碳（HC/G）。在构建的体系结构中，硬碳（HC）提供了较大的锂存储空间，灵活的石墨烯层可以提供一个高导电性的矩阵，使粒子之间有良好的接触。

氧化锡可以很好地替代 LIB 中的碳负极，因为它的理论比容量（$782mA \cdot h \cdot g^{-1}$）远远大于石墨（$372\ mA \cdot h \cdot g^{-1}$）。然而，与其他锂活性电极材料相似，锡氧化物在充放电过程中体积变化非常大，约 300%，导致电极剥落开裂，进而导致电池短路，大部分氧化锡电极材料的容量迅速衰减。虽然已经进行了很多以氧化锡为基础的新纳米结构的尝试，但到目前为止，大多数的努力都未能成功提高氧化锡电极的循环稳定性能。

为了解决上述问题，Ho nma 等人制备了具有分层结构的纳米孔电极材料，他们将乙二醇溶液中的石墨烯纳米片在金红石 SnO_2 纳米粒子的存在下重新组装。通过 SEM 和

TEM分析，石墨烯纳米片在松散的SnO_2纳米颗粒之间均匀分布，从而制备出具有大量空隙的纳米孔结构。所得的SnO_2/GNS具有810 mA · h · g^{-1}的可逆比容量。此外，与单纯的SnO_2纳米粒子相比，其循环性能得到了显著提高。经过30个循环周期后，SnO_2/GNS的比容量仍然保持在570mA · h · g^{-1}，即约70%的可逆容量保持不变，而单纯的SnO，纳米粒子在第一次充放电时的比容量为550 mA · h · g^{-1}，仅经过15个周期后迅速降至60 mA · h · g^{-1}。SnO_2纳米粒子被周围的石墨烯纳米片限制了锂离子注入时的体积膨胀。SnO_2和石墨烯纳米片之间大量的孔洞可以作为充放电时的缓冲空间，因此具有优越的循环性能。

Co_3O_4负极材料理论比容量大（890 mA · h · g^{-1}），比石墨（372 mA · h · g^{-1}）大两倍以上，进而引起了锂离子电池研究者的广泛关注。但由于其体积膨胀/收缩大，且与Li插入和提取过程相关联的颗粒聚集严重，导致电极粉化和颗粒间接触损失，导致不可逆比容量损失大，循环稳定性差。为了解决这些棘手的问题，人们使用了各种策略，包括碳基纳米复合材料和独特的Co_3O_4纳米结构/微结构、纳米管、纳米线、纳米颗粒、纳米棒、八面体笼和纳米板等。然而，保持大的可逆比容量和高库仑效率，使Co_3O4电极材料具有较长的循环寿命和良好的倍率性能仍然是一个很大的挑战。Ren等人报道了一种合成Co_3O_4纳米粒子纳米复合材料的简单方法。他们获得的Co_3O_4纳米粒子尺寸为10—30nm，并且均匀地锚定在石墨烯薄片上作为间隔物，以保持相邻石墨烯薄片分离。该Co_3O_4/石墨烯纳米复合材料具有高可逆比容量、优异的循环性能和良好的速率性能，突出了在石墨烯薄片上锚定纳米粒子的重要性，从而最大限度地利用电化学活性Co3O4纳米粒子，并将石墨烯用于高性能锂离子电池的储能应用。

第四节　石墨烯基锂离子电池导电剂

锂离子电池充放电反应过程中，伴随着锂离子的传输和电子的转移，这就要求一方面电极具有良好的导电性和较大的纵横比，保证良好的导电网络的形成，从而具有较低的电阻率；另一方面，与活性物质相比，集流体具有良好的界面接触，保证在循环过程中导电结构的完整性和连续性。只有具备以上两方面特征的导电添加剂才能保证电极活性物质具有较高的利用率和良好的循环稳定性。

由于锂离子正负极材料的导电性不佳，严重影响了锂离子材料的容量发挥，因此需要加入导电剂来构建有效的导电网络，以提高锂离子电池的倍率和循环性能。导电添加剂在锂离子电池中起两个作用：增强电子电导性、吸收和保持电解液溶液提高离子传导率。碳材料是锂离子电池中主要应用的导电剂，按形态分类主要可以分为颗粒状的炭黑导电剂、线状的碳纳米管和碳纤维导电剂以及片状的石墨烯导电剂。石墨烯的结构组成及表面存在的共轭π键，保证了电子的弹道输运，与其他导电剂相比，石墨烯具有良好的导电性能，面接触具有较小的接触阻抗，有利于电极导电性的提高。下面分别介绍石墨烯导电剂以及石墨烯与其他物质混合或复合形成的导电剂在锂离子导电剂中的应用。

1. 石墨烯单独用作导电剂

在 2010 年以前，石墨烯作为添加剂的专利文献量不大，其中，北京化工大学提交的申请 CN101728535A 为较早的具有代表性的专利文献。通过氧化石墨快速热膨胀法制备了石墨烯纳米片，用作锂离子电池导电材料，具有较高的纵横比，有利于缩短锂离子的迁移路程并提高电解液的浸润性，从而提高电极倍率性能；还具有较高的电导率，可以保证电极活性物质具有较高的利用率和良好的循环稳定性。作为导电材料构建的锂离子电池负极在相同用量下与常用的乙炔黑导电剂相比，负极材料的比容量提高 25%~40%，库仑效率提高 10%~15%。随后，涉及导电剂的相关专利和文献很多，但是基本上都以石墨烯作为碳的替换材料，提高导电剂的导电性。例如，半导体能源研究所 001 在 2010 年，提供了一种导电助剂，包括 1 至 10 个石墨烯的二维碳，代替一维延伸的以往使用的导电助剂诸如石墨粒子、乙炔黑或碳纤维等。二维延伸的导电助剂与活性物质粒子或其他导电助剂接触的概率较高，由此可以提高该导电性。

随着石墨烯技术的逐步成熟，其纳米片结构的电导率是极高的，但石墨烯存在对锂离子传输的阻碍。Su 等人将石墨烯引入磷酸铁锂（LFP）正极材料中，并对其作为导电剂的“点面接触”模型机理进行了探究。石墨烯与 LFP 颗粒以点面方式接触，由石墨剥离的石墨烯，与其他 sp2 复合的碳材料相比，石墨烯的电子能自由移动，因此具有很好的导电性；另外，柔性的片层结构能在更低的渗透城下形成一个导电网络。

严格来说，石墨烯与正极材料颗粒的“点—面”接触导电性高但离子通道不畅。显然，如何在保证石墨烯层结构高导电性的情况下使石墨烯具备离子传输通道更为重要。成都新柯力制备了一种褶皱状石墨烯复合导电剂，是由纳米片结构的石墨烯组装成的具有褶皱状的球形颗粒，保留了石墨烯层结构，在锂电池活性材料中易于分散，褶皱间为锂电池锂离子提供快速传输通道。在极少添加量条件下，大幅提高锂电池活性物质的容量发挥，降低了电池内阻，并提升电池的循环性能。同时，该褶皱状石墨烯复合导电剂具有一定的可伸缩柔性，可有效缓冲电极材料的膨胀变形，从而进一步提升电池的循环寿命。

2. 石墨烯与其他导电剂混合用作导电剂

在使用石墨烯作为导电剂时，一方面由于团聚性，难以保证片层的分散状态，不易与电解液润湿接触，且与活性物质材料接触困难，添加量多或大的电流密度下对离子有阻碍作用；另一方面，单一结构的导电剂在构建网络导电剂方面存在缺陷，通常需要将不同形态、颗粒大小、比表面积、导电性能的导电剂搭配使用。

清华大学提供的石墨烯基复合导电剂是由石墨烯和颗粒状碳材料（如乙炔黑以及超导炭黑等）组成的复合材料，颗粒状碳材料分布在石墨烯片上，保证了石墨烯良好的单层分散，有效增加活性材料与导电剂的表面接触面积。同时石墨烯片层的存在可以在整个电极范围内提供快速的电子通道；另外，由于炭黑对电解液的吸附，活性材料颗粒附近的“锂离子源”会增加，可以有效减少大电流条件下离子的传质极化。江苏乐能在使用石墨烯作为导电剂的过程中，复合了活性炭，既可以发挥石墨烯高电子导电性的优势，提高离子的传输速率，又可以发挥活性炭巨大的比表面积优势，提高反应过程中活性材料的吸液保液能力及其锂离子的传输能力，进而提高其单体电池的稳定性。将其掺杂到 50 AH 磷酸铁锂正极材料里面，较未掺杂复合导电剂的磷酸铁锂正极材料，其交流内阻降低 20%，循环寿命提高 15%。

碳纳米管从结构上来看是碳材料的一维晶体结构，其铺展开来就形成石墨烯，而石墨烯卷曲起来就形成碳纳米管；从性能上来看，石墨烯具有可与碳纳米管相媲美甚至更优异的性能，如它具有超高的电子迁移率、热导率、高载流子迁移率、自由的电子移动空间、高弹性、高强度等；在几何形状上，碳纳米管和石墨烯可以抽象地看作线、面，它们与电极活性物质的导电接触界面不同，碳纳米管作为一种新型的碳纤维状导电剂，可以形成完整的三维导电网络结构。与碳纳米管一样，石墨烯的片状结构决定了电子能够在二维空间内传导，也被看作理想的导电剂，然而其二维结构及高比表面积的局限性也导致了它在活性材料之间不能像碳纳米管一样构建完美的三维导电网络。因而，中国石油大学提供了一种碳纳米管—石墨烯复合导电浆料，该复合浆料可明显改善碳纳米管在活性物质之间的聚团现象，同时克服了由于石墨烯的二维结构及其较大的比表面积无法在活性材料中形成有效导电网络的问题。宁波维科以石墨烯为主导电剂，辅以碳纳米管或乙炔黑，利用石墨烯优良的导电性，提高电极材料的容量，降低电池内阻，提高电池循环寿命；在制备锂离子电池时 2 C 倍率却提高了 6%~10%，节省了成本，使得锂离子电池更具有竞争力。

3. 石墨烯与聚合物或表面活性剂复合用作导电剂

由于石墨烯表面为大 π 共轭结构，缺少能与电极浆料相亲和的基团，并且石墨片层间有较强的范德华力作用，容易发生团聚，难以发挥应有的导电效果。同时，石墨烯材料在极性溶剂中较差的分散性也限制了其在电子材料、复合材料等领域的实际应用。目前通常采用表面修饰的方法改善石墨烯在极性溶剂中的分散性，修饰方法分为共价键修饰和非共价键修饰。共价修饰往往利用氧化石墨表面的羧基、羟基或环氧基团作为反应的活性点，对石墨烯表面进行接枝改性。经共价修饰的石墨烯衍生物由于引入了新的官能团而具有好的分散性，但其表面的大 π 共轭结构被破坏，影响了电子在石墨烯表面的传导，从而破坏了导电性能。而非共价键修饰可有效地保持石墨烯材料的导电性。通过该方法引入具有特定结构的分子与石墨片间形成较强作用力，如 π-π 堆积力、范德华力、氢键作用等，从而可避免石墨片间的堆积。东丽先端材料提供了一种作为导电剂的石墨烯复合物，该石墨烯复合物包括石墨烯粉末和具有吡唑啉酮结构的化合物。由于石墨烯表面具有大 π 共轭结构，具有上述吡唑啉酮结构的分子中的苯环结构，容易与石墨烯形成共轭相互作用，从而对石墨烯进行了表面改性。具有吡唑啉酮结构的分子具有的极性可以改善石墨烯在溶剂中的分散性，使改性后的石墨烯更容易且更稳定地分散于电极浆料中。

而宁波墨西科技有限公司则是将石墨烯和其他导电材料分别经由阳离子型表面活性剂

以及阴离子型表面活性剂进行处理，得到带正电的石墨烯以及带负电的导电材料，两者之间可通过静电吸附作用形成三维导电网络，最终得到稳定的且导电性能优异的复合物；另外，带有正电的石墨烯与带有负电的导电材料复合，可实现较为均匀的分散，因而得到的石墨烯复合导电剂具有较好的导电性。其中，聚乙烯吡咯烷酮（PVP）是一种两亲水溶性高分子表面活性剂，它能与多种高分子、低分子物质互溶或复合，具有优异的化学稳定性、生物相容性、络合性和表面活性。如果将 PVP 修饰到石墨烯的表面，构筑 PVP/ 石墨烯复合材料，有望改善石墨烯在导电浆料中的分散性。

4. 石墨烯在集流体中的应用

集流体是一种汇集电流的结构或零件，主要功能是将电池活性物质产生的电流汇集起来，提供电子通道，加快电荷转移，提高充放电库伦效率。作为锂离子电池集流体材料需要满足：（1）具有一定机械强度，质轻；（2）在电解液中，能够具备化学稳定性和电化学稳定性；（3）与电极活性材料具有相容性和黏结性。一般来说，锂离子电池中正极集流体为铝箔，负极集流体为铜箔。由于金属集流体的密度较大，质量较重，一般集流体的重量占整个电池的 20%~25%，则电极材料占整个电池的比重大大减少，最终导致超级电容器的能量密度较低。且金属类集流体较容易被电解液所腐蚀。针对以上问题，一方面通过在集流体表面进行改良，另一方面是寻找新型轻质柔性的集流体。从导电性能、功能性和成本等方面来说，轻质的炭材料是取代现有锂离子电池集流体的最合适选择之一。炭材料种类繁多，常见有石墨、炭黑、碳纳米管和碳纤维、石墨烯等。而石墨烯作为一种新型柔性二维平面状纳米碳材料，其具有良好的导电性，有利于电子的快速传输，柔韧性好且具有较大的比表面积、较好的化学稳定性、在电解液中可以长时间稳定存在等优势。石墨烯可通过一定的方法制备成石墨烯薄膜或石墨烯纸，可用作集流体使用。它的质量较轻，理论密度为 2.26 g/cm^3，仅为 Cu 密度（8.5g/cm^3）的 26%，且理论拉伸强度约为铜箔拉伸强度（200 MPa）的 1000 倍，因此理论上，以石墨烯作为集流体，可以大大降低集流体的质量。

石墨烯应用于集流体的专利在 2011 年以前一直处于空白状态，直至 2012 年，美国拉特格斯的新泽西州立大学在专利申请 US2013048924A1 中首个公开了以石墨烯作为正极集流体。此后，石墨烯应用于集流体方面得到了全面地研究。

（1）石墨烯自身作为集流体

石墨烯可通过一定的方法制备成石墨烯薄膜或石墨烯纸，由于石墨烯的比表面积较大，其密度较低，则石墨烯纸的质量较轻，同时其较高的机械性能和高电导率也能满足集流体应用的基本性能指标，因此，基于石墨烯所制备的石墨烯纸可充当集流体使用，并可降低集流体的质量。并且由于石墨烯的化学稳定性较高，不易被腐蚀，故还可提高电容器的寿命。

海洋王通过选择溶剂为 DMF 或 NMP 的溶剂热法，选择溶剂为溴盐离子液体的溶剂热法以及水合肼还原法，将氧化石墨烯还原为石墨烯，烘干，然后从滤膜上剥离后得到石墨烯纸；将所述石墨烯纸在还原性气氛中进行还原反应，冷却到室温，最后得到石墨烯纸集流体。湘潭大学通过制备氧化石墨烯液晶＋制备前驱体石墨烯凝胶制备石墨烯集流体，得到超轻薄高柔性石墨烯集流体。该石墨烯集流体由单层或多层纯石墨烯片组成，不含其他载体或膜版，质量轻，密度小；机械强度高，柔性好，折叠挤压拉伸扭曲都不会产生不可恢复的形变；电导率高，电子传递速度快；化学稳定性高，耐腐蚀；比表面积大，能很好地与电极浆料黏合，减少掉粉情况；并且电压窗口宽，能够同时作为锂离子电池的正负极集流体。

（2）石墨烯修饰集流体

在集流体表面修饰方面，有导电胶黏结、热压复合或真空覆膜的方法在金属集流体表面包覆一层耐腐蚀导电薄膜材料，主要目的是提高集流体材料本身的导电性，并改善耐腐蚀性能，还有通过铬酸表面处理双面腐蚀及后续水洗和干燥，去除集流体表面的灰尘及其他防腐油或防粘剂，增加集流体表面活性官能团并降低集流体本身的电阻；以及采用铜氨溶液和重铬酸水溶液对集流体表面进行钝化处理，并涂覆偶联剂，主要目的也是提高集流体和活性材料的黏合性能，提高循环寿命；还有一些是分别通过磁控溅射、热处理、黏结等方式对集流体表面进行覆碳处理，以防止长期使用时集流体表面被氧化，形成一层钝化的薄膜，使存在表面的导电性降低而绝缘化的问题，所以其解决的主要问题，是降低集流体本身的电阻，并不能明显降低集流体和活性材料之间的接触电阻。

海洋王制备的石墨烯 / 铝箔复合集流体则是在辊压机进行对辊压制的操作过程中，一部分石墨烯颗粒被机械压力强行压制到铝箔的表面最后形成石墨烯层，另一部分则被压入到铝箱的内部结构中，均匀分布于铝箔内部。这样得到的石墨烯 / 铝箔复合集流体，石墨烯和铝箱之间结合紧密，具有较大的剥离强度，不易产生掉粉现象。同时，可以有效阻止锂离子从活性材料层嵌入铝箱，从而提高锂离子电池的循环稳定性与寿命。另外，该公司还通过离子液体分散石墨烯得到凝胶状的石墨烯，以防止石墨烯的团聚，使其能够均匀附着在金属集流体的表面，然后通过热压的方式，得到石墨烯 / 金属集流体的复合材料。

而在集流体表面上直接生长和制备石墨烯，也是石墨烯修饰集流体的一种方式，浙江大学采用等离子体增强化学气相沉积方法，在无须黏结剂的情况下获得垂直取向石墨烯表面修饰的集流体。该集流体表面修饰一层由垂直取向石墨烯纳米片组成的网络结构，提供密集的石墨烯暴露边缘，有助于集流体和活性材料的充分接触，降低内阻，可实现高倍率和高功率密度储能。广东工业大学是首先通过 Hummers 法制备氧化石墨浆料，接着将处理后的泡沫镍浸泡在氧化石墨浆料中，使氧化石墨浆料进入泡沫镍的三维立体孔状结构中；经干燥后直接放入低温真空环境下使氧化石墨热解还原，即得到基于泡沫镍原位制备石墨烯超级电容器电极。

通过对石墨烯进行改性，在其表面引入一些杂原子，如硼、氮和磷，使石墨烯产生大量的缺陷和活性位点去捕捉锂离子，从而提高锂离子存储性能，提高比容量。因而，也可以选择通过改性的石墨烯对铝箔或铜馆进行修饰处理。掺杂氮或硼的石墨烯和铝箱之间的结合紧密，具有较大的剥离强度，不易产生掉粉现象。且在石墨烯与铝箔间不使用黏结剂，具有高导电性。这样，石墨烯作为导电层可以增强集流体与电极活性材料的相容性，减小集流体与电极活性材料的界面接触电阻，从而降低电化学电池或电容器的内阻，有效提高其功率密度。同时，掺杂氮或硼的石墨烯能阻挡电解液对铝箱的腐蚀，有效阻止锂离子从活性材料层嵌入铝箱，从而提高锂离子电池的循环稳定性与寿命。另外，海洋王公司还利用室温下为固态的离子液体做溶剂，在加热状态下制备了掺氮的石墨烯 / 离子液体复合物，使用整块掺氮石墨烯 / 离子液体复合物作为电极，在其中一面涂覆金属膜，减少了电容器重量，也提高了活性物质比重；采用离子液体膜充当隔膜，有利于提高活性物质比重及能量密度，进而减小电容器的体积。

（3）石墨烯复合其他含碳或聚合物材料

由于纳米碳纤维和碳纳米管均具有极其突出的力学性能以及较好的尺寸稳定性和化学稳定性，以及具有独特的多孔结构，可以涂敷更多电极材料，且与电极活性材料有较好的相容性。因而，采用石墨烯复合碳纤维以及石墨烯复合碳纳米管制做复合集流体，也成为众多研究者的研究方向。

海洋王制备的石墨烯 - 纳米碳纤维复合集流体，由于纳米碳纤维的加入，一方面提高了石墨烯 - 纳米碳纤维复合集流体的机械强度，另一方面纳米碳纤维能够很好地分散在石墨烯的片层之中，可得到成膜性较好的石墨烯 - 纳米碳纤维复合集流体。与传统的石墨烯集流体的制备方法相比，可以制备出拉伸强度和机械强度较好的石墨烯 - 纳米碳纤维复合集流体。另外，海洋王还制备了一种石墨烯 / 碳纳米管复合薄膜，将其用作集流体，碳纳米管的存在可以连接相邻的石墨烯片，增加石墨烯膜中导电通路的数量，改善薄膜的导电性。另外，所制备的石墨烯 / 碳纳米管复合薄膜由石墨烯与碳纳米管组成，质量轻、电导率和机械性能好，能够满足集流体应用的基本性能指标，而且能够降低集流体的重量来解决现有超级电容器储能器件存在的能量密度低的问题，大大提高超级电容器的能量密度。

以完整、均匀且具有较强机械性能的氧化石墨烯薄膜作为基底物质，然后在其表面形成石墨烯薄膜得到石墨烯 / 氧化石墨烯复合薄膜，将其用于集流体，也是目前石墨烯应用于集流体上的常见形式。海洋王通过在制备过程中加入咪唑类的离子液体制备得到石墨烯 / 氧化石墨烯复合集流体，选择在制备过程中加入导电性好、电化学稳定电位窗口大的咪唑类离子液体，配成石墨烯悬浮液具有更优异的导电性能，以完整、均匀且具有较强机械性能的氧化石墨烯薄膜作为基底物质，然后在其表面旋涂石墨烯薄膜可得到质量轻、电导率高、机械性能强、稳定性好的石墨烯 / 氧化石墨烯薄膜。

复旦大学提供了一种基于石墨烯和聚苯胺的织物状超级电容器，其利用涤纶布料作为基底，通过蘸涂氧化石墨烯化学还原，并以原位聚合方法负载聚苯胺作为织物电极。此织物状超级电容器在 0.5 mA/cm^2 的放电电流下的面积比容量达到 720 mF/cm^2，通过设计并构建柔性集流体，20 cm^2 的大面积织物状超级电容器在 1 mA 电流下放电，器件总容量达到 5000mF，在 10mA 电流下放电容量达到 2500mF。

近年来，由于人们对石墨烯研究的不断深入，石墨烯已经在很多领域得到了广泛的关注，中国、美国、欧盟、日韩等国家和地区将石墨烯的研究提升至战略高度，相关的研究和专利申请也是逐年倍增。在前述部分主要对石墨烯的性能、制备方法以及在锂离子电池中的正极、负极、导电剂以及集流体方面进行了研究。

从石墨烯的制备方法来看，不论自下而上还是自上而下，这些方法中，基于低成本且易于获得的起始材料，液相剥离和氧化还原法仍然是最常用的也是最有潜力的方法。对于液相剥离法，其可以提高产量和剥离度，进而提高单层石墨烯的产量；对于氧化还原法，需要开发更环保、更有效的氧化和还原过程的方法和试剂，尽量减少缺陷的产生。因而，在将来的研究中，优化制备方法、提高生长效率、控制缺陷的产生、片材的横向尺寸和石墨烯的层数是研究的重点。研究者们需要深入研究大规模工业化生产单层或几层石墨烯材料的方法。总而言之，石墨烯要达到真正意义的工业生产水平，还需要提高现有制备工艺的水平，实现石墨烯的大规模、低成本、可控的合成和制备，以得到大量结构完整的高质量的石墨烯材料。

石墨烯在锂离子电池中的应用主要集中在正负极材料方面的研究，但是，由于石墨烯研究的时间较短，属于新型材料体系，目前在石墨烯 - 锂离子电池领域应用方面仍然存在一以下问题：(1) 在制备过程中石墨烯片层容易发生堆积，从而降低了理论容量；(2) 首次循环库伦效率较低，由于存在大量锂离子嵌入后无法脱出的现象，因而降低了电解质和正极材料的反应活性；(3) 锂离子的重复嵌入和脱出使得石墨烯片层结构更加致密，锂离子嵌脱难度加大使得循环容量降低；(4) 石墨烯振实密度降低，电池的功率密度降低；(5) 大规模制备困难，价格昂贵。而就其在锂离子电池中的应用而言，需要考虑到离子插入所涉及的复杂的电化学反应、电极与电解质界面间的相互作用、离子的去溶剂化、电极的边界相以及在电极内的离子的插层和扩散，也需要更多的基于电极材料的电化学性能的理论研究。

在对石墨烯结构的改进方面，独特的纳米结构具有解决现有问题的潜力，可能会大大增加充放电容量和循环寿命，提高比表面积、增加活动点数、优化孔径与孔径分布以及更快的离子迁移可以通过开发分级多孔纳米结构来实现，还有一个新兴的方向如夹层多层结构以及 3D 混合互联网络结构。近年来，很多研究者也发现改性石墨烯具有更好的电化学性能，通过引入掺杂元素和改变石墨烯的比表面积、孔结构可以改变石墨烯的电化学性质和化学活性。对于引入掺杂原子，可以选择的有 N、S、B 的单掺杂或是双掺杂，掺杂原子可以使石墨烯产生大量的缺陷和活性位点去捕捉锂离子，因此增加了石墨烯对锂离子的束缚和存储能力。对于形成多孔结构，由于具有高的比表面积、大的孔体积和可控的孔结构，不仅可以缩短锂离子的传输距离，而且提供了大的电极 / 电解液接触面积，从而提高了锂离子电池容量和循环性能。

在石墨烯表面引入特定的官能团对其进行功能化处理，改善石墨烯与其他基体的相容性，也是石墨烯得到充分应用的必然趋势，越来越多的新种类的功能随着新基团一起引入功能化石墨烯材料中，如何判定和控制石墨烯表面功能化物质的量，对大部分功能化石墨烯来讲，还有相当长的路要走。同时，如何精确地在石墨烯表面选择功能化的位点、是否能够精细化学结构的设计等，也是目前研究的关注点。

石墨烯刚刚结束科学研究的十年，其依然年轻，石墨烯产品已经商业化，我们可以相信，石墨烯终有一天会被证明是“奇迹材料”，最终成为在多个应用领域的基本部分。

第七章　石墨烯材料导热性质及其在热管理中的应用

第一节　理想石墨烯和多层石墨烯的导热性质

石墨烯是具有单原子层厚度的二维材料，因为其独特的电学、光学、力学、热学性能而备受关注。相对于电学性质的研究，石墨烯的热学性质研究起步较晚。Balandin 课题组用拉曼光谱法第一次测量了单层石墨烯的热导率，观察发现石墨烯热导率最高可达 5300 $W \cdot m^{-1} \cdot K^{-1}$，石墨块体和金刚石，是已知材料中热导率的最高值，吸引了研究者的广泛关注。随着理论研究的深入和测量技术的进步，研究发现单层石墨烯具有高于石墨块体的热导率与其特殊的声子散射机制有关，成为验证和发展声子导热理论的重要研究对象。

对石墨烯热导率的研究很快在导热领域的应用有所启发。随着石墨烯大规模制备技术的发展，基于氧化石墨烯方法制备的高导热石墨烯膜热导率可达 2000 $W \cdot m^{-1} \cdot K^{-1}$。导热石墨烯膜的热导率与工业应用的高质量石墨化聚酰亚胺膜相当，具有更低成本和更好的厚度可控性。

另外，石墨烯作为二维导热填料，易于在高分子基体中构建三维导热网格，在热界面材料中具有良好应用前景。通过提高石墨烯在高分子基体中的分散性、构建二维石墨烯导热网格等方法，石墨烯填充的热界面复合材料热导率比聚合物产生数倍提高，并且填料比低于传统导热填料。石墨烯无论作为自支撑导热膜，还是作为热界面材料的导热填料，都将在下一代电子元件散热应用中发挥重要价值。

石墨烯热导率的测量方法：

石墨烯的厚度为纳米尺度，商用的测量设备（激光闪光法、平板热源法等）无法准确测量其热导率，需要采用微纳尺度热测量方法。常见的微纳尺度传热测量技术包括拉曼光谱法、悬空热桥法、时域热反射法等几种。下面将重点介绍适用于石墨烯的热导率测量方法。

1. 拉曼光谱法

单层石墨烯热导率是研究者最感兴趣的话题。Balandin 课题组最早用拉曼光谱法测量了单层石墨烯的热导率。单层石墨烯由定向热解石墨（HOPG）经过机械剥离法得到，于

刻有沟槽的 SiN_x/SiO_2 基底上，长度为 3 μm。测量时，选用拉光谱仪中波长为 488 nm 的激光同时作为热源和探测器，光斑大小为 0.5—1 μm。激光对石墨烯产生加热作用导致石墨烯温度升高，而石墨烯拉曼光谱的 G 峰和 2D 峰随温度产生线性偏移，从而可以得到石墨烯的升温。利用热量在平面内径向扩散的傅里叶传热方程，可以得到石墨烯的平面方向内热导率。通过这一方法，测得石墨烯热导率测量结果为（5300 ± 480）$W \cdot m^{-1} \cdot K^{-1}$，是已知材料中热导率的最高值。

拉曼光谱法第一次实现了单层石墨烯热导率的测量，但是其测量过程中存在较大的误差，导致不同测量结果存在差异，材料热导率由傅里叶传热方程计算得到，中材料的吸收热量 Q 和升温 ΔT 两个参数都难以准确测量。首先，测量过程中采用了石墨块体的光吸收 6% 作为吸热计算的依据，与单层石墨烯在 550 nm 的光吸收率 2.3% 存在较大差异，导致测量结果可能被高估一倍左右。其次，升温 ΔT 通过石墨烯拉曼光谱 G 峰和 2D 峰的红移或反斯托克斯 / 斯托克斯峰强比计算得到，两者随温度变化率较小，需要较高的升温，导致难以准确测量特定温度下的热导率。

基于拉曼光谱法，研究者不断改进测量技术，降低实验误差。在早期测量中由于石墨烯下方的 SiN_x 基底热导率较低，约为 5 $W \cdot m^{-1} \cdot K^{-1}$，在传热模型中将 SiN_x 视为热沉存在一定误差。后来，Cai 等通过在带孔的 SiN_x/SiO_2 薄膜表面蒸镀 Au 的方式，提高了石墨烯的接触热导，满足了热沉的边界条件，同时用功率计实时测了石墨烯的吸收功率。同时，于石墨烯覆盖在 SiN_x/SiO_2 薄膜上有孔和无孔的区域，可以分别测量悬空石墨烯和支撑石墨烯的热导率。张兴课题组使用双波长闪光拉曼方法，引入两束脉冲激光，周期性地加热样品并改变热光与探测光的时间差，这样做可以将加热光和探测光的拉曼信号分开，为准确测量样品温度提供了新思路。

2. 悬空热桥法

悬空热桥法是利用微纳加工方法制备微器件并测量纳米材料热输运的常用方法，多用于纳米线、纳米带、纳米管热导率的测量。微器件由两个 SiNx 薄膜组成，每个 SiNx 薄膜连接在 6 个 SiNx 悬臂上，并且沉积有 Pt 电极用作温度计，两个薄膜分别作为加热器（Heater）和传感器（Sensor），样品悬空加载薄膜上，电极通电后加热样品，通过电极电阻的变化测量样品的升温，从而计算热导率。Seol 等最早将这一方法应用在石墨烯热导率的测量中，石墨烯被制备成宽度为 1.5—3.2 μm，长度为 9.5—12.5 μm 的条带，覆盖在厚度为 300 nm 的 SiO_2 悬臂上，两端连接在 4 个 Au/Cr 电极上作为温度计，测量得到 SiO_2 衬底上的单层石墨烯热导率为 600$W \cdot m^{-1}K^{-1}$。SiO_2 衬底上石墨烯热导率低于悬空石墨烯热导率及石墨热导率，是因为 ZA 声子和衬底间存在较强的声子散射。

悬空热桥法的挑战在于如何将石墨烯悬空于微器件上，避免转移过程中出现石墨烯脱落、破碎的问题。Li 课题组通过聚甲基丙烯酸甲酯（PMMA）保护转移法首先实现了少层石墨烯热导率的测量：首先将机械剥离法得到的少层石墨烯转移到 SiO_2/Si 衬底上，然后旋涂 PMMA 作为保护层，用 KOH 溶液刻蚀 SiO_2 并将 PMMA/ 石墨烯转移至悬空热桥微器件上，再利用 PMMA 作为电子束光刻的掩膜版，通过 O_2 等离子体将石墨烯刻蚀成指定大小的矩形进行测量。Shi 课题组利用异丙醇提高了石墨烯的转移效率，测量了空双层石墨烯的热导率。Xu 等进一步改良了实验工艺，通过“先转移，后制备悬空器件”的方法实现了单层石墨烯热导率的测量：首先将化学气相沉积（CVD）生长的单层石墨烯转移到 SiNx 衬底上，再利用电子束光刻和 O_2 等离子体将石墨烯刻蚀成长度和宽度已知的条带，然后沉积 Cr/Au 在石墨烯两端作为电极，后用 KOH 溶液刻蚀使其悬空。这一方法的优势在于避免了 PMMA 造成污染，但是对操作和工艺都提出了很高的要求。

悬空热桥法也被应用于 h-BN、MoS_2、黑磷等二维材料热导率的测量。基于悬空热桥法，李保文课题组进一步发展了电子束自加热法，利电子束照射样品产生加热，消除通电加热体系中界面热阻造成的误差。

高导热石墨烯膜的应用：

石墨烯薄膜可用作电子元件中的散热器，散热器通常贴合在易发热的电子元件表面，将热源产生的热量均匀分散。散热器通常由高热导率的材料制成，常见散热器有铜片、铝片、石墨片等。其中热导率最高、散热效果最好的是由聚酰亚胺薄膜经石墨化工艺得到的人工石墨导热膜，平面方向热导率可达 700~1950 $W \cdot m^{-1}K^{-1}$，长度为 10~100 μm，具有良好的导热效果，在过去很长一段时间内都是导热膜的最理想选择。在此背影之下，研究高导热石墨烯膜有两个重要意义：其一，由于人工石墨膜成本较高，质量聚酰亚胺薄膜制备困难，业界希望高导热石墨烯膜能够作为替代方案。其二，由于电子产品散热需求不断增加，新的散热方案不仅要求导热膜具有较高的热导率，也要求导热膜具有一定厚度，以提高平面方向的导热通量。在人工石墨膜中，于聚酰亚胺分子取向度的原因，石墨化聚酰亚胺导热膜只有在厚度较小时才具有较高的热导率。而石墨烯导热膜则易于做成厚度较大的导热膜，在新型电子器件热管理系统中具有良好的应用前景。因此，石墨烯导热膜的研究也主要沿着两个方向。其一，是提高石墨烯导热膜的面内方向热导率，以接近或超过人工石墨膜的水平。其二，是提高石墨烯导热膜的厚度，扩大导热通量，同时保持良好的热传导性能。以下将从这两方面分别讨论。

提高石墨烯膜热导率的关键技术：

导热石墨烯薄膜的常见制备方法是还原氧化石墨烯。首先通过 Hummers 法得到氧化石墨烯（GO，graphene oxide）分散液，然后通过自然干燥、真空抽滤电喷雾等方法得到自支撑的氧化石墨烯薄膜，并通过化学还原、热处理等方法得到还原氧化石墨烯（rGO）薄膜，后通过高温石墨化提高结晶度，得到导热石墨烯薄膜。

影响高导热石墨烯膜热导率最重要的因素是组装成膜的石墨烯片的热导率，主要由氧化石墨烯的还原工艺决定。氧化石墨烯分散液的制备通常在强酸条件下进行，破坏石墨烯的平面结构，同时引入了环氧官能团，造成声子散射增加。氧化石墨烯的还原工艺对还原产物的结构、性能影响较大，因而需要选择合适的还原工艺制备石墨烯导热膜。Shen 等通过自然蒸干的方式制备了氧化石墨烯薄膜，并通过 2000℃热处理的方式对氧化石墨烯薄膜进行石墨化，C/O 原子比由石墨烯薄膜的 2.9 提高到石墨化后的 73.1，26.5℃的峰宽缩窄，对应石墨向上原子层间距为 0.33 nm，测量热导率为 1100 W · m^{-1} · K^{-1}，热导率优于由膨胀石墨制备的石墨导热片。Xin 等用电喷雾方法制备大尺寸氧化石墨烯薄膜并在 2200℃下高温还原，得到热导率为 1283 W · m^{-1} · K^{-1} 的石墨烯导热膜，通过 Scm 截面观察发现具有紧密的片层排列结构，具有较好的柔性。通过拉曼光谱、XPS 和 XRD 表征可以看出，2200℃为氧化石墨烯还原的最适宜温度，当还原温度更高时，石墨烯的电导率和热导率提升不再显著。

第二节　石墨烯纳米带的导热性质

石墨烯作为一种新型二维纳米材料自发现以来，在电学、机械、光学及电化学方面都表现出独特的性质。由于其高载流子迁移率、高导热率。

超高杨氏模量，在传热、光电间、传感器以及能量存储领域都有巨大的应用前景。目前对石墨烯导热方面的研究方式有实验测试、模拟和理论研究。实验方面主要研究石墨烯复合材料导热性能和复合石墨烯的纳米流体。分子动力学作为模拟研究微纳尺度材料的重要方式之一，广泛应用于石墨烯和类石墨烯二维材料的研究中。

Azizinia 等利用非平衡分子动力学的方法研究镀镍涂层对石墨烯导热性能的影响，研究结果表明涂层比增加到 0.5% 时，热导率降低了 40%，但涂层比为 2% 时热导率趋于恒定值。Senturk 等使用分子动力学模拟了氮掺杂对扶手型石墨烯热导率的影响，模拟表明吡啶氮掺杂热导率最高、吡咯氮掺杂热导率最低。此外模拟结果还表明掺杂在 SW-1 缺陷中心位置的石墨烯热导率要高于边缘位置的热导率。Ong 等采用分子动力学模拟和非平衡格林函数的方式研究石墨烯 -SiO2 界面传热，结果表明，电导界面大部分受低于弯曲声子模的影响，且共振机制主导了界面的声子传输。Chinkanjanarot 等利用分子动力学和微观力学模拟石墨烯纳米片（GNP）/ 脂环族环氧树脂（CE）复合材料的热导率，研究不同分散率纵横比的 GNP 对复合材料热导率的影响。结果表明，GNP/CE 复合材料的导热率随着 GNP 含量、分散度和纵横比的增加而增大，并通过实验验证了模拟的正确性。

Nika 等通过求解 Boltzmann 方程讨论了 Umklapp 散射和边界粗糙散射对石墨烯声子热导率的影响。研究结果表明，当石墨烯的宽度从 9 μ m 降低到 3 μ m 时，其热导率从 5 500 W/（m · K）降低到 3000W/（m · K）左右，由此可以推断宽度对石墨烯纳米带的热导率影响很大。最近，Jiang 等在理论上研究了石墨烯在弹道区域的声子输运特性，发现石墨烯的热导具有各向异性的特点，即在石墨烯平面内，沿着不同方向其热导大小不一样，但是以上结论很难从实验上进行验证，鉴于分子动力学方法在纳米材料热物性测量方面所取得的成就，本节采用非平衡态分子动力学方法对石墨烯纳米带的热导率随尺寸和温度的变化情况进行了研究，并在此基础上比较了不同类型纳米带的热导率。基于分子动力学原理，对影响 GNRs 热导率的几何尺寸、手性和温度进行了研究。模型建立及优化基于 MEDEA 软件，模拟计算采用 NcmD 方法研究 GNRs 的热导率，结论如下：

1. 采用 NcmD 方法计算了 GNRs 热导率。模拟结果表明 GNRs 的热导率随温度的升高而降低。这是由于温度升高声子自由程降低，导致热导率降低。

2. 模拟结果表明，GNRs 热导率与手性有关。由于 ZGNRs 锯齿方向的声子传递速度高于 AGNRs 扶手型方向，因此 ZGNRs 的热导率高于 AGNRs。

3.GNRs 作为低维材料，其热导率受几何尺寸影响较为明显。其他条件均相同的情况下，热导率随长度和宽度的增加而近似线性增长。

4. 形状影响 GNRs 的热导率。三角形 GNRs 具有热整流效应，随着温度的提升整流效应降低。

第三节　石墨烯复合结构的导热性质

石墨烯复合纤维材料作为一种非常理想的“桥梁”材料，把石墨烯纳米片优异的力学性能和电学性能结合起来，应用于先进的智能器件中，尤其是柔性的能量存储器件和智能材料。Gao 的研究团队最先提出石墨烯纤维（graphene fiber，GF）的概念，他们通过溶液湿纺的方法，将石墨烯纳米片组装成宏观的石墨烯纤维材料。研究人员主要通过以下三个方面来提高石墨烯的纤维力学性能：

1. 选择不同的制备方法。Qu 课题组采用“限域水热法”，通过改变玻璃毛细管的形状来控制石墨烯纤维的形貌。这种方法得到的石墨烯纤维的力学拉伸强度达到 420 MPa。Li 团队发明了一种“程序书写”的制备方法，制备的石墨烯纤维力学拉伸强度为 365MPa。Terrones 团队把石墨烯薄膜通过加捻的方式制备成石墨烯纤维，力学拉伸强度只有 39 MPa，进一步经过 2800 ℃退火处理之后，纤维的电导率高达 416 S/cm。

2. 调控界面。Gao 团队在石墨烯纤维的纳米片层中引入离子键来提高界面相互作用，从而使石墨烯纤维的力学拉伸强度和韧性分别提高。

3. 引入增强的聚合物。Wllace 团队在石墨烯纤维中加入壳聚糖，得到力学拉伸强度高达 442 MPa 的石墨烯复合纤维。还有很多聚合物，包括聚丙烯腈（polyacrlonitrile，PAN）和聚甲基丙烯酸缩水甘油酯（polyglycidyl methacrylate，polyGMA），也都被用于增强石墨烯纤维的性能。传统溶液湿纺法制备的石墨烯纤维，由于氧化石墨烯片层间的相互作用较弱，导致石墨烯纤维力学强度较低。通过石墨化等高温方法处理过的石墨烯纤维的力学强度大大提高，但其韧性下降导致纤维非常脆，并且高温过程会使很多组分降解，限制了石墨烯纤维的功能化应用。本节综述了各类石墨烯纤维的制备方法，以及不同的后处理方法对石墨烯纤维力学性能及电学性能的影响。

石墨烯纤维的制备：

1. 液晶相溶液湿法纺丝

经研究发现，水溶性较好的氧化石墨烯可以形成液晶相，用于制备宏观的石墨烯纤维。在石墨烯溶液浓度足够高的条件下，液晶型的结构使其可以在特定的凝固浴中凝结成型。Xu 等研究人员用注射泵将一定浓度的氧化石墨烯水溶液注射到旋转的凝固浴中 [凝固浴为 5%(质量分数) 的氢氧化钠 / 甲醇溶液]，首次得到结构规整均匀的氧化石墨烯纤维甲。通过溶液湿纺法可以实现氧化石墨烯纤维的连续制备，得到的纤维表面有很多褶皱，这些褶皱可以提高纤维的韧性。该纤维可以任意打结，也可以和其他纤维材料做成编织物。

在此溶液湿纺的基础上，Xu 等将湿法纺丝的凝固浴换成液氮，制备出具有规整排列孔隙的轻质高强导电石墨烯气凝胶纤维。石墨烯片层规整的排列，使多孔的石墨烯纤维具有很高的比强度（188 kN · m/kg），并且这种多孔的“圆柱体”的压缩模量高达 3 MPa。保持凝固浴不变，Zhao 等改进了溶液湿纺法的注射装置，发明了一种“双毛细管同轴”的纺丝方法，可以纺出形貌可控的中空石墨烯纤维。

2. 可控限域水热法

水热法可以使随机分散的石墨烯纳米片组装成三维交联多孔网络结构，Dong 等研究人员以此为理论基础，提出了一种简单制备石墨烯纤维的方法——限域水热法。将 8 mg/mL 的氧化石墨烯水溶液注入直径为 0.4 mm 的玻璃毛细管中，将毛细管的两端密封，在 230℃中处理 2 h，最终得到和玻璃毛细管形状一致的石墨烯纤维。该石墨烯纤维具有很高的柔韧性，可以通过弯折将其设计成不同的形状，比如简单的圆形、三角形、四边形和四面体，以及具有较强弹性的石墨烯弹簧。

3. 膜辅助组装

石墨烯薄膜的制备技术相对成熟，可以先制备出石墨烯薄膜，再将其组装成石墨烯纤维。Li 课题组通过化学气相沉积（chcmical vapor deposition，CVD）的方法制备了单层石墨烯膜，刻蚀掉基底之后的自支撑石墨烯薄膜浮在水的表面，将石墨烯薄膜转移到乙醇中时，薄膜的边缘会形成卷曲，而不能保持其平面的形状。所以，卷曲的石墨烯薄膜会在有机溶剂中沉降，用镊子将石墨烯薄膜从乙醇中取出，在溶剂挥发后，石墨烯薄膜会收缩成纤维的形状。通过选择不同的有机溶剂，控制不同蒸发速度下的表面张力，可以得到不同形貌和孔结构的石墨烯纤维。

Cruz-Silva 研究团队报道了一种新的组装石墨烯纤维的方法，先用“刮棒涂层”的方法，制备出大面积的具有良好力学性能的石墨烯薄膜，干燥进行加捻，即得到石墨烯纤维。这种方法制备的石墨烯纤维在断裂过程中具有很高的断裂伸长率（高达 76%）、韧性和优异的宏观特性，比如规整的圆形截面、光滑的表面，并且可以任意打结。经过热还原处理之后，该石墨烯纤维在室温下的电导率高达 416 S/cm。

功能化后处理方法：

石墨烯纤维的力学性能和石墨烯纳米片还存在着巨大的差距，这个差距主要是源于宏观石墨烯纤维在不同尺度上的缺陷。这些缺陷主要包括：1. 单片石墨烯纳米片上的原子缺陷；2. 纳米级的边界和空洞；3. 微米和宏观尺度上芯鞘结构的不规整和表面褶皱结构的随机排列。在碳纤维工业中，缺陷控制是一个很重要的环节。受此启发，Xu 等研究人员采用了一种工业级的全尺度协同缺陷控制的方法来减少石墨烯纤维中各个尺度的缺陷。改性的石墨烯纤维在各个尺度上的缺陷得到了控制，纤维的结构有了很大的优化，性能最好的石墨烯纤维具有致密的无空隙的截面结构、光滑的表面、高度规整排列的褶皱和无原子缺陷的高结晶度的石墨烯片层。优异的结构带来优异的力学性能，改性的石墨烯纤维的力学拉伸强度和电导率都有数量级的提升。Xin 的研究团队报道了一种研究方法，大尺寸石墨烯片形成高度规整排列的骨架结构，在骨架的微孔隙中填充小尺寸的石墨烯片，高温处理之后，两种尺寸的石墨烯片形成互锁结构，纤维的结构规整、排列紧密。该纤维在高温处理的过程中形成亚微米的晶界，使纤维具有很高的导热性（1290W/(m · K)）和力学拉伸强度（1080MPa）。

为了提高石墨烯纤维的导电性和导热性，科研工作者们采用了元素掺杂的方法。Liu 等发明了一种“两空间蒸汽传输”的装置。实验采用的基体是经过 3000℃的高温石墨化处理之后的石墨烯纤维。选用 K、$FeCl_3$ 和 Br_2 作为渗杂剂，纤维的电导率大幅度提高。将渗杂剂和纤维基体放置于“两空间蒸汽传输”装置的两端，抽真空并密封。掺杂后的纤维表面褶皱沿着纤维规整排列。在提高石墨烯纤维导热性的探索中，Ma 等研究人员发现，石墨烯纤维中掺杂 Br 元素可以有效地增加其导电性，并且降低导热性，从而实现其在隔热材料方面的应用。掺杂后的石墨烯纤维依然保持湿纺纤维紧密排列的形貌特征，由于缺陷的增加，元素掺杂可以提高声子的传导，从而使导热性大大降低，同时由于费米能级的降低，纤维的导电性能也进一步提高。

第四节　石墨烯导热性质的调控技术

石墨烯（Graphene）又叫单层石墨，是构造其他石墨材料最基本的材料单元。石墨稀是由 sp2 碳原子以蜂窝状晶格构成的二维单原子层结构。每个碳原子周围有 3 个碳原子成键，键角 120° ；每个碳原子均为 sp^2 杂化，并贡献剩余一个 p 轨道上的电子形成大 π 键。在石墨烯中，碳原子在不停地振动，振动的幅度有可能超过其厚度。其中最重要的石墨烯的晶格振动，不仅仅影响石墨烯的形貌特征，还影响的石墨烯的力学性质、输运特性、热学性质和光电性质。对石墨烯的热学性质的影响主要是由于石墨烯晶格振动。

有关资料显示，对石墨烯晶格振动的研究可利用价力场方法。在价力场方法中，石墨烯内所有原子间的相互作用力可以分为键的伸缩力和键的弯曲力。从经典的热学理论出发，对石墨烯的导热系数进行研究。

石墨烯具有很好的导热性能，在导热的过程中，晶格振动起主要作用。其导热系数是温度、尺寸的函数。石墨烯由于其优良的导热性能，具有广泛地应用前景。其导热性能主要受石墨烯的尺寸、温度、基底的影响。但由于石墨烯种类的繁多和性能的可调控性，深入研究石墨烯结构变化和各种性能是一项长期的工作。

优异的导热和力学性能使石墨烯在热管理领域极具发展潜力，但这些性能都是基于微观的纳米尺度，难以直接利用。因此，将纳米的石墨烯宏观组装形成薄膜材料，同时保持其纳米效应是石墨烯规模化应用的重要途径。石墨烯基薄膜可作为柔性面向散热体材料，满足 LED 照明、计算机、卫星电路、激光武器、手持终端设备等高功率、高集成度系统的散热需求。这些研究成果为结构 / 功能一体化的碳 / 碳复合材料的设计提供了一个全新视角。

首先关注了石墨烯纳米带中改性与非改性区域的界面导热特性，发现单层石墨烯改性界面的面外变形显著影响面内导热性能，并通过界面声子态密度谱重合程度的分析，阐述了改性界面影响面内导热特性的规律和机理。进一步研究发现，改性界面的导热效率与热流方向相关，热流由改性区域传至未改性区域的效率更高，且界面的热整流特性具有显著的尺寸效应，当石墨烯纳米带尺寸较大时界面热整理现象会受到明显抑制。为了使热流的逻辑控制能够在较大尺度石墨烯中得以表征，继而提出了表面梯度改性的设计，在二维材料的面内及面外方向均实现了热整流的功能，并利用层间应变和层间焊接的手段，对多层结构面外方向的热整流效率实现有效调控，该结构设计可应用于不同尺度下的热管控器件、表面保温材料、热界面材料。

第五节 石墨烯加热产品

在日常可穿戴服饰或护具中嵌入石墨烯发热膜，具有智能理疗保健功效，如采用石墨烯发热技术的户外服、围巾、护腰及护腿等，内衬中的石墨烯加热膜可加热至20℃—60℃，能在 3 秒内迅速升温。这类发热服可通过控制器或手机端 App 自由调节温度，USB 接口循环充电。与传统发热理疗产品不同的是，采用石墨烯发热技术的理疗产品释放出的远红外波波长与人体波长相近，能与体内细胞的水分子产生最有效的“共振”，促进血液循环，强化各组织之间的新陈代谢，增强再生能力，提高机体的免疫能力，从而起到医疗保健作用。

石墨烯发热片介绍：

本产品采用石墨烯改性纤维发热体，无灼热感，远红外射线有保健功能。远红外发热体产生的 6μm—14μm 的远红外光波，此波段的远红外光波与人体的水分子皮肤和细胞组织形成共振，有利于身体健康，能渗透到皮肤及皮下组织深处，从而产生温热效应，改善血液循环、扩张毛血管、排除微循环障碍，长期使用，能起到活血、通络、促进新陈代谢，使皮肤细腻、延缓衰老。

远红外光波的功能：

远红外是太阳光中最能够深入皮肤和组织的一种射线，它能迅速被人体吸收与人体组织细胞共振，形成热反应，促使皮下深层温度上升，使微血管扩长，加快血液循环。将妨害新陈代谢的废物清除，使组织重新复活，加速酵素生成。对于血液循环和微循环障碍引起的众多种疾病，均具有预防作用。

石墨烯快速导热、优异的电热转化等独特属性，使得它从诞生开始，便在加热保暖上具备了其他传统产品不可替代的优势。石墨烯产品的面世，将彻底颠覆人们对传统保暖产品及方式的认识，重新定义“保暖产品”，开创“新保暖”的烯时代。

石墨烯发热带产品的特点：

1. 电热转换效率高，节省电能，石墨烯改性纤维发热体是一种全黑体材料、电热转化率比金属丝等发热体高 30%，热效率高达 99.9%；

2. 发热时产生对人体健康极为有益的远红外光波通电后，石墨烯改性纤维发热体将 99% 的电能转换成对人体健康极为有益的波长为 6~14μm 的远红外线热辐射；

3. 安全性好，在相同的电流负荷面积下，石墨烯改性纤维的强度比金属丝高 6~10 倍，在使用过程中不会发生折断。由于石墨烯改性纤维是网状发热体，因此，即便有 1 根折断也不会影响整体通电发热。而且折断了的部位，一头表面温度在 60℃，不起弧，从而有效地杜绝了火灾等事故的发生；

4. 热效率高，如室内环境温度为 0℃—10℃，本系列产品在瞬间温度即可达到人体非常舒适温暖的 30—40℃，一直恒温，电热转换效率高。

新一代石墨烯加热软膜日前研发成功，这一新型石墨烯加热软膜总厚度仅有 0.5mm，核心发热层将电能转化为热能，同时可以做到防水不漏电。

该产品由我国汉道集团旗下黑金杰尼控股有限公司在杭州研发成功，并在石墨烯智能服饰工业化方面取得了突破性进展。与上一代石墨烯加热膜相比，新一代技术具有良好的柔性及防水性，是一种既能保证加热保暖又不失轻柔舒适、安全的电热膜，更适合穿戴产品的应用。

目前，我国在原有石墨烯发热膜的应用方面，市场产品质量参差不齐，存在防水性差，容易导致漏电甚至引起火灾、不可弯曲、使用寿命过短等问题。黑金杰尼联合团队研发的这种石墨烯加热软膜成功解决了上述问题，使“石墨烯 + 健康”和智能化在该领域成为可能。

以石墨烯为纺织材料或发热载体的石墨烯服饰，经特殊工艺生产制造，具有远红外、防静电等功能，可起到持久的保暖御寒、保健人体和舒适养生等作用。石墨烯服饰目前分为两种，一种是以生物质石墨烯内暖纤维为纺织材料的石墨烯服饰，主要具有良好的抗菌抑菌、强大的低温远红外、防紫外线等功能。另一种则是以石墨烯发热膜作为发热载体的保暖理疗服饰。通过 USB 充电加热，即可成为可穿戴材料，有望终结“暖宝宝”这样的贴身取暖装备。此外，石墨烯发热膜工作过程中产生的 8—14μm 远红外线，是最适合人体健康的波段，能促进血液循环，提高机体的免疫能力。

第六节　石墨烯散热产品

石墨烯自从被发现以来，因其优异的性能，在工业领域中拥有极佳的应用场景和无可比拟的地位，被称为“新材料之王”。目前，石墨烯产业研究发展方向是围绕国家对新一代显示器件、大健康、环保、高端制造等战略性新兴产业的需求，不断拓展新兴产业领域的应用，其在导热、散热领域的应用就是其中的前沿方向之一。

电子元器件的热量管理对信息和智能社会的发展无疑十分关键。信息技术快速发展使得芯片功耗显著增大，热量管理成为其中至关重要的核心环节。热量导出的快慢决定了芯片是否可以正常运行。具有高导热能力的散热薄膜是这方面的关键材料，是实现高效率热量管理的有效手段。据权威市场研究机构统计预测，2022 年全球散热界面材料市场将达 13.43 亿美元。因此，发展高性能、低成本散热薄膜材料已经成为关系未来消费电子、信息技术乃至人工智能等许多领域的关键。安德烈海姆说过：“石墨烯导电导热率高，化学结构又十分稳定，是一种用于导热散热很理想的新型材料。”本节将对石墨烯膜、石墨烯 LED 散热、石墨烯涂料等方面加以归纳和总结。

1. 石墨烯散热膜

手机散热一直是困扰手机发展的一大问题。现在，主流的手机内部散热方式是石墨散热。石墨散热片通过将手机发热的中心温度分布到一个大区域，以便均匀地散热。部分金属外壳的手机还增加了金属背部散热。但是手机温度一旦高于常规标准，手机就会出现卡顿、反应慢等问题，以往厂家都是通过大面积的金属背板、限制最高温度，来实现手机温度控制，效果都不尽如人意。石墨烯散热技术与石墨片散热，名字虽然相似，但是实际性却有天壤之别。石墨烯的导热系数是已知导热系数最高的材料，其散热效率远高于目前的商用石墨散热片。可以说，石墨烯是智能手机等电子产品最理想的散热材料。

现有的手机散热薄膜主要采用的是聚酰亚胺（PI）薄膜经过碳化和高温石墨化后形成的人造石墨膜。其制备工艺复杂、成本昂贵，且高质量 PI 薄膜和人工石墨膜生产技术仍然为美国、日本等国控制。相比之下，石墨烯散热薄膜优势明显，工艺过程易控、成本低、环境友好，薄膜性能与现有人工石墨膜相当（甚至更好），潜力巨大。然而，石墨烯散热膜目前市场尚无成熟产品。

2. 石墨烯 LED 散热

随着科技的发展，发光二极管（LED）因高亮度、低能耗、生命周期长等优点而风靡全世界，在很多应用领域迅速取代了白炽灯和荧光灯。但是 LE 不会自发向外辐射热量，LED 会在半导体的连接处产生大量热量，长时间的热量积累后，LED 的使用寿命会迅速衰减，即使是低功率的 LED 也会有此问题。随着我们对 LED 灯及其照明设备提出更高功率的需求，如何控制 LED 表面的温度成了 LED 大规模应用的一大挑战。由于 LED 灯丝灯的结构没有多余的散热结构件，只能依靠气体和外壳散热。根据热传导学三要素（传导、对流和辐射）来看，目前灯丝灯没有传导，只有对流和辐射。但是主要还是对流散热，辐射的比例很小。如果把石墨烯的技术导入到灯丝灯里，利用石墨烯的热辐射特性来增加灯丝灯的散热性，来延长灯丝灯的使用寿命。

为了验证石墨烯的热辐射性能，通过在相同的铜片上涂石墨烯和不涂进行对比试验，测试黑体辐射性能，涂有石墨烯的片区，它的热辐射特性非常明显，没有涂抹石墨烯的区域，没有明显的热辐射特性。当把石墨烯涂在铜箔或者是铝箔表面上时，同时对比热成像实验，结果是一致的，所以石墨烯具有比较好的热辐射特性。基于试验得到的结果，将石墨烯用在灯丝背部位置的金属基板上，LED 加热产生的热量通过石墨烯把热量辐射出去，同时利用泡壳内的导热气体来实现有效的对流、降低温度。根据涂石墨烯和不涂石墨烯产品的对比，可以看到涂有石墨烯的芯片结温温度比没有涂石墨烯的结温低 3~5℃，这样可以看到明显地降低了芯片的结温，从而能够延长灯丝的寿命。

当前，随着 LED 市场的逐渐成熟和竞争的逐渐白热化，如何降低成本，提高 L ED 使用寿命，进而制造出更高性能的 LED 产品已经成为企业追逐的方向和目标。将石墨烯应用到 LED 领域，“石墨烯 +L ED” 将为 LED 产业得发展带来了一个新的亮点。目前英国曼彻斯特大学国家石墨烯研究院研制的基于石墨烯技术的全新 LED 灯泡，使用寿命更长，平均价格更低，这对石墨烯在 LED 领域的应用起到了先河作用，清华大学和北京理工大学的相关石墨烯团队也加大了石墨烯在 LED 应用领域的研发。

3. 石墨烯涂料

散热涂料是提高物体表面的散热速度和效率，降低材料表面温度的特种工业涂料。通过传导散热、对流散热、辐射散热、自发散热等 4 种主要方式传递热量，降低基材温度。由于目前材料科学与工程的快速发展，使得测试仪器、生产设备、零部件的设计、生产向着轻量化、小型化、集成化、高效化方向发展，尤其是超大规模集成电路的高速发展，使得电子器件的高功率密度特征越来越明显，由此电子器件表面产生的大量热量将直接影响电子器件的工作稳定性和使用寿命。目前常规的冷却系统和散热材料所能达到的效果受到极大挑战，相同的问题出现在汽车、新能源、军工、核工业、农业、化工、电子通信、信息工程等领域。

一般的散热涂料是以聚合物作为基材，加入一些导热性能好的金属填料包括传统的金、铜、铝等，以及一些导热系数较高的非金属填料如氮化铝、氮化硅、氧化铝、氧化铍、氧化镁、碳纤维、碳化硅、碳纳米管等。石墨烯纳米涂料材料是在现有的涂料体系中加入石墨烯而成的复合涂料，它拥有优异的导热散热性能。

将石墨烯涂料涂覆于金属基材上能大大提高其热辐射系数，加快热交换效率；同时石墨烯的独特片层结构使涂层具备更优异的防腐蚀性能，极大地提高了产品的使用寿命。石墨烯导热涂料，用在金属元器件上，大大增大了导热效率，石墨烯涂料导热与普通涂料相比导热性大大提高，而且能保留良好的机械性能。近年来，许多科研工作者将石墨烯复合涂料应用于导热散热领域，每年都有数以千计的文章和专利发表。

第八章　石墨烯材料在防腐涂料和防污涂料中的应用

第一节　石墨烯材料在防腐涂料中的应用

一、概述石墨烯和防腐涂料

1. 石墨烯

石墨烯是在当前科学技术大力发展背景下衍生的一种新型具有防腐性能的涂料。简单来讲，就是通过一种碳原子构成新型单层片状结构维层状材料，也就是由 C 原子以 sp^2 杂化轨道组合而成的一种形状为六角形，并呈蜂巢状的晶格平面薄膜，其中每个晶格有数量为三个的 σ 键，每个 σ 键的连接非常紧密，以此形成形状为正六边形的稳定结构，对于其中与晶面呈垂直状态的 π 键，对导电方面具有非常重要的应用作用。

将采用石墨烯制备的新型涂料应用于防腐涂料中，一方面能够体现出其特有的环氧富锌涂料阴极保护效果以及玻璃鳞片涂料屏蔽效果；另一方面具有韧性和附着力比较强，具有良好的耐水性以及高硬度的应用特征。从整体上来看，石墨烯防腐涂料体现出的防腐性能远比当前所使用的重防腐涂料更具应用优势，在我国海洋工程、大型工业设备、市政等多领域都有一定的应用。

2. 防腐涂料

所谓防腐涂料，具体指的是由底、中以及面三种漆组合而成的一种具有防腐性能涂料，根据涂料所使用的领域进行分类，可将其分为两种。一种为常规性防腐涂料，这种类型的涂料通常情况下主要对金属等类型物质起到防腐性作用，通过防腐来延长金属的使用寿命；另一种为重防腐涂料，相比较于常规性防腐涂料来讲，重防腐涂料能够应用于比较苛刻的环境下，同时也能达到比常规性防腐涂料保护时间更久的应用效果。

二、石墨烯防腐机理

1. 屏蔽作用

将防腐涂料涂抹于金属表面上，能够有效隔绝金属基体本身与周围空气，这种类型的保护作用就是屏蔽作用。通常情况下所使用涂料，若只涂单层时其厚度相对比较小，很难起到完全隔绝腐蚀性离子的作用，这主要是因为高聚物膜层一般都存在一定的孔洞，而这些孔洞的平均直径大约在 10^{-5}cm~10^{-7}cm 之间，但是水分子直径和氧分子直径一般在十几纳米左右，在这种情况将石墨烯这种具有纳米性质的材料融入防腐涂料中，能够起到填补涂料本身存在的缺陷的作用，以此来隔绝水、氧气等一些气体原子渗透涂层。根据相关实验研究结果表面，氧气分压所处环境在 10^{-4}mbar 以上，石墨烯也可以有效保护金属基底，有效避免其受到腐蚀影响。基于以上，运用石墨烯材料应用于金属防护涂层所用的防腐涂料中，能够避免金属表面与具有腐蚀性、氧化性的介质进行接触，有效防护基地材料。

2. 缓蚀作用

所谓缓蚀作用，就是基于涂料本身特有的成分与金属基体两者发生反应后，促使金属表面因此出现纯化或者是形成具有保护性质的一层防护膜层，通过这种方式来强化涂料的防护作用，将石墨烯加入其中，能够起到对镀层金属的钝化作用，对提升金属基底的耐腐蚀性能具有积极性应用意义。

3. 加固作用

就金属材料本质特征来讲，其经常使用的聚合物涂层很容易被某种物质刮坏，但将石墨烯与防腐涂料融合后使用，因石墨烯本身具有的机械、摩擦方面的应用性能优势，能够起到强化材料在减摩以及抗磨方面的作用；除以上之外，石墨烯还具有重量轻、特性超薄的特征，不会对金属基底带来其他不良的使用影响。

三、石墨烯在防腐涂料中的应用

1. 石墨烯 - 环氧树脂涂料

所谓石墨烯 - 环氧树脂涂料，简单来讲就是采用物理混合的方式将自制石墨烯分散液和双组分水性环氧树脂两者混合起来制作而成。其一，对极化曲线、电化学阻抗以及中性盐雾进行相应的实验，通过实验的方式来对石墨烯含量为 0.5% 的 E44 水性环氧涂层进行分析，从中探讨在这种环境下石墨烯所展现的隔水、耐腐蚀等应用性能，与此同时，将分析结果与纯环氧涂层 E44 两者之间进行相应的性能比较，根据对比结果能够明显发现，在水性环氧树脂涂料中加入石墨烯，进一步提升了涂层的防腐性能，耐腐蚀性能也随之得到相应的提升，同时自腐蚀电流密度随之降低，通过对其进行 200h 以上的中性盐薄雾实验后，涂层表面薄膜持续保持平整状态，没有出现明显的腐蚀情况，具有很好的应用成效。

其二，在双组分水性环氧树脂涂料中加入适量石墨烯分散剂，以此来进行石墨烯固体润滑涂层制备，然后通过运用电化学阻抗、动电位极化曲线来对涂层应用于海水中电化学腐蚀情况以及涂层失效过程进行全方位的模拟分析，试验中所使用的海水通常为3.5%的氯化钠溶液，通过进行实验，明显看出运用石墨烯能够很好地起到对水性环氧涂层电阻以及电荷转移电阻的提升作用，同时也起到对环氧涂层处于干燥和海水两种情况下的摩擦因数以及磨损率的降低作用，具有良好的应用成效。

2. 石墨烯 - 丙烯酸聚氨酯涂料

对于石墨烯 - 丙烯酸聚氨酯涂料，主要是借助化学特性以及物理分散的方式来强化聚氨酯基体中石墨烯和氧化石墨烯的分散性，通过填料加入量多少来对其可能对聚氨酯复合涂层可能带来的防腐性能影响情况进行分析和探究，根据试验结果来看，不论是石墨烯还是氧化石墨烯，都起到了一定的强化复合涂层防腐性能的应用特征。石墨烯和氧化石墨烯在最佳添加范围主要在0.25%~0.5%之间，对于添加的含量对涂层带来的防腐影响，主要由填料本身的润滑性、阻隔效益以及裂纹情况三者之间的平衡来决定的。从整体上来看，相对比较纯的聚氨酯涂层腐蚀介质扩散路径处于笔直状态，若在其中加入适量石墨烯和氧化石墨烯，就会使原本笔直状态的扩散路径转变为弯曲状态；在这种变化下，若添加过量石墨烯和氧化石墨烯，微裂纹就会因此大幅度增长，同时在其中具有一定的主导性作用，与此同时，腐蚀介质就是借助微裂纹加速进行扩散。除以上之外，氧化石墨烯聚氨酯涂层与石墨烯 - 聚氨酯涂层进行比较，后者更能体现出其在防腐性能方面的应用优势特征，这主要在于前者氧化石墨烯本身就具有非常丰富的官能团，这就加快了其在防腐性能中的分散性；而且在一定程度上导致晶格结构遭受损坏。

为有效改进水性聚氨酯丙烯酸酯涂层在防腐方面的应用性能，相关科研人员通过原位聚合法的方式进行水性聚氨酯丙烯酸酯 - 氧化石墨烯两种材料的复合乳液制备，最终制备出来的氧化石墨烯具有氧化程度高、分散性良好的特征，从整体上来看水性聚氨酯丙烯酸酯 - 氧化石墨烯制备出来的复合乳液，其粒径会随着氧化石墨烯在其中含量不断增多，整体趋势表现为先增大后减小，实验结果表明，若氧化石墨烯质量分数在0.5%的情况下，涂层热稳定性随之上升140℃，与此同时，耐盐雾时间相比较于纯水性聚氨酯丙烯酸酯来看，前者比后者延长时间大约在10d左右，另外，腐蚀电流密度随之降低1个数量级，能够起到很好的防腐效果。

3. 石墨烯 - 氟碳涂料

要想进一步强化氟碳涂层在防腐蚀方面的使用性能，对此可通过添加硅烷偶联剂的方式改变其中石墨烯的性质，将改变性质后的石墨烯加入氟碳树脂中，将两者混合于一体，以此来制备含量不同的石墨烯氟碳复合涂料。试验研究表明，通过这种方式能够实现石墨烯表面成功接枝官能团，除此之外，将该种涂料应用于涂层中，分散情况相对比较均匀。从整体上来看，将石墨烯表面接枝官能团，一方面能够有效提高石墨烯在实际应用中的分散性，这主要在于石墨烯本身具有结构独有的特征，整体呈片状形态，这种类型的石墨烯结构能够起到一定的阻挡腐蚀物质渗透情况，因此也就在很大程度上提升了复合涂层在耐腐蚀方面的性能；另一方面，将石墨烯与涂料两者混合于一体，在比例上也有一定的要求，根据试验结果来看，当前石墨烯添加的最佳含量为0.4%，若氟碳涂料中添加的石墨烯含量过低，就无法切实起到阻抗腐蚀物质的作用；相反，若添加的石墨烯含量过高，就会使得涂层多出腐蚀通道，从而导致涂层耐腐蚀性因此降低。

第二节　石墨烯材料在防污涂料中的应用

通过将纳米粒子负载在石墨烯片层上制作石墨烯-纳米粒子复合颗粒，已经成为海洋防腐防污涂料石墨烯基填料的另一个研究方向。目前，国内外学者在石墨烯片层上负载银、二氧化钛、氧化铝、二硫化钼、四氧化三钴、二氧化硅、碳酸钙和氧化锌等纳米颗粒，成功制作了石墨烯-纳米粒子复合颗粒，研究了石墨烯纳米粒子复合颗粒对涂料防腐防污性能的影响。研究发现，石墨烯-纳米粒子复合颗粒能够有效提高涂层的防腐防污性能，其效果明显优于在涂料中直接加入石墨烯和纳米颗粒。

Yee等人采用新型二步声化学剥离法从石墨中剥离出大片状的石墨烯片，并用柠檬酸盐对石墨烯片进行水热还原，再加入硝酸银，将Ag颗粒负载在微米尺寸的石墨烯薄片上，合成石墨烯-银复合颗粒（GAg）。可以发现，随着硝酸银质量的升高，石墨烯片上所负载的Ag颗粒容易发生团聚现象，且颗粒尺寸相对较大。当硝酸银所占比重较小时，Ag颗粒尺寸较小，且分布较均匀。通过防污实验发现，石墨烯-银复合颗粒可以干扰海洋细菌生物膜的形成，与纯石墨烯和纯银颗粒相比，石墨烯-银复合颗粒更能抑制海洋微藻的生长活性。

Zhou等人制备了石墨烯-二氧化钛（RGO-TiO_2）纳米复合颗粒改性的聚氨酯防污涂料，并研究了不同组分对防污性能的影响。实验表明，当RGO-TiO_2中石墨烯含量（质量分数计）为5%时，改性的聚氨酯防污涂料表现出最好的防污性能。M.Safarpour等在聚醚砜（PES）树脂中添加RGO-TiO_2复合颗粒来制备复合材料膜，并研究了RGO-TiO_2含量对制备膜形貌和性能的影响。研究表明，与TiO_2/PES膜和GO/PES膜相比，RGO/TiO_2/PES膜具有最佳的防污性能。

Zhu等人为了制备防污性能更好的海洋船舶防污涂料，把RGO-TiO_2纳米复合颗粒作为填料掺入疏水氟碳树脂（PEVE）中制成了复合涂料。研究发现，当RGO与TiO_2的质量比为1∶100时，复合涂层表现出最好的抗菌性能。在紫外线照射1h后，这种涂层可以杀死绝大多数附着于其表面的细菌，并且这种杀菌性能远高于纯PEVE涂层和TiO_2/PEVE复合涂层。石墨烯特殊的结构对这种复合涂层高防污性能起到了至关重要的作用：一方面，石墨烯和TiO_2形成的异质结能够有效地提高TiO_2的羟基自由基产率，不断产生的大量羟基自由基具备强氧化性，可以将附着于涂层表面的细菌和微生物杀死；另一方面，原本TiO_2/PEVE复合涂层因为TiO_2的加入，导致氟碳树脂涂层疏水性降低，而石墨烯的共轭结构使得这种疏水性降低的现象得到改善。

Yu 等人借助 3- 氨基丙基三乙氧基硅烷将氧化铝（Al_2O_3）负载在氧化石墨烯（GO）片上，制造了氧化石墨烯 - 氧化铝（GO-Al_2O_3）片状复合物，并研究了 GO、Al_2O_3 和 GO-Al_2O_3 在环氧树脂中的分布状况及其对环氧树脂防腐性能的影响。结果发现，在相同浓度的情况下，GO-Al_2O_3 复合物能够在环氧树脂中达到更加均匀的分散性和相容性，而且其在增强环氧树脂防腐性能方面的表现相对其他两种添加物更好。

Chen 等人人采用水热反应将 MoS_2 纳米颗粒均匀地负载在 GO 薄片的表面，对其进行改性处理，制备了 MoS_2-RGO 纳米复合填料。将该填料添加到环氧树脂中，制备了 MoS2-RGO/ 环氧树脂复合涂层。采用 EIS 和极化曲线等对 MoS_2-RGO/ 环氧复合涂层的防腐蚀性能进行了表征，结果表明，当 MoS_2 与 GO 的比例为 1 ： 1 时，MoS_2 可均匀负载在 GO 表面。MoS_2-RGO 优异的阻隔性能能够使得添加了 MoS_2-RGO 纳米复合填料的环氧树脂涂层的抗腐蚀性和抗渗透性得到显著提高。

Yu 等人制备了 RGO-（ZnAl-LDH）（还原氧化石墨烯锌 - 铝层状双氢氧化物）纳米复合填料，改性处理后，将其掺入水性环氧树脂中，制备了 M-rGO-（ZnAl-LDH）/EP 复合涂层，并研究了 GO：ZnAl-LDH 的比例以及 M-RGO-（ZnAl-LDH）复合物的含量对复合涂层防腐蚀性能的影响。极化曲线、EIS 和盐雾实验结果表明，当 GO ： ZnAl-LDH 的比例为 2 ： 1、添加量为 0.5% 时，涂层的防腐蚀性明显提高。

在石墨烯片层上负载纳米颗粒，改变了石墨烯的表面结构，解决了石墨烯本身分散难、易团聚的难题，石墨烯本身的高比表面积以及低渗透率降低了腐蚀介质穿过涂层腐蚀基材的可能性，石墨烯与纳米颗粒的结构互补使得像 TiO2 等纳米颗粒的防污效果发挥得更好。石墨烯 - 纳米粒子复合颗粒为石墨烯在海洋防腐防污涂料中更广泛地应用提供了新的空间。

第九章　石墨烯在其他领域的应用

第一节　石墨烯在电子器件中的应用

1. 石墨烯电子器件的背景与发展前景

随着我们经济的发展，物质基础不断强大，科学技术迅猛发展，我国的电子工程技术和半导体科学进一步发展。但是以硅为中心的半导体芯片在器件中的应用和制作已经到达了瓶颈期。为了提高器件的集成密度，优化器件品质，提升大规模集成电路的整体处理能力，相关工作人员和研究人员在不断探索和寻找一种新型的材料来代替硅，石墨烯比较适用于电子器件，是一种二维蜂结构的碳单质，逐渐被研究者发现并深入研究。

研究人员通过相关研究发现，石墨烯材料具有较高的电子迁移性，它不容易受外部环境的影响。在常温的情况下，石墨烯的载流子密度和电子迁移率都与电子器件实际的需求相符，并且石墨烯具有较高的与硅基半导体竞争能力。石墨烯的出现为科学家和相关研究人员提供了丰富的研究素材，它的出现方便了人们的生活，促进了电池产业的变革，使汽车行业实现了革命性的突破。石墨烯的发展前景广阔，我们可以从以下几个方面进行展望：首先，它具有吸引力的温室道场效应适合在电子工程领域开发和深入研究。其次，它增强了主电路开关的时效性，缩短了开关的时间，加快了响应的速度。再次，我们要进一步探索和开发电子器件。最后，我们可以在相同的石墨烯上进行整个电路的集成，进而有效地减小集成板的体积。

2. 石墨烯的基本性质

石墨烯是一种二维的结构，它能够分解零维富勒烯，也可以堆积成三维的石墨。石墨烯的力学性质十分稳定，碳原子的连接较为柔韧，一旦有外力施加到原子面，原子面就会出现弯曲或者变形。在理想的状态下，单层的石墨烯表面不平整，并且平面结构不够完美，在薄膜边缘经常会出现内部褶皱的情况，而多层的石墨烯比单层的石墨烯边缘处起伏较小，这在一定程度上说明当受到拉伸和弯曲等外力作用后，石墨烯仍然能够保持较为稳定的力学。在一定能量的条件下，石墨烯中是动量和电子能量呈线性关系。

3. 石墨烯在新型电子器件各个领域中应用

（1）石墨烯场效应在晶体管中的应用

经过长时间的研究，有机场效应晶体管已经成为目前最重要的电子器件之一。现阶段，很多晶体管中的电极材料大多是金和铝，它们不仅阻力和抗力较大，而且反应不够灵活、消耗资源较多、透光性低、不容易弯曲和变形。石墨烯材料与铝的化学性质相似，它具有铝拥有的优点，并且避免了铝的缺点，它的化学性质比铝的化学性质更加稳定，电子迁移率较高，同时它与相邻层的材料之间接触的电阻很小。通过大量的研究和实验，相关技术人员认为石墨烯是一种极为合适的、比较理想的电极材料，并且制作石墨烯的方法在日渐成熟，变得越来越多样化。

（2）石墨烯在太阳能电池中的应用

石墨烯在太阳能电池应用中具有较大的潜能，因为它具有导热率高、导电性能高、透明度高等特点。如果太阳能电池的阳极使用的是石墨烯材料，那么将会减少三分之一的成本，进一步优化电子器件的转换率。

现阶段，ITO 普遍应用于太阳能电池的透明电极，但是 ITO 对于红外线的射透率较低，并且不能有效地实现光和电的转换，因此，大多数的太阳能电池不能有效地利用红外线能源。石墨烯材料能够弥补 ITO 的不足，因为石墨烯具有较高的载流子迁移率。目前，相关技术人员研究的重点是找到先进的制造技术，制造出高质量的、具有较高电荷迁移率的石墨烯片。

4. 石墨烯在超级电容器中的应用

我们可以将超级电容器叫作双电层电容器，它可以有效传递能量，进行高效存储。同时它具有绿色环保、使用期限长、充电时间短、低耗能等优点。因为石墨烯具有优异的柔韧性、导电性和机械性能良好、比表面积较大，所以我们将其作为较为理想的超级电容电极材料。

5. 石墨烯在高运电子器件中的应用

作为一种新型的电子器件，石墨烯促进了信息、通信和电子等多个领域的发展。目前，已经有公司将石墨烯材料研制成了射频 FET，它是当前运行速度最快、体积最小的射频。但是，石墨烯也有不足之处，由于它具有零带隙的特点，所以当 GFET 处于关闭状态时，仍然会有少量的电流经过，这在一定程度上阻碍了石墨烯替代硅的发展。

6. 石墨烯在光电探测器中的应用

广电探测器可以有效地提升材料的综合性能，它可以直接吸收射入的光子能量，并将其中的电子激发至导带中，它在远程控制、电视和 DVD 播放领域得到广泛的应用。在一般情况下，入射光子能量吸收将会影响到半导体材料的带隙大小，石墨烯带隙为零，它可以直接将电子激发至导带中，并且吸收带足够宽，载流子迁移率比较理想，适用于探测器领域。

第二节 石墨烯在透明电极/柔性电极中的应用

一、石墨烯在透明电极中的应用

石墨烯作为典型的碳家族材料，具有超高的电子导电率、理想的电容储能和对光透明的特性，在构筑高性能透明导电薄膜（TCE）和柔性透明超级电容等方面具有很大潜力。

1. 在太阳能电池中的应用

2009年，Li等人研发了一种新型的太阳能电池结构，该结构采用石墨烯作为电极的阳极，并与硅半导体结合，形成了石墨烯-硅肖特基结太阳能电池结构。在$Si/Si0_2$基片上，覆盖有一层很薄的石墨烯，并且在石墨烯薄膜上方，有约0.1~0.5cm^2面积的硅层窗口，四周以金线作为栅极。

近年来，在硅基太阳能电池领域出现了一种新型技术，即以聚三氟甲磺酸胺（TPSA）为掺杂剂对石墨烯进行掺杂，该种电池就是将掺杂有TFSA的石墨烯转移到Si底层上制备而成的，该技术使电池效率从1.9%上升到8.6%，大大提高了光电池的转换效率。后来，Enzheng Shi等人以二氧化钛作为抗反射涂层来使电池达到减少光反射，增强光吸收的效果，进而将光电转换效率提高至14.1%。尽管如此，与传统的ITO相比，其效率仍有差距。

2. 在显示器中的应用

目前市面上液晶显示器中常用的ITO，其透过率在90%左右。与之相比，单层石墨烯的优势在于低至2.3%的可见光吸收度，其透明度比ITO的90%高出7.7%。虽然透过率7.7%的提升给人的视觉不会带来较大影响，但由于上述提到的ITO的局限性，也使得石墨烯在透明电极领域的发展成为可能。

Peter Blake等人成功制备石墨烯作为透明电极的液晶显示器，首先使用机械剥离法在玻璃片上制备石墨烯薄膜，在石墨烯薄膜周围喷涂5mm铬和50nm铜，再依次在表面添加40nm取向膜、20μm液晶、40nm取向膜、ITO以及玻璃片。添加电场横穿液晶层打乱其排列，从而改变显示器的有效双折射和光传输强度。最强和最弱输出光的对比度大于100。此研究结果也为石墨烯应用于液晶显示器的研究奠定了基础。

3. 在触摸屏中的应用

石墨烯在触屏领域的应用研究国家有中、日、韩、英、美等国家。在欧美地区，以美国的辉锐科技为代表，已经进军大面积石墨烯柔性版触控屏市场，并计划未来3年内应用于手机、平板以及便携设备显示屏等。

在韩国，石墨烯的应用研究也受到了政府的高度重视。2010年，韩国著名的三星集团与国内某一科研院所的研究人员合作，成功以63mm的柔性透明玻璃纤维聚酯板为基材，研制出纯石墨烯，其大小近似于电视机，柔性触屏也在此基础上成功问世。

在日本，产业技术综合研究所发布了以卷对卷方式合成宽度为594mm的石墨烯薄膜装置。该研究所采用以微波等离子技术，利用300℃~400℃的低温CVD法合成石墨烯的方法；此外，东芝和松下也先后制备了大面积石墨烯薄膜和厚度只有10μm的石墨烯散热膜。

在我国，常州二维碳素研发团队突破了石墨烯薄膜应用于中小尺寸手机的触摸工艺，实现了薄膜材料和ITO模组工艺线的对接。业内专家表示，如果实现了石墨烯薄膜工艺线与现有ITO模组工艺线对接，必将加速实现石墨烯薄膜材料在触控显示领域的产业化。

4. 在OLED中的应用

Tae-HeeHan等人用化学气相沉积法与$AuCl_3$掺杂相结合的方法，制得高性能的CVD石墨烯，其性能可以与ITO相媲美。通过掺杂，石墨烯表面的电阻率有明显的降低了同时工作能也由4.4eV上升到5.95eV，从而解决了石墨烯与有机半导体膜层之间的孔穴注入障碍。通过阳离子刻蚀，对石墨烯进行图案化处理，而后在表面蒸镀有机半导体膜层以及金属电极，成功制备OLED。该研究也使石墨烯在柔性OLED领域的应用成为可能。

ZDNet、韩国先驱报（Korea Herald）2017年4月11日报道，韩国电子通信研究院跟Hanwha Techwin合作，以石墨烯制作厚度不到5纳米的透明电极，开发出一款370mm×470mm（相当于19吋屏幕）的OLED面板，为业界首见。这也使石墨烯透明电极在有机发光领域的推广成为可能。

二、石墨烯在柔性电极中的应用

柔性锂离子电池是锂离子电池领域的新兴研究方向，目前仍处于实验室研究阶段，发展柔性锂离子电池的主要困难在于如何获得高性能的柔性电极极片。当前主要通过制备柔性基体取代传统的铜箔和铝箔作为集流体，并担载粉体活性物质，来获得可弯折的柔性锂离子电池。

可弯折柔性锂离子电池的柔性基体主要有两种：

1. 非导电性柔性基体，如高分子聚合物、纸张、纺织布作为非导电柔性骨架。2012年，Lee研究组报道了柔性全固态锂离子电池，将沉积的钴酸锂薄膜转移到柔性聚合物基体上作为正极，无机固态电解质LIPON作为电解质，金属锂箔作为对电极，硅胶作为封装材料而获得全电池，在弯折半径为3mm的情况下，电池的比容量没有衰减，高分子、纸张或纺织布可用于柔性电极的柔性基体，但对于电极的容量没有贡献，故而降低了器件整体的能量密度，并存在与电解液反应的可能。另外，高分子聚合物、纸张、纺织布基体一般导电性较差，不利于提高柔性电池的快速充电性能。

2. 导电性柔性基体，主要采用石墨烯或碳纳米管薄膜作为柔性基体，活性物质附着在其结构单元中形成柔性电极，石墨烯或碳纳米管既是构建导电网络的基元，也是整个电极的支撑骨架，相比高分子柔性基体电极，石墨烯或碳纳米管薄膜作为基体在质量和厚度方面具有明显优势，是未来柔性电池高能量密度、轻量化的主流发展方向。

在构建柔性电极的材料中（如高分子薄膜、纸张、纤维、纳米碳等），碳材料是构建高性能柔性电化学能源存储的关键，低维纳米碳，尤其是碳纳米管、石墨烯是构建柔性电极的核心材料，其中石墨烯是由碳原子紧密堆积成的具有二维蜂窝状结构的碳材料，石墨烯中的碳原子以 sp^2 杂化方式键合，因此具有很高的杨氏模量和断裂强度，石墨烯也具有很高的导电率和热导率、优异的电化学性能以及易功能化的表面，同时容易加工形成柔性薄膜。因此，石墨烯被认为是一种极具潜力的先进柔性电化学储能材料，石墨烯作为柔性电化学储能材料，是因为其具有较高的机械强度和柔性，导电性能好无须外加导电层，大的比表面积可负载更多活性物质，且耐高温、耐腐蚀和抗氧化，有利于使用更多手段负载活性物质（各种涂覆方法、水热、溶剂热、化学 / 电化学沉积、物理沉积、热固相反应和机械混合等），石墨烯在可弯折柔性锂离子电池中的应用主要包括两个方面：（1）石墨烯作为导电增强相，借助高分子、纸、纺织布提供柔性骨架，以提高柔性极片的电子导电特性，获得复合导电基体，并担载活性物质；（2）石墨烯或其复合材料直接作为柔性基体或柔性电极。下面将针对这两个方面分别进行论述。

（一）石墨烯 / 柔性基体复合结构

石墨烯具有很高的电子导电率，可采用喷涂、浸润、涂覆等不同方法，将石墨烯附着于各类柔性基底上，利用基底提供柔性支撑，提供力学性能，石墨烯提供导电网络，形成了石墨烯 / 柔性基体复合结构，常见的基体材料，如高分子、纸、纺织布等，都可制备这种类型的电极。He 研究组在聚对苯二甲酸乙二酯（PET）表面涂覆一层石墨烯薄膜，得到了石墨烯 /PET 柔性基体复合结构，将其作为集流体；与传统的金属集流体相比，除了具有柔性特征外，由于 PET 基体密度仅为铜集流体的 1/6，因此也实现了单位质量、单位体积和单位面积的能量密度的同步提高。

纸张作为中国的四大发明之一，其主要成分为纤维素，微观结构是由芦苇、麦草和木材等植物纤维组成的宏观纤维结构。纸张的价格低廉、质地柔韧且原料来源广泛，因而被广泛用于书写、印刷和包装等日常生活的各个方面，由于纸张具有良好的机械强度和柔性，近年来，研究人员开始探索纸在柔性电子和柔性储能方面的应用。Cheng 研究组利用大孔径和高孔隙率的滤纸作为过滤介质，采用真空抽滤法，以石墨烯分散液作为滤液，得到了石墨烯 / 纤维素复合纸，在抽滤过程中，石墨烯进入滤纸内部，受纤维素纤维的毛细作用力和表面官能团的共同作用而牢固结合在其表面，并且继续沉积填充在由纤维素纤维构成的三维网状孔隙内，最终形成一种具有石墨烯和纤维素双相三维交织结构的石墨烯 / 纤维素复合结构，在这种双相三维交织结构中，纤维素纤维作为柔性三维骨架，为复合结构提供了良好的力学性能和离子传输通道；而石墨烯构筑的三维网络，为复合纸提供了良好的电导性能和丰富的电荷存储位置，这种复合结构具有良好的机械强度和柔性，很好地克服了单纯石墨烯薄膜存在的机械强度低和石墨烯再堆叠所导致的电化学性能降低等问题。

与纸张类似，纺织布（如棉布等）也是一种多孔的柔性材料，作为纤维制品的棉布一般由天然棉纤维纺织制得。棉布具有复杂多孔的网络结构，并且表面带有羟基等官能团，Yan 研究组报道了棉布基柔性复合电极的制备方法，将氧化石墨烯浆料反复涂刷在棉布表面，经干燥和热处理后，即得到石墨烯复合柔性复合结构，其中石墨烯与棉布基底结合紧密，并且棉布的多孔纤维结构也显著提高了电极的离子电导。

高分子、纸张或棉布等非导电性薄膜通过与石墨烯等导电材料一起搭建柔性复合结构，这些材料自身具有较好的力学性能，但是上述非导电基体，对于容量并没有贡献且增加了电极的质量，降低了电池的整体能量密度，同时对导电材料也有一定限制，而且存在与电解质反应的可能。这些均是石墨烯 / 柔性基体复合结构电极要解决的重要问题。

（二）石墨烯薄膜及复合材料的柔性基体

一方面，为了提高活性物质在柔性电极中的比例，石墨烯薄膜也可以直接充当负极使用，采用真空抽滤等方法，已可大量制备石墨烯薄膜。另一方面，石墨烯具有特殊的二维层状结构和丰富的表面官能团，也使得石墨烯薄膜具有高的可弯折和力学特性。

Wallace 研究组采用真空抽滤的方法制备了石墨烯薄膜，其杨氏模量达到 41.8 GPa，拉伸强度达到 293.3 MPa，电子导电率为 351 S/cm，可逆容量为 84mA · h/g 。Amine 研究组采用抽滤法制备了氧化石墨烯薄膜，并采用水合肼进行还原，所得石墨烯薄膜的电化学循环特性有了明显改善，但容量和大电流放电特性仍有待提高。通常，石墨烯在还原和干燥过程中，由于强的 π-π 键合与范德华力作用，容易重新团聚，阻碍了电解质离子的进入，也阻碍了石墨烯薄膜快速充放电能力的进一步提高为了提高了锂离子的扩散速率，采用超声或弱酸氧化处理的方法，对石墨烯表面孔结构进行调整，可以获得适合锂离子快速扩散的通道，提高锂离子的扩散速率。Kung 研究组采用硝酸弱氧化结合超声处理，得到的多孔石墨烯薄膜作为锂离子电池负极，在 13.3℃和 26℃的高放电倍率下，容量仍然达到 150 和 70 mA · h/g，且在 1000 次循环后，容量没有明显地衰减。Koratkar 研究组采用激光还原石墨烯纸张的方法，快速还原过程中产生的气体在石墨烯薄膜中形成了大量的微孔、裂纹等结构，均可有效提高锂离子的扩散速率，在 100℃的高倍率下，仍然达到 100 mA · h/g 的比容量。除了化学剥离得到的石墨烯外，采用气相化学沉积法生长的石墨烯具有高的电子导电率和低的结构缺陷，也常被用来制备柔性负极。Ning 等人以层状蛭石为模板，采用气相化学沉积方法制备了柔性的石墨烯薄膜电极，显示了良好的电化学性能。在 50 mA/g 的电流下，其容量达到了 822 mA · h/g；在 1000 mA/g 的电流下，容量仍能达到 219 mA · h/g。Wei 等人利用在铜箔表面生长的单层石墨烯和锂箔，组装了柔性锂离子电池，这种柔性锂离子电池具有超薄特征，厚度仅为 50 um，在弯曲曲率半径为 1 mm 时仍能正常工作。其能量密度为 10 Wh/L，功率密度达到了 50W/L，循环寿命超过了 100 次，显示了气相化学沉积法生长的石墨烯在超薄柔性锂离子电池中良好的应用前景。

除真空抽滤外，研究者也开发了其他方法来制备石墨烯薄膜柔性负极。Zhang 研究组首先制备了氧化石墨烯气凝胶，经 10MPa 模压得到石墨烯纸，这种石墨烯纸具有卷曲的结构，理论比容量达到了 864mA · h/g，同时具有良好的大电流放电特征和循环寿命。Chen 研究组采用自组装方法合成了具有层次孔结构的石墨烯柔性电极，其具有高的电子导电性和三维的孔结构，即使在 50 mA/g 的电流下，仍然具有超过 1600mA·h/g 的比容量。

石墨烯薄膜虽然具有较高的嵌锂比容量和高的充放电速率，并且容易得到具有高度柔性的一体化柔性电极，但石墨烯薄膜直接作为可弯折柔性负极使用，也存在如下问题：(1) 低库伦效率，由于大比表面积和丰富的官能团及空位等，循环过程中电解质会在石墨烯表面发生分解，形成固体电化学界面膜，造成部分容量损失，因此首次库伦效率与石墨负极相比明显偏低，一般低于 70%；(2) 初期容量衰减快，一般经过十几次循环后，容量才逐渐稳定；(3) 无电压平台及电压滞后，石墨烯负极材料除了在首次充放电过程中，因形成固体电化学界面膜而存在约 0.7 V 电压平台外，不存在明显的电压平台，放电比容量与电压呈线性关系，且充放电曲线不完全重合，即存在电压滞后。尽管由于上述原因，石墨烯薄膜难以直接作为柔性锂离子二次电池的负极，但如果能充分利用石墨烯的二维柔性结构及表面官能团，与其他材料复合，有可能发展出新型石墨烯复合柔性锂离子电池电极，在这种结构中，石墨烯仅仅充当导电和柔性支撑。

目前已有大量工作合成了石墨烯 / 活性材料一体化柔性电极。柔性电极最简单的方法是将活性材料制备成浆料直接涂敷或抽滤在石墨烯薄膜上，由于石墨烯具有二维柔性结构，与活性材料直接抽滤成膜，能够显著提高材料的循环特征。Li 研究组将纳米 SnO_2 粒子均匀分散在氧化石墨烯（GO）的水溶液中，并将 GO/SnO_2 的悬浮液直接过滤成膜，经还原后得到 rGO/SnO_2 柔性电极片。Choi 研究组首先制备了直径约 10 nm 的 V_2O_5 纳米线，将 GO 与 V_2O_5 纳米线形成均匀分散溶液后，采用抽滤的方法得到了自支撑 V_2O_5/ 石墨烯柔性电极，其中 V_2O_5 的比例为 15%，上述柔性电极在 00000 次循环后，容量仍为 94.4mA·h/g，直接涂敷或抽滤方法简单，易于控制柔性电极的组成，虽然活性物质与柔性石墨烯间存在一定的结合强度，但石墨烯与活性物质缺乏直接的键合，结合力较弱，反复形变会导致活性物质与石墨烯分离，从而破坏极片的完整性，造成器件性能急剧劣化。

为了解决活性物质分布不均匀及与活性材料结合力较弱等问题，一般采用各种原位复合方法，如水热反应、沉淀法、电沉积、气相化学沉积等，来制备不同结构的石墨烯复合柔性电极材料。其中，负极主要集中在石墨烯与过渡金属氧化物制备一体化柔性负极及与硅、锗等高容量负极材料复合等体系；正极主要集中在 $LiFePO_4$/ 石墨烯或氧化物正极 / 石墨烯等体系。

Tarascon 研究组最早报道了纳米尺寸的过渡金属氧化物 MO（M=Co，Ni，Cu，Fe 等）具有高的储锂容量，但过渡金属氧化物在充放电时体积膨胀大和导电性差等缺点，制约了其在锂离子电池中的应用。由于石墨烯独特的二维、柔性片状结构，与过渡金属氧化物形成复合材料，石墨烯不仅可以有效缓冲金属氧化物在充放电过程中的体积膨胀从而提高金属氧化物的放电比容量，而且其二维柔性结构也能够与金属氧化物形成自支撑的高容量柔性电极。目前已有大量的研究组对石墨烯复合金属氧化物及石墨烯 /Si，Ge 等高容量柔性负极的合成及性能进行了研究。首先将石墨烯或 GO 均匀分散在水或乙醇等溶剂中，然后金属离子通过水热或沉淀等过程与石墨烯发生原位反应，并经热处理等过程得到过渡金属氧化物 / 石墨烯复合材料。

在石墨烯复合柔性锂电池正极方面，Ding 等人采用溶剂蒸发法得到了自支撑 $LiFePO_4$/石墨烯柔性电极，采用共沉淀法得到了石墨烯与 $LiFePO_4$ 的复合材料，并将复合材料与 N- 甲基吡咯烷酮（NMP）和聚偏乙烯（PVDF）的溶液混合，挥发掉溶剂后即得到柔性复合电极。互穿结构的石墨烯不仅提供了良好的导电网络，也提供了柔性的支撑基体，在 120° 的弯折条件下进行测试，循环 50 次后，容量仍基本保持不变。Cheng 研究组利用具有三维连通网络结构的石墨烯泡沫作为高导电的柔性集流体，设计并制备出可快速充放电的柔性锂离子电池，三维石墨烯网络的高导电性和多孔结构为锂离子和电子提供了快速扩散通道，可实现电极材料的快速充放电性能。为了在不使用黏结剂和导电剂的情况下实现活性物质和石墨烯集流体的良好接触，促进电子传输和提高弯折时电极材料的稳定性，采用原位水热合成方法，在石墨烯三维连通网络结构上直接生长活性物质，如磷酸铁锂和钛酸锂，然后将磷酸铁锂 / 石墨烯和钛酸锂 / 石墨烯复合材料分别作为正负极，采用柔性硅胶为封装体，组装了具有良好柔性的锂离子全电池。该柔性锂离子电池在弯曲时，其充放电特性保持不变，并可在 6 min 内完成充电（达到初始容量的 90%），在 100 次循环之后容量保持率在 96%。

第三节　石墨烯在橡胶材料中的应用

一、石墨烯和橡胶材料的合成方法

1. 直接共混法

直接共混法就是将几层石墨、石墨烯等直接与橡胶材料共混以获得橡胶复合材料。但是这种方法有一个最大的问题，就是合成的石墨烯层以及石墨烯的分散性差。存在更多的颗粒聚集体，这最终导致橡胶复合材料的性能大大降低。也有专家学者通过直接混合成了一些石墨片复合材料，最终结果表明，填料在直接共混物中的分散性差，聚集体的严重力学性能受到限制，拉伸强度区间为 5~6 MPa。

2. 溶液混合法

在溶液共混方法中，通常首先制备氧化石墨烯，进行改性以获得可以分散在有机溶剂中的分散体，再通过还原获得石墨烯，与橡胶溶液共混以合成石墨烯橡胶这种复合材料。

目前，溶液混合是专家学者重要的研究方法之一。该方法的优点是分别进行石墨烯或氧化石墨烯的制备和橡胶复合物的合成，可以在过程中控制石墨烯的形态、尺寸，石墨烯相对容易分散；缺点就是需要使用对环境有害的有机溶剂。当使用原位还原法时，可能会由于橡胶类型和还原剂的不同造成橡胶劣化的后果。

二、石墨烯在橡胶中的应用分析

1. 与普通橡胶材料的合成应用

石墨烯复合材料的物理和力学性能受诸多因素的影响，如石墨烯的分散程度以及橡胶基质同石墨烯之间发生界面相互作用、橡胶复合材料的交联密度等。在天然橡胶中逐渐添加石墨烯，会造成炭黑的机械性能发生变化。这种变化规律为：石墨烯复合材料的拉伸强度得到显著提高。在石墨烯含量不断增加的过程中，断裂伸长率和 100% 伸长率得到显著改善。分析出现这种情况的原因为石墨烯与碳纳米管和炭黑相比具有独特性；柔韧性和厚度超薄，这导致石墨烯的强机械结合和吸附能力。此外，石墨烯还具有高比表面积，所以向橡胶材料中添加石墨烯造成系统中物理缠结点和交联点的增加，进而导致交联密度增加。随着石墨烯含量的增加，带来体系中的物理交联点以及缠结点也在不断增加，随之增加的是断裂伸长率和拉伸应力。另外，随着石墨烯含量的增加，当交联密度固定在某一值时，石墨烯结晶更容易，应力诱导结晶是提升复合材料的关键因素，因此具有较大的工业价值。

2. 与导电高分子的合成应用

与普通纳米填料、碳纳米管比起来，合成石墨烯主要来源于天然石墨，它不仅价格便宜而且易于使用。此外，石墨烯具有独特的层状结构，这是一种非常薄的单层结构。因此可以被认为是理想的高导电填料，它可以通过与聚合物材料配合来提高聚合物材料的导电性。

三、石墨烯橡胶复合材料的展望

随着越来越多的专家学者对石墨烯橡胶复合材料展开研究，也为复合材料的创新使用提供了思路。将石墨烯进行改性有利于进一步开拓石墨烯复合材料的应用途径。当前，将石墨烯材料加进复合材料还处于初步的理论阶段，当前石墨烯的制备工艺还没有炭黑、碳纳米管等工艺那样纯熟，在石墨烯制备的过程中容易发生操作失误引起材料缺陷的情况，这些不足都还有待今后的进一步优化巩固，促进石墨烯在与橡胶材料复合制备中发挥出更大的价值。

第四节 石墨烯在抑菌复合材料中的应用

一、纳米抗菌材料研究概况

1. 抗菌剂的分类

抗菌剂是将少量高效的抗菌材料添加到一定的材料中，使之能够在一定时间内抑制某些微生物的生长或者繁殖的化学物质。抗菌剂种类繁多，概括起来可分为无机系、有机系和天然生物系三大类。其中天然生物系抗菌剂是人类使用最早的抗菌剂，主要是从植物和动物中提取出抗菌物质经纯化而获得，但资源有限且加工较为困难，极大地限制了其发展。目前天然抗菌剂主要有山梨酸、芥末、蓖麻油等。其中壳聚糖因具有较强的抗菌能力，当其含量达到 0.1% 时就具有明显的抗菌效果，为生活中常用的抗菌剂。但壳聚糖耐酸性较差持效性差且受环境因素影响较大而使其在生产中使用受到了严重的限制。有机系抗菌剂虽发展历史长、品种也较多，但大多耐热性差且容易产生有害物质。虽然高分子有机抗菌剂表现出了较强抗菌性、耐高温等优点，但因研究起步较晚、制备工艺复杂及成本较高等条件限制，目前还不能大规模市场化生产。有机抗菌剂以化学合成为主最具有代表性的是季铵盐和季鏻盐类抗菌材料，但二者都存在使用用量大、抗菌持续时间较短，长期使用易于使细菌产生抗性且使用时会对人、畜的健康造成一定的威胁等缺点。无机系抗菌剂因其抗菌能力强、持效性好以及无毒无污染的特性受到了广泛的关注与研究，尤其是以纳米抗菌剂为代表的无机抗菌剂现已经广泛地应用到皮革制品、卫生陶瓷制品和医药等与人们生活息息相关的多个领域中。

2. 纳米抗菌剂的研究进展

纳米材料和纳米科技领域近年来发展十分迅速，并被人们广泛地研，究使得有些纳米材料已经可以应用于生物医学领域和工业生产中。而纳米抗菌剂作为一种新型抑菌性材料就是以纳米技术为基础而研制出的，由于材料中抗菌剂的高比表面积和高反应活性的特殊效应，加之纳米金属离子本身也具有抗菌活性，大大提高了整体的抗菌效果，是一种安全长效、耐热的高效抗菌剂。

纳米抗菌剂料既可按维数可分为零维纳米抗菌微粒、一维纳米抗菌线、二维纳米抗菌膜和三维纳米抗菌块，也可按抗菌机理不同分为金属型纳米抗菌剂和光催化型纳米抗菌剂还可按材质来源分为天然纳米抗菌材料、有机物纳米抗菌材料及无机物纳米抗菌材料。目前纳米抗菌剂研究最为广泛的、在安全使用的前提下相比其他金属离子抗菌效果最强是纳米银抗菌剂，主要的代表类型有：Ag 硫复合抗菌剂、AgPVP 复合抗菌剂、Ag-ZnO 复合抗菌剂以载银氯化物纳米晶体等。随着科学技术的发展及石墨烯的发现，拓宽了纳米抗菌材料的范围，为纳米抗菌材料的发展提供了新的思路和研究方向，形成了从零维的富勒烯、一维的碳纳米管、二维的石墨烯到三维的金刚石和石墨的完整体系。尤其是在 2004 年，高纯度的石墨烯薄片被发现后引起了国内学者的广泛关注，掀起了石墨烯研究的热潮，石墨烯及其衍生物的研究也逐渐地进入了人们的视线。

二、新型抗菌材料石墨烯及衍生物的研究进展

1. 石墨烯的合成方法

石墨烯（graphene）是 2004 年由英国曼彻斯特大学 Geim 课题组发现的，其结构是由单层碳原子以 sp2 杂化构成的具有蜂窝结构的一种单原子层。石墨薄膜是目前世界上发现的最薄的二维材料，这是继 1985 年发现富勒烯和 1991 年发现纳米碳管之后的又一重大发现。石墨烯具有高电导、高硬度和高强度等优异的物理和化学性质，因此在能源、电子信息和生物医药领域有广阔的应用前景。氧化石墨烯是通过将石墨烯氧化后得到的片层材料，是石墨烯的衍生物，由于氧化石墨烯表面具有大量含氧基团，如羧基、羟基、环氧基团等，提高了其在水中的分散能力，大大拓宽了石墨烯的研究与应用范围。目前石墨烯的制备主要有化学方法和物理方法两种，虽然物理方法合成的石墨烯纯度高但因费时、生产效率低下不适于大规模的生产，所以实验室多采用化学方法合成，特别是在制备氧化石墨烯过程中多采用 Hummers 法。其主要原理是采用浓硫酸或者硝酸钠为底物，以高锰酸钾为氧化剂在 20℃对石墨烯进行氧化从而获得石墨烯。这种方法不仅安全而且还能缩短氧化时间使产物结构规则，并且在水中分散性较好，因此受到人们的青睐。

（1）微机械剥离法与液相或气相直接剥离法。微机械剥离法是 2004 年 Geim 等人在 1μm 厚的贴有光刻胶的剥离衬底上利用透明胶带反复地进行粘撕高定向热解的石墨烯，从而剥离石墨层，然后将剩余在玻璃衬底上的石墨放入丙醇中，利用石墨烯与单晶硅间的范德华力或毛细管力，最终得到石墨烯。这也是最早用于制备石墨烯的物理方法。

液相或气相直接剥离法是利用石墨烯或膨胀石墨为原料加入某种有机溶剂或水中利用超声、加热或气流等手段制备一定浓度的单层或多层石墨烯溶液。

（2）化学气相沉积法。化学气相沉积是指在一定温度、气态条件下反应物发生一系列化学反应生成的固态物质覆盖在加热的固态基体表面的一门技术。

（3）氧化还原法将石墨粉氧化后在其表面或者是边缘接入一些能使石墨层之间引力变小、有利于剥离的含氧基团，再经超声和还原处理即可得到石墨烯。

（4）晶体外延长法。在真空或常压下通过高温加热大面积单晶 SiC 去除 Si 后，便得到单一石墨烯薄膜。

（5）其他方法。近年来随着对石墨烯研究的深入，石墨烯新的合成方法也层出不穷。Wang 等人利用电弧蒸发法制备出了 2~10 层以内的石墨烯纳米微片。Dato 等在微波环境中利用氩原子轰击乙醇液滴制备出石墨烯。蒋文俊等采用离子插层法使用磷酸插层制备了膨胀率高达 102 mL/g 的氧化石墨烯。

2. 石墨烯复合抗菌材料的研究进展

（1）纳米银氧化石墨烯复合抗菌材料的合成及其杀菌性能。Ag 纳米粒子因具有特殊的电子结构和巨大的表面积以及特有的光学性质和表面等离子共振等，使得其在催化、传感、生物标记、抗菌等多方面有着重要的应用。氧化石墨烯的表面因含有大量的含氧活性官能团而成为金属氧化物理想的支撑材料，实现了二者的有机组合。

将银纳米粒子负载到石墨烯表面目前一般采用以硝酸银为原料化学还原法。在还原过程中可以先将硝酸银与氧化石墨烯共同处理后再还原，也可先还原硝酸银后再与石墨烯共同作用形成复合材料。其次还可以通过原位生长法获得，即首先制备氧化石墨烯然后将氧化石墨烯与银盐复合得到氧化石墨烯银盐前驱体通过化学还原、微波还原、光催化还原等方法还原氧化石墨烯银盐得到纳米银氧化石墨烯复合材料。此外尹奎波等人利用水合肼将 $AgNO_3$ 和氧化石墨烯在温室条件下将二者复合到了一起。周亚洲等人采用静电自组装技术和 Ar/H_2 还原工艺，即通过交替沉积聚二烯丙基二甲基氯化（PDDA）（或 $AgNO_3$）和氧化石墨烯，从而获得氧化石墨烯 /PDDA 薄膜和氧化石墨烯 /$AgNO_3$ 复合薄膜，最后通入氩气和氢气在 600℃下将其进行气氛还原后得到石墨烯薄膜和石墨烯银复合薄膜，此种方法可以合成较为均匀的石墨烯薄层。Yang 等采用水热法以氧化石墨烯和 $AgNO_3$ 为原料制备了石墨烯 - 银复合物。此外将银纳米粒子负载到石墨烯表面还有微乳液法、共混法、沉积 - 沉淀法等，但无论哪种合成方法纳米银和石墨烯的尺寸大小、负载的比例都会影响材料的抗菌效果，因此，Jiang 等认为提高纳米银分散性和引入被适当还原的氧化石墨烯是提高纳米银 - 氧化石墨烯抗菌性能的有效方法。

纳米银 - 氧化石墨烯复合材料具有优良的抗菌性能，在医用材料、抗菌材料方面有着潜在应用。目前，已有多个课题组报道了纳米银 - 氧化石墨烯复合材料的抗菌性能。利用氧化石墨烯片层上的极性官能团将纳米银固定在片层结构上，一方面对纳米银起到了稳定和保护作用，从而提高其抗菌性能。另一方面也有研究表明纳米银 - 氧化石墨烯复合材料可以降低纳米银的释放速度，故相对于纳米银来讲复合材料具有较低的毒性，并且具有较好的持效性。Tang 等人研究了纳米银 - 氧化石墨烯复合材料对革兰氏阴性菌大肠杆菌和革兰氏阳性菌金黄色葡萄球菌的抗菌性能，结果表明纳米银氧化石墨烯复合材料对两种菌都具有较好的杀菌活性，但是对革兰氏阴性菌大肠杆菌的抗菌性能要强于革兰氏阳性菌。同时该课题组的研究结果表明，纳米银 - 氧化石墨烯复合材料对哺乳动物细胞显示了较低的细胞毒性。秦静等以大肠杆菌为模型，通过细菌生长动力学试验及荧光染色试验研究了氧化石墨烯纳米银复合材料的抑菌性能，实验结果表明纳米银 - 氧化石墨烯复合材料对大肠杆菌有较强的抑菌效果，且其卓越的抑菌效果是通过氧化石墨烯纳米银材料的协同作用来完成的。

（2）Fe_3O_4 石墨烯复合抗菌材料的合成及其杀菌性能随着石墨烯负载金属颗粒的技术逐渐成熟，Fe_3O_4 与石墨烯的复合也成了当前人们所研究的新课题。新的复合材料结合了碳纳米材料和 Fe_3O_4 两者各自的优势使 Fe_3O_4 能够稳定地镶嵌在氧化石墨烯的表面同时还能有效地防止石墨烯片层的大面积堆积。目前 Fe_3O_4 与石墨烯复合材料制备的方法主要有溶剂热法和共沉淀法。前者是在制备 Fe_3O_4 的方法基础之上而衍生出的一种新的方法，制作流程较为简单，易于制备，但后者在易于制备的同时保证了 Fe_3O_4 较小的颗粒提高了制备精度。Shen 等人采用溶剂热法以氧化石墨烯和乙二醇溶剂为原料成功合成出氧化石墨烯与 Fe_3O 的复合材料而再经水合肼还原后就可得到石墨烯与 Fe_3O_4 的复合材料。Behera 首先采用共沉淀法制备出了 Fe_3O_4 的纳米颗粒，再将还原后氧化石墨烯与 Fe_3O_4 颗粒进行复合即可得到石墨烯与 Fe_3O_4 的复合材料。此外二者复合的还可以用溶胶凝胶（sol-gel）法，这也是常用的一种制备金属氧化物纳米材料的方法。其原理是用含高化学活性组分的化合物做前驱体，然后将原料在水解混合均匀后进行缩合化学反应，使前驱体在溶液中逐渐转变成纳米粒子，并形成稳定的溶胶，经陈化胶粒间缓慢聚合后形成凝胶后再采经不同的方法进行处理后便可以得到不同形貌的纳米颗粒、纤维等产物。Baek 等人采用溶胶凝胶法以 Fe(acac)3 和氧化石墨烯为原料，用苯甲醇为反应溶剂和还原剂制备出了 Fe_3O_4 和石墨烯的复合材料。用这种方法制作出来的复合材料金属氧化物更容易附着在氧化石墨烯的表面。

Fe_3O_4 石墨烯复合材料具有易于合成、成本低、毒性低以及良好的生物相容性等特点，已经应用于磁共振成像、靶向药物治疗、疾病诊断、生物标记和生物分选、催化等众多领域，也被称为“可回收的材料”。Kong 等人合成了磁性 Fe_3O_4 纳米颗粒并详细地研究了 Fe_3O_4 的杀菌活性，结果表明，磁性纳米颗粒具有较高的抗菌活力。在与金黄色葡萄球菌和大肠杆菌相互作用 60 min 后细菌生长受到显著的抑制作用。重复回收实验显示该磁性纳米抗菌颗粒具有较高的回收率和杀菌活性，经过 5 轮循环使用后其杀菌活性仍能保持在 80% 以上。Dong 等人报道在外加磁场下，Fe_3O_4 磁纳米抗菌材料大部分的材料大肠杆菌能够被吸附回收。实验结果表明，经 8 轮循环使用后，1 g/L 磁性抗菌材料与大肠杆菌共培养 50 min 后杀菌效果能够保持在 100%。Wang 等报道了将磁性 Fe_3O_4 纳米颗粒与氧化石墨烯复合，可实现对金黄色葡萄球菌的分离并特异性的杀死金黄色葡萄球菌。此外，Wu 等人利用负载有磁性纳米颗粒——还原氧化石墨烯复合材料对细菌进行富集并利用激光可以快杀灭被富集的细菌。

（3）其他与石墨烯复合的抗菌材料。石墨烯负载无机纳米颗粒的报道最近越来越多，除上述所涉及的材料外，还有 Au，Pt 等金属纳米材料和 ZnO，TiO_2，MnO_2 等金属化合物。Pan 小组采用改进的 Hummers 和水合肼还原法制造出石墨烯后用超声热解喷雾法沉积了 ZnO，从而获得了具有良好的充放电性能和较高的比电容性的石墨烯 /ZnO 合材料。王昭等人采用热水法以氧化石墨烯和钛酸丁酯为原料制备出了 $Ti0_2$/ 石墨烯复合光催。

三、石墨烯复合抗菌材料的杀菌机理

近年来氧化石墨烯杀菌活性的发现使其成为各类学者关注的焦点。2010 年我国学者樊春海、黄庆研究员领导的团队首次发现 GO 的抗菌作用，其机制为氧化石墨烯可以破坏细菌的细胞膜导致胞内物质外流从而杀死细菌。同年，Akhavan 的研究发现氧化石墨烯对大肠杆菌和金黄色葡萄球菌均表现出优异的杀菌活性。2013 年，氧化石墨烯杀菌分子机制方面的研究取得了突破性进展。中国科学院上海应用物理所的方海平教授团队使用计算机分子动力学模拟来研究氧化石墨烯抗菌的动态过程及杀菌分子机制，发现氧化石墨烯不但可以通过对细菌细胞膜进行切割，还可以通过对细胞膜上磷脂分子的大规模直接抽取破坏细胞膜结构从而导致细菌死亡。在氧化石墨烯处理大肠杆菌初期菌体细胞膜完整，随着处理时间的延长，氧化石墨烯紧紧的作用于菌体周围，菌体的细胞膜发生局部的破损。最后氧化石墨烯将菌体细胞膜完全切割，表明氧化石墨烯杀菌的分子机制是氧化石墨烯通过对菌体细胞膜上磷脂分子进行了抽取，破坏了膜的完整性。这意味着一种新的分子机制被发现。氧化石墨烯因此被称为不会产生耐药性的“物理抗生素”。最近耐清洗、具有长持效性、可重复使用的石墨烯抗菌棉布研制成功，这一发现预示着石墨烯可以用于制造新型的抗菌“邦迪”。另外石墨烯及其复合材料还可以通过石墨烯片层上的含氧基团，如羧基、羟基等与菌体细胞壁上的生物分子如糖类、蛋白等形成氢键使菌体细胞质隔离，菌体最终因失去养分而死亡。也有研究报道氧化石墨烯及其复合材料可以使菌体产生过氧化反应，使菌体细胞内物质被氧化最终导致菌体死亡。

第五节　石墨烯在吸附材料中的应用

1. 石墨烯的结构和性质

石墨烯（graphene，G）是单原子厚度的六边形蜂巢晶格，其结构中每一个碳原子经 sp^2 电子轨道杂化，剩余一个 p 轨道上的电子形成大 π 键，π 电子可以自由移动。形成的蜂巢状准二维结构为有机材料中最稳定的苯六元环。石墨烯的厚度仅 0.35nm，是目前发现的最薄的二维材料。其具有超高的比表面积（$2630m^2/g$），能够为污染物吸附提供大量的吸附位点。石墨烯结构中自由移动的 π 电子使其表面呈负电性，重金属阳离子可以很快吸附在石墨烯的表面。由于石墨烯表面缺少活性基团，在水溶液中主要通过范德华力和疏水相互作用进行吸附。石墨烯的衍生物氧化石墨烯（grapheneoxide，GO）表面富有含氧官能团。其上的羟基、羧基等可和其他材料结合以增强 GO 的吸附能力。

2. 吸附重金属离子

重金属离子在水体中污染严重。不易降解的重金属离子可通过食物链富集到人体中从而对人类造成严重地危害。石墨烯具有超大的比表面积，表面性质可以通过修饰来进行调整。在吸附方面具有易操作、效率高、成本低等优点，因此石墨烯材料重金属离子的吸附方面具有重要的研究价值和应用前景。

ZhenghongHuang 等人研究了真空促进低温剥离的石墨烯纳米片（GNS）对铅离子的吸附。通过热处理的 GNS 对铅离子的吸附明显好于普通石墨烯。在高真空下进行热处理可以改善 GNS 的 Lewis 碱度，有利于铅离子和质子同时吸附到 GNS 上，同时升高溶液的 pH 值，增强石墨烯的静电相互作用。对水溶液中 Pb2+ 最大的吸附量可达 35mg/g(700℃)。

Yangyou Hu 等人考察了诱导定向流动制备的层状氧化石墨烯（GO）膜对水溶液中 Cu^{2+}，Cd^{2+} 和 Ni^{2+} 的吸附。层状 GO 膜具有较大层间距和较强的循环再生能力。在 pH 值较高的情况下，对 Cu^{2+}，Cd^{2+} 和 Ni^{2+} 的吸附效果明显增强；Cu^{2+}，Cd^{2+} 和 Ni^{2+} 的吸附等温线很好地拟合了 Langmuir 模型。GO 膜对 Cu^{2+}，Cd^{2+} 和 Ni^{2+} 的最大吸附容量分别为 72.6、83.8 和 62.3mg/g。实验表明，通过调整 PVA 的用量可以优化石墨烯对 Cu^{2+}，Cd^{2+} 和 Ni^{2+} 等重金属离子的吸附能力。

Bin Du 等人通过合成 EDTA-MG0 来研究其对水溶液中的 Pb(Ⅱ)、Hg(Ⅱ) 和 Cu(Ⅱ) 的吸附。研究发现在离子浓度和 pH 较高情况下，EDTA-MGO 对 Pb(Ⅱ)，Hg(Ⅱ) 和 Cu（Ⅱ）的去除率增强。对其吸附主要取决于 EDTA 的金属螯合作用和 GO 表面官能团的静电吸引，因此 EDTA-MGO 的比 MGO 等具有更好的吸附效果。它的最大吸附容量为 Pb(Ⅱ) 508.4mg/g，Hg(Ⅱ)268.4mg/g 和 Cu(Ⅱ)301.2mg/g。再加上 EDTA-mGO 的良好磁性性能，使其易于进行循环使用和固液分离；EDTA-MGO 是吸附重金属离子的优异材料。水中较高浓度的硒离子会导致硒中毒，水源吸附去硒技术开发十分必要。

Hongbo Zen 等人研究了合成的功能化水分散性磁性纳米粒子 - 氧化石墨烯（MGO）复合材料对水系统中的硒离子的吸附。MGO(剂量 1g/L) 显示对于 Se(Ⅳ)，去除百分比 >99.9%，对于 Se(Ⅵ)，在 10 秒内（pH6~7）的去除百分比大约为 80%，表明了 MGO 对硒离子有高效的去除率。pH 值在 2~11 之间时，实验结果表明酸性 pH 增强了硒离子在 MGO 上的吸附。在 pH 约为 2 时 Se(Ⅵ) 的去除率提高到 >95%。MGO 除去率循环 10 次基本不变说明 MG0 可以在外部磁场下有效分离并循环使用。通过与其他纳米材料的实验对比，可以发现 10 nm 磁性氧化铁对去除率有很大贡献。

3. 吸附有机污染物及燃料

有机污染物会影响人体健康和动、植物的正常生长。有些有机污染物在溶液中不以离子形式存在，化学结构稳定，生物可降解性差。石墨烯表面易于与大分子进行复合，吸附高效且吸附对象普遍，因而许多科学家对石墨烯及复合材料对有机污染物的吸附进行了研究。有机污染物主要是芳香化合物的污染。石墨烯通过 π-π 作用和氢键作用等对芳香污染物有很好的吸附效果。

Zhipei Guo 等人进行了石墨烯和氧化石墨烯对 1，2，4- 三氯苯（TCB），2，4，6- 三氯苯酚（TCP），2- 萘酚和萘吸附机理的研究。四种芳香族化合物在 G 和 GO 上的所有吸附等温线都是非线性的，表明除疏水相互作用外，一些特定的相互作用也参与吸附。对于 G，四种物质在 pH5.0 以下具有相似的吸附容量。一系列 pH 依赖性实验结果表明，在碱性 pH 下 2- 萘酚对 G 的吸附能力高于在酸性 pH 下的吸附能力，这归因于阴离子 2- 萘酚的 π 电子密度高于中性 2- 萘酚的 π 电子密度，促进了 π-π 相互作用的形成。而 TCP 对 G 在碱性环境下的吸附曲线却下降很快，产生此现象的原因可能是在碱性环境下氢氧根促进了氯原子的水解，发生了卤代烃的取代，苯环上的羟基增多；在碱性环境下，生成物去质子化，导致静电相互作用增强使 TCP 的吸附效果降低。为对 TCP 和 2- 萘酚的较高吸附性能，主要由于 TCP 的羟基和 GO 上的含氧官能团形成氢键的相互作用，增强了吸附效果。

第六节　石墨烯在环境治理中的应用

一、石墨烯在环境治理领域的应用

1. 石墨烯在水处理领域的应用

石墨烯材料在水处理领域的研究成果非常丰硕，主要集中在对芳香有机物、重金属吸附，以及污染物光催化降解领域。吸附法是一种重要的废水处理方法。常见的吸附剂活性炭、石墨等对芳香族有机物、重金属的吸附效率较低，而石墨烯表面基团可与污染物发生静电作用、氢键作用、π-π 键作用从而得到高吸附效率。Bradder 等人研究发现氧化石墨烯对亚甲基蓝和孔雀绿的吸附量分别为 351mg/g 和 248mg/g，远高于石墨和活性炭。Xu 等研究发现石墨烯对双酚 A 类化合物表现出优异的吸附性能。Huang 等人研究发现氧化石墨烯含有丰富的含氧基团，能够与 Pb^{2+} 发生强烈的作用，取得较好的吸附效果。

石墨烯材料在水处理领域的应用不仅局限于高效吸附，还在光催化降解污染物方面展现出潜力。常用光降解催化剂 TiO_2 存在禁带宽度大、光催化效率低等缺点。TiO_2 与石墨烯结合后，凭借石墨烯高载流子迁移率快速迁移激发电子，有效抑制 TiO_2 光生电子 - 空穴对的复合，显著提高 TiO_2 的光催化降解污染物的效率，解决光催化反应的瓶颈问题。Khalid 等人采用水热法合成还原氧化石墨烯 /TiO_2 复合材料，对甲基橙的光催化降解率明显高于纯 TiO_2。

2. 石墨烯在地下水修复中的应用

石墨烯因其优异的性能，被用于地下水异位修复、地下水原位修复的实验研究中。有研究报道有石墨烯类材料用于污染的地下水异位修复 - 抽出 - 处理技术（P&T）、地下水原位修复 - 渗透反应格栅技术（PRB）的吸附剂。与氧化石墨烯复合后纳米零价铁颗粒（nZVI-rGO）和过硫酸盐体系对抽出 - 处理（P&T）的地下水的三氯乙烯去除效率提高了 26.5%。Li 等人提出了将石墨烯负载纳米零价铁应用于 PRB 技术中修复受铀污染的地下水，饱和吸附量可达 8173mg/g。

3. 石墨烯在土壤修复中的应用

化学淋洗是一项利用化学溶剂把污染物从土壤固相转移到液相并进行处理的技术。石墨烯因其优异的性能被用于污染土壤的化学淋洗的实验研究中。甘信宏等以磺化石墨烯作为淋洗剂，对 Cd 污染土壤进行异位修复，磺化石墨烯表现出比常见洗脱剂（如 $FeCl_3$、

$CaCl_2$）更好的洗脱修复效果。张亚新用添加了石墨烯 -TiO_2 复合光催化剂的淋洗剂对五氯酚钠污染的土壤进行淋洗，发现五氯酚钠的降解率约是普通 P25 型 TiO_2 光催化剂的 18 倍。

二、石墨烯在环境分析领域的应用

石墨烯独特的性能使其能够应用于环境分析。石墨烯修饰的电极电化学响应迅速，可以有效地测定环境中的重金属离子等。李鑫等人利用石墨烯 / 纳米氧化铝复合膜修饰玻碳电极测定土壤中的铜含量，结果表明，在 pH4.6 的磷酸氢二钠 - 柠檬酸缓冲液中，铜在复合膜修饰电极上的溶出峰电流相对于裸玻碳电极提高了 2.4 倍。石墨烯气敏传感器气敏性高、响应快速，可用来检测 H_2、H_2O、乙醇、硫化氩、氨气、CH_4 等多种气体。Wang 等人采用旋涂法制备了可在室温下工作的还原氧化石墨烯 H_2 气体传感器，室温下，当 H_2 浓度为 160×10^{-6} 时，响应时间为 20s，恢复时间为 10s，灵敏度为 4.5%。

第七节　石墨烯在智能穿戴中的应用

一、聚焦石墨烯复合材料的应用案例

石墨烯的发展路径与碳纤维、碳纳米管的发展路径十分相像，首先研究人员将其作为复合材料应用在运动产品中，从而使专业人员发挥出高水准表现，如轻量化网球拍。2017 年，理查德米勒（Richard Mille）携手 McLaren 打造了一款世界上最轻（32g）、最昂贵的手表，运用石墨烯材料和极尽镂空的部件，实现了空前的超轻重量，价值 100 万法郎。

同时，Konstantin Novoselov 研究团队与英国汽车制造商合作，生产了一款世界上最轻、时速快、造价高的汽车，其中采用了石墨烯基复合材料作为车身。选择采用石墨烯的原因不仅仅因为其材料的高强度或是其可以减轻车身重量，还因为石墨烯成品的高导热性能可以加快零件散热的速率。几年前，有一半的福特车型引擎盖下的组件采用了与石墨烯混合的泡沫材料，然而最初的意外决定，使研究人员发现石墨烯材料可以提升汽车引擎的降噪性能。

二、聚焦石墨烯在跨界领域的科技应用

石墨烯的热传导率高达 1000 W/（m.K），远超过其他材料的热传导率，因此被广泛应用于热量管控领域，可用于手机或其他新的应用中，如华为公司就看中了石墨烯优异的热量传导管控性能，并加以应用。

近日，Konstantin Novoselov 研究团队开始研究石墨烯的光电子应用，其中最具前景的应用是光电探测器。它是由石墨烯与童子点电荷传感器制成的，通过对量子点施加一定

光压，可感应到电荷的存在；加入石墨烯可以快速地与其他组件相集成，并具有高感应度。同时，石墨烯与不同组件相集成的复合材料可以用在自动驾驶领域，具有广阔的应用前景。

近期，硅光子技术越来越多地应用在电讯领域。通过研究发现，12μm的圈环可以大大提升信号传输速度，并可制成不同的器件，其中石墨烯发挥着举足轻重的作用，其高载流子迁移率可大大提升无线电信号的速度。目前，基于相位调制器的电讯装置已经面世，并被世界上诸多领先企业投入试验使用。

此外，石墨烯还可用于生物学中的生物传感应用领域，通过对表面进行石墨烯改性处理，使其可以感应特定情景；也可以链接基本的石墨烯材料以抵抗病毒，这点对于疫情肆虐的当下尤为重要。

三、石墨烯在智能纺织品上的应用

Konstantin Novoselov 研究团队加大了石墨烯相关领域的研究力度，并将相关研究成果应用在智能纺织品或个人防护装备上。

石墨烯可应用于打印 RFID 标签以及纺织品上，其具有多种存在形式，如石墨烯粉末、石墨烯悬浮液或石墨烯导电浆料等，用来制作各种各样的电子配件。应用于可打印的 RFID 标签时，通过采用石墨烯导电浆料打印出的 H 型标签或 UH 型标签均有不俗表现，但很难使用其他二维材料打印出这种类型的标签。

四、为什么选择石墨烯

选择石墨烯的原因主要有以下几点：

1. 石墨烯导电浆料可以直接印刷在纸张上，无须其他操作；
2. 技术具有生态环保性；
3. 该材料具有良好的柔韧性；
4. 最重要的是可打印技术具有灵活可变性，减少了传统铝蚀刻所造成的浪费；使材料成本和技术成本最小化。

基于此，已经有企业开始生产绿色环保的石墨烯 RFID 标签。不需要使用太多设备，不会产生过多材料浪费，只需要使用少量的石墨烯导电浆料，再次彰显了该项技术的价格合理性以及生态友好性。

除此之外，还有许多其他的应用可能性，RFID 应用中需要在电子标签中集成传感器，如温度传感器、湿度传感器、电传感器、压力传感器、磁感应传感器等；并且可尝试使用改性传感器，集成不同的信号，传导不同的结果。

例如，采用了石墨烯改性纱线制成面料，使其可以感知温度。石墨烯材料具有稳定性，可用于成衣使用或可穿戴服装中。Konstantin Novoselov 研究团队做了一项实验，将吹风机置于石墨烯 RFID 标签的上方使其升温，虽然没有和电脑相连，仅仅放在电脑旁边就可以将相关温度信息传输到电脑上；将手指放在标签上面，可以良好地感知到温度的升降；说明了石墨烯 RFID 标签优良的传感性能。

五、石墨烯与纺织品如何结合应用?

一般有两种结合应用方式：

1. 可采用还原氧化石墨烯溶液对纤维进行改性浸涂处理，烘干后可得到石墨烯改性纤维；对纱线进行石墨烯涂层处理后，获得的功能性纱线可用于传感器或是连接传导。

2. 在面料表面直接涂，之后通过轧压工艺强化涂层，工艺的选择主要取决于最终的应用领域。这两个方式均可以用于智能纺织产品的传感器、可穿戴电池或 RFID 标签上，起到连接作用。

此外，运用石墨烯传感器还可以感应到压力变化，如将传感器放置在衣服的不同位置，当躯干弯曲时，传感器输出的曲线也会随之发生变化，因此可以轻松地根据曲线判断阻力所发生的变化，以此衡量活动中胳膊或肘部的阻力大小。传感器可以感知的阻力变化范围高达 10%，这种方式远比电子器件衡量法更舒适；并且水洗后的传感器测试结果并没有太大变化。

六、石墨烯有什么特别之处呢

石墨烯是零带隙半金属材料，这就意味着这些点之间不同寻常的带隙能赋予它与众不同的电子性质，石墨烯带隙所具有的特性可以更好地为大家所用。例如，当测量石墨烯的光学特性时，它具有非常宽的光吸收频谱，这一特性尤为重要，由于泡利阻塞原理，石墨烯的带间跃迁被阻止；此时石墨烯的光子带易于饱和，光子能够无损耗地通过，即使在非饱和状态石墨烯也可

以改变空间入射光的反射系数以及材料的吸收特性，这一点通常会应用在纺织品生产中。首先在背面涂有导电涂层的织物表面沉积多层石墨烯，在石墨烯层和导电涂层施加电压后，导电涂层中的电解质电离出的离子经过织物可逆地进入石墨烯层中，使得石墨烯的分子团相互摩擦、碰撞，从而改变织物的反射性能，并由此改变其表面温度。同时，由于石墨烯的柔软特性，可以轻松地将其弯折。当使用红外摄像机测量温度时，不施加电压时却测量到了温度表现；而当施加电压时，其表观温度不是实际的温度，并且实际温度不随表观温度的变化而改变。

七、如何将石墨烯与面料相结合

由于石墨烯是晶体结构，不能直接拉扯，因此可生产具有弹力的面料，先将面料拉伸开，随后将石墨烯附于面料表面，石墨烯十分柔软，可直接按压；当拉伸面料时，表观温度也随之变化。

第十章　石墨烯的应用展望和面临的挑战

第一节　展望

自 Andre Geim 和 Konstantin Novoselov 成功分离出单层石墨烯后，石墨烯的各种优异性能被广泛地发掘并引起了人们极大的兴趣，进而开始了石墨烯及其他二维材料的研究热潮，二人也因为其对二维材料石墨烯的突破性实验而获得 2010 年诺贝尔物理学奖。近十几年来，随着石墨烯研究及产业化应用的发展，石墨烯薄膜制备技术的实验研究与工业化也在迅速发展，并且已经有相关产品出现，如基于石墨烯触摸屏的手机及基于石墨烯加热膜的理疗产品等。然而，目前石墨烯薄膜（甚至可以说是整个石墨烯材料领域）的产业化进程仍然比较缓慢，可以归结为两个方面的原因：一方面，虽然石墨烯在许多领域体现出区别于其他材料的独特优势，但其综合指标还远未达到实际应用的要求，这或者是受制于器件的设计及制备工艺的不完善，使得石墨烯的优异性能受到影响或无法充分体现，或是当前材料制备工艺下材料的品质无法满足要求；另一方面，虽然在有些领域石墨烯的应用可以实现，但与现有的材料与技术相比，并没有性能优势，而成本上又缺少竞争力，如石墨烯触摸屏。因此，未来石墨烯薄膜制备技术的发展，仍将针对这两个方面的问题：一方面，提高制备工艺的可控性，在性能上满足应用需求，或在成本上具有竞争力；另一方面，开发符合石墨烯自身特点的产品，尤其是现有制备技术下石墨烯特点的“杀手锏”级应用。

石墨烯薄膜制备技术的研究与实践，可以总结为如下几个方面。

1. 理想条件与实际条件

石墨烯在金属表面形成的研究可以追溯到 20 世纪六七十年代。通过 CVD 技术在金属表面生长石墨烯可以分为两种机制，即溶碳析出生长与表面生长。当碳在金属中的溶解度较高时（如镍），高温时，含碳前躯体在金属表面裂解，提供的碳源会先溶解到金属基底中，形成饱和溶液并在表面偏析，然后在降温过程中，随着溶解度的降低，溶液过饱和，更多的碳在金属表面析出形成多层石墨烯（或石墨薄膜）。当碳在金属中的溶解度很低时（例如铜），碳源在金属表面团聚成核，并逐渐长大最终拼接成连续的石墨烯薄膜。在实际的 CVD 过程中，具体的反应过程是极为复杂的。由于铜基底 CVD 制备石墨烯薄膜的显著优势，关于这方面的理论研究近来也取得了极大的发展，对石墨烯的成核、生长过程、晶体的平衡形状等都给出了较好的解释。然而，尽管这些理论研究为石墨烯薄膜制备技术的发展提供了很大的指导，但目前所采用的模型与计算仍相对简单，主要针对某些特定的晶面，并且是基于材料的理想纯度情况下，即只考虑 Cu、C、H 之间的相互作用；前期的很多实验研究，也只是考虑主要的物质，如铜基底、氢气、甲烷、氩气等，并未考虑实际条件下杂质的影响。而在实际的实验或生产制备中，是不可能排除其他杂质的存在的。例如，在大多数实验条件下所使用的气体及系统中，总会或多或少地存在一些氧化性杂质如 O_2、H_2O、CO_2 等。而越来越多的实验结果表明，即使是微量的氧化性杂质也会对石墨烯的生长产生非常关键的影响，而系统中的碳杂质（例如，来自油泵中的油蒸气）则会干扰对石墨烯成核和生长动力学过程的判断，这也就意味着，之前的很多结论需要被重新审视或完善。另一方面，实验中所使用的铜基底中也含有各种杂质。研究表明，当使用压延铜箔作为石墨烯的生长基底时，由于加工过程引入基底中的过饱和碳会极大地增加石墨烯的成核密度，不利于大面积单晶的制备。铜箔中其他杂质元素如 Si、Fe、Zn 等对石墨烯制备影响的研究目前仍属空白。而这些不但对进一步理解石墨烯生长机制及动力学过程非常重要，对确保石墨烯薄膜制备工艺的稳定性和重复性更加关键。

2. 单晶制备

大面积石墨烯单晶可以通过两种方法进行制备，一种是控制晶体的成核密度并提高其生长速度，使晶体只从一个成核点开始生长，即单核法；另一种是使用单晶基底，利用晶体与基底的外延关系，使所有晶核具有一致的取向，晶畴长大后实现无缝拼接，即多核法。2013 年，Ruoff 团队的郝玉峰等同样使用铜信封结构，利用氧气辅助，制备了厘米级的单晶；2015 年，上海微系统所谢晓明团队用微孔导气管控制碳源的定位进给，在 Cu85%/Ni15% 合金基底上生长了 4cm 的石墨烯单晶，这也是迄今为止最大的通过单核法制备的石墨烯单晶。单核法的最大问题是其极低的生产效率，即使是在 Cu/Ni 合金上具有更大的生长速度，生长 4cm 的单晶也需要 2.5h，并且定位控制碳源输运增加了系统的复杂性；而在铜信封内部生长 lcm 大小则需要 8h。多核法由于是多点同时成核生长，因此可以快速地制备大面积的石墨烯单晶薄膜。韩国 Yong Hee Lee 团队于 2015 年在 3cm × 6cm 的 Cu(111) 表面实现石墨烯的多点同取向外延成核并最终无缝拼接成连续的薄膜。多核法的前提是获得大面积的 Cu(111) 单晶。2017 年，北京大学刘开辉团队采用类似传统的利用液体和固体界面处的温度梯度作为驱动力制备单晶硅锭的“提拉法”，实现大面积 Cu(111) 单晶铜箔的高效、连续制备，面积达到 2cm × 50cm。多核法的另一关键是要保证石墨烯晶畴与 Cu(111) 基底具有严格的外延关系，这样才能保证所有的石墨烯晶畴取向一致，最终实现无缝拼接。因此，基底表面的光滑度及清洁度对保持石墨烯晶畴确定的取向非常关键，过于粗糙的表面及杂质都有可能对晶畴取向产生扰动。

实际上，很难保证铜箔基底在很大面积范围内完全光滑且没有任何杂质存在，因而总会有一小部分石墨烯晶畴的取向会有所偏差，因此，严格地讲，这种多核法制备的石墨烯单晶更应该被称为“准单晶”。

3. 缺陷的形成与控制

对于多晶石墨烯薄膜而言，当取向不同的两个晶畴拼接时，连接处会由五元、七元环来补偿其六元环晶格的取向偏差，即形成晶界。晶界是石墨烯多晶薄膜中的主要缺陷，制备大面积的石墨烯单晶就是为了消除这一缺陷的影响。然而，即使是石墨烯单晶（或单个晶畴内部）也会有其他种类的缺陷存在，如由于碳原子的缺少导致的空穴或者五元、七元环等缺陷，各种功能团、褶皱及折叠等，这些都可以通过拉曼光谱、Scm、AFM、XPS 等观察到。对于这些缺陷的形成、其对石墨烯性能的影响以及如何对其进行控制等，目前的相关研究还很少。R.M.Jacobberger 等人认为，在石墨烯生长的过程中，活性基团从铜表面附着到石墨烯晶体后，需要一个特征时间在铜表面进行重组或脱氢以重新排列，才能形成有序的结构。如果生长速率太快，这些无序中间体可以被捕获在晶体中，导致晶格的局部破坏或配位缺陷。生长在金属（如铜）表面的石墨烯，由于与金属具有不同的热膨胀系数而导致褶皱或折叠的产生，这些褶皱或折叠会降低石墨烯的电学性能。B-WLi、BDeng 等人分别发现，外延生长在 Cu(111) 表面的石墨烯不会有褶皱或折叠，但有较大的残余应力。大量的 XPS 分析都表明，在石墨烯中均含有较多的 sp^3 杂化及 C/O 基团，但其成因却并不明确。总体而言，对石墨烯缺陷的研究还处于一个非常粗浅的阶段，还需要大量细致深入的研究。

4. 层数及堆垛的控制

单层石墨烯的零带隙特性极大地限制了其应用，而多层尤其是双层石墨烯不但具有很多与单层石墨烯相似的优良特性，其结构上的差异更带来大量不同的电学和光学性质，如 AB 堆垛的双层石墨烯在外加垂直电场的情况下可以打开带隙、提高光学声子的红外活性，以及由于堆垛旋转角度的变化（非 AB 堆垛）而带来更多的电学和光学性能的变化。使用碳溶解度比较高的金属，基于碳的溶解析出机制，可以很容易地获得多层石墨烯，但其层数的均匀性很难控制。在碳的溶解度低的金属表面同样可以生长石墨烯，这种基层表面生长机制的多层石墨烯，可以同时成核生长（共生长），也可以每层以不同的生长速度生长（面上生长或面下生长）。在铜中加入镍可以调节合金对碳的溶解度，从而提高对石墨烯层数的可控性。

然而不论哪种方法，对多层石墨烯堆垛角度的影响因素目前尚不明确，无法获得（堆垛角度和层数）均匀的多层石墨烯薄膜，极大地限制了其应用。如何获得层数均匀、堆垛角度可控的多层（或双层）石墨烯薄膜，仍是当前石墨烯薄膜制备技术的一个重大难题。

5. 石墨烯的转移与掺杂

生长在金属基底表面的石墨烯，不能有效地进行物理和化学性能的表征，也无法直接在透明导电、光电子器件以及导热等方面应用，因此首先必须把石墨烯从金属生长基底完整地转移至新目标基底上，才能实现后续应用功能的开发。目前已经发展了多种石墨烯转移方法，部分已经成功地应用于石墨烯薄膜的工业化制备。石墨烯的转移方法可以根据不同的原则进行分类。例如，根据是否保留铜基底可以分为刻蚀法及剥离法，根据是否需要支撑层可以分为有支撑层辅助转移和无支撑层直接转移等。每种方法又可以进行细致的划分，如有支撑层可以根据支撑层材料进行分类、剥离法可以根据剥离方式进行分类等。石墨烯的转移需要解决如下几个问题:（1）转移后的石墨烯应该保持干净，没有杂质的残留，不对石墨烯形成掺杂;（2）转移后的石墨烯应该保持连续性，没有因转移而导致的机械破坏，如褶皱、裂纹以及孔洞等;（3）转移工艺稳定可靠、适用性高、可工业化。目前的转移技术都无法完美地解决这些问题。

石墨烯的一大潜在应用是用于透明导电电极，但是，尽管其具有很高的载流子迁移率，原始的石墨烯载流子浓度较低，因此其面电阻较高，与现有的透明导电材料 ITO 相比缺乏竞争力。对石墨烯进行掺杂可以增加其载流子浓度，降低面电阻。目前用于石墨烯的掺杂剂主要分为小分子和过渡金属氧化物两类，两者均在石墨烯表面上进行电荷转移。但是，小分子掺杂剂如无机小分子酸（如 HNO_3、HCL、H_2SO_4）和金属氯化物（如 $AuCl_3$、$FeCl_3$）具有严重的环境不稳定，是石墨烯电极实际应用的一大障碍，而过渡金属氧化物在石墨烯表面沉积不均匀性会使石墨烯表面变得粗糙。理想的化学掺杂应满足以下条件：低面电阻；高功函数；高稳定性；膜面光滑；高透光率。

6. 非金属基底生长

转移过程的引入，不但会影响石墨烯的质量，还增加了技术难度和制备成本。一种解决石墨烯转移所面对的问题的方案是将石墨烯直接生长在目标基底上。一般在实际应用中的基底多为非金属基底，如用于电子器件的 SiO_2/Si 基底及用于透明导电电极的玻璃基底等。非金属基底对碳源的催化性能较弱，而活性基团在非金属基底上的吸附和运动性都较弱。可以说，要解决石墨烯在非金属基底上的生长问题，就要先解决这两个主要的问题。目前，已经有多种方法促进碳源的裂解，如用更高的温度、易裂解的碳源、金属辅助催化以及 PECVD 促进碳源裂解等。但是，目前对活性基团在非金属基底表面的行为如扩散、团聚、成核等理解的却还很少，在非金属基底上生长的石墨烯晶畴大都很小，石墨烯薄膜的质量还有待进一步提升。

7. 低温制备

尽管在高温下，更容易获得大面积的石墨烯单晶以及较低缺陷密度的石墨烯薄膜，但是高温过程会极大地提高设备成本及能耗，降低系统的安全性，同时，也使一些在电子器件上直接沉积石墨烯的制备过程无法实现。与非金属基底直接生长石墨烯所面临的问题相似，低温制备也需解决碳源的裂解及石墨烯在基底表面的扩散、成核及生长问题，同样，可以使用易裂解的碳源如芳香烃或使用 PECVD 来促进碳源裂解。但是，使用液态或者固态碳源，由于其较高的饱和蒸汽压，会吸附在系统腔室及管路内壁，造成系统的污染，降低系统的可控性和制备的重复性，而许多碳源材料实际远比甲烷昂贵，也并没有起到降低成本的目的。目前大多数低温制备的石墨烯薄膜的质量仍然较差，这可能与低温时基底的表面不够光滑与清洁有关。D.A.Boyd 等人证明当使用表面清洁光滑的铜基底时，即使是在低温下（<420℃）也可以获得高质量的石墨烯薄膜，其电学性能甚至优于高温生长的薄

膜。通过清洁光滑的表面来制备高质量的薄膜在表面科学的研究中被广泛使用，这一方法在石墨烯薄膜的制备中同样适用，如通过对铜基底进行抛光、高温退火以及使用液态铜等都有助于提高石墨烯的质量。对于大部分 CVD 条件，当温度较低时，很难确保铜基底表面的完全清洁。一方面，来自外部环境的、在基底表面的污染物（如灰尘）很难除掉；另一方面，则会有系统背底气氛中氧杂质的吸附等。获得并保持清洁光滑的基底表面可能是在低温下获得高质量石墨烯薄膜的一个关键。

8. 石墨烯异质结

石墨烯的研究同时带动了其他二维材料的研究与发展，而不同的二维材料层叠加形成层间异质结，或在同一层内分成不同的材料的区域形成面内异质结，更是为材料设计提供了更多的可能。纵观历史，任何一种新材料从发现到真正应用基本都需要几十甚至上百年的时间，石墨烯目前尚处于研发的初始阶段，还需要更多的努力与投入。尽管目前还有很多的困难与挑战，但也同样蕴含着许多无法想象的机会与奇迹。

9. 石墨烯产业规划

（1）创新石墨烯材料产业化应用关键技术

积极利用石墨烯材料提升传统产品综合性能和性价比，推进石墨烯材料在新产品中的应用。开发大型石墨烯薄膜设备及石墨烯材料专用检测仪器。重点发展利用石墨烯改性的储能器件、功能涂料、改性橡胶、热工产品以及用于环境治理和医疗领域功能材料的生产应用技术，基于石墨烯材料的传感器、触控器件和电子元器件等产品的制备技术。

（2）开展终端应用产品示范推广

围绕新兴产业发展和现代消费需要，瞄准高端装备制造、新能源及新能源汽车、新一代显示器件和智能休闲健身等领域，构建石墨烯制品示范应用推广链，促进石墨烯材料的研制生产、应用开发及性能评测等环节互动，提升性价比，示范推广利用石墨烯生产的储能材料、导电材料、导热材料、功能涂料、复合材料、光电子微电子材料以及环境治理与医疗诊疗等新材料。

（3）促进军民融合发展

加大石墨烯材料在国防科技领域的应用。围绕石墨烯材料应用开发，建立军民对口科研机构协作机制，推动技术成果、信息资源共享，促进专业人才、基础设施等要素的互动。发挥军民结合公共服务平台作用，开展两用技术交流对接，借助建设以军民结合为特色的新型工业化产业示范基地，带动提升石墨烯产业军民融合水平。

（4）壮大石墨烯材料制造业规模

加快石墨烯材料生产规模化、柔性化、智能化和绿色化。新建石墨烯材料生产线原则上要进入化工园区，符合化工园区环保准入条件和园区规划环评要求。粉体生产线装置规模不低于 10 吨 / 年，薄膜生产线能够连续自动转片。鼓励石墨烯粉体制备与天然石墨资源开发有机结合。

（5）促进产业集聚发展

鼓励石墨烯材料生产企业以资本、技术、品牌等为依托积极参与到石墨烯产业发展中来，在材料制备领域提高生产集中度。支持中小企业发挥自身“专精特”新优势，利用石墨烯材料开发适销对路的新技术、新产品、新材料和新装备，支持开展形式多样的应用创新和创业活动，集群发展石墨烯材料应用产业，形成聚集效益，打造产业示范基地。

（6）实现产业绿色发展

石墨烯产业将全面实现产业绿色发展，优化石墨烯材料生产工艺，完善生产装备，鼓励选用符合能效 1 级或节能产品。发展石墨烯材料清洁生产技术，推行循环型生产方式，实现石墨烯材料生产过程废物的综合利用及达标排放。推进智能化生产，加强石墨烯材料生产的污染排放和能耗、物耗管理，开展石墨烯材料生物安全性研究，促进产业绿色发展。

（7）积极服务于国家重点工程建设

立足石墨烯材料独特性能，针对航空航天、武器装备和重大项目基础设施所需产品的性能要求，协同研制并演示验证功能齐备、性价比优的各类新型石墨烯应用产品。加快防腐涂料在海工装备、港口岛礁等设施中的推广应用。

（8）不断开拓工业领域新应用

重点围绕涂料、树脂、橡胶、电池材料等现有大宗产品性能提升，新能源、新能源汽车、节能环保、电子信息等领域所需新产品引导石墨烯材料生产、应用产品生产企业与终端用户跨行业联合，利用石墨烯材料协同开发性能适用、成本合理的石墨烯应用产品，并根据终端应用需要持续提高石墨烯材料性价比，培育和扩大石墨烯产品在工业领域的应用市场。

（9）努力提升服务民生能力

开发基于石墨烯薄膜、石墨烯功能纤维的穿戴产品，满足人们对智能休闲健身产品的多功能需求。加快开发石墨烯发热器件，推进基于石墨烯的高效供暖系统的示范工程建设和应用推广，提高建筑节能水平。加强石墨烯产品在安全防护、医疗卫生、环境治理等领域的创新型应用，更好地满足经济社会发展。

第二节　挑战

将石墨烯生产从有潜力的原始状态发展至石墨烯生产，将为工业带来翻天覆地的变革，这一点早已被众多科研机构以及政府部门提上日程。如此一来，不仅将未来技术引入一个全新格局，届时还将更快地生产出更薄、更坚固、灵活且能广泛应用的石墨烯产品，而且也能为投资赢来高回报。

经济发展伴随着技术进步。而当今的经济形势更加需要既通用又可靠的技术，这样才能增大获取成功的可能性。但问题是：石墨烯是否为通用的技术材料？石墨烯是否能给当今工业带来翻天覆地的变化？对此，当我们看到大量的专利时，得到的答案是肯定的。但是，亟待解决的最大问题是能有多少应用或专利得以使用，又有多少能达到预期标准。幸运的是，目前针对石墨烯适用于工业化应用的现象研究以及开发活动无疑给未来几年对石墨烯领域的开发打了一剂强心针。

高导电性、电子以及空穴的高迁移性、高导热性、高杨氏模量以及在众多石墨烯层上这些特性的依存性，都是石墨烯最宝贵的特性。正因为如此，石墨烯才吸引了科学家和技术人员的目光，以此进行大规模生产大型石墨烯片的开发活动，这从商业角度看也具有可行性。让我们把目光迅速转移至即将进入市场、以石墨烯为基础的产品，这可以让我们深入了解石墨烯在新兴工业的重要地位。而未来的商机便潜伏在能源管理（使用石墨烯获取太阳能）、混合电子产品 / 柔性电子产品（利用石墨烯的高导电性）、透明导电膜（取代导电玻璃）、显示器能源 / 超级电容器（储能超过 300~400F/g 的大容量直流电源）、光伏（为染色敏化太阳能电池以及有机柔性太阳能电池开发导电透明电极）、热量管理（利用石墨烯的高导热性，在电子线路中将石墨烯作为一块散热片）等领域中。

为开发石墨烯的潜力，政府部门、各大企业及私人投资者都在资助有关石墨烯的研究，以期加快工业产品的开发来实现其商业化价值。考虑到石墨烯的诸多应用，最大的挑战莫过于大批量生产具有预计层数的高质量石墨烯，以及生产以石墨烯为基础的材料。

石墨烯工业：

正如其专利，石墨及石墨烯同样在工业中占据独特地位。全球约有 106 家石墨烯公司，包括研究、开发和生产公司。大部分公司位于北美洲。从事石墨烯相关业务的公司可简单分类如下：

1. 生产石墨烯的公司。

2. 开发以石墨烯为基础产品的公司。

3. 开采石墨的公司。

4. 制造生产石墨烯可用设备的公司。

5. 提供软件、技术以及其他石墨烯相关服务的公司。

1. 生产及应用石墨烯的公司

虽然有关生产石墨烯片的一系列研发活动已经完成，但用于大批量生产大型石墨烯片的卷对卷式法，其商业利益却值得再三考量。然而，虽然能预见石墨烯在工业方面的巨大潜力，投资者对投资以石墨烯为基础的企业仍心存疑虑。这一点也导致其发展脚步有所放缓。究其原因，卷对卷式生产工艺还未走出实验室范畴，并且通过该方法制造出的石墨烯片的质量和大小也有待改进。

洛克希德，马丁（Lockheed Martin）公司是一家全球性国防、航空航天制造商。该公司已拥有一款名为“Perforene”的专利产品。这是一种微纳米孔石墨烯滤水器，用于海水淡化装置并可以处理石油天然气工业的废水。而在这些石墨烯片上能钻尺寸精确为 1nm 的纳米孔。这家公司已开始制造石墨烯，但还未将这项技术用于商业化生产。一些共同基金仍在对以石墨烯为基础的技术投资做相关调查。加文 · 贾布仕（Garvin Jabusch）与弗兰

克 · 莫里斯（Frank Morris）对石墨烯工业发出如下警告：

石墨烯的特性要得到广泛的商业认同仍有待更进一步的发展，或许这比众多投资者的期望还要长久。最主要的原因在于石墨烯的许多优点也伴随着它自身或大或小的限制，这还有待被克服。例如，即使石墨烯对吸收光子有 100% 的能量转换率，它却只能吸收约 3% 的光子。目前，许多进行中的实验致力于解决这些问题，如染料敏化太阳能电池以及其他方法，但所有方法都还处于实验阶段，并未做好广泛使用的准备。

对他们所提及的具体应用的声明存在一定的真实性，但任何基于石墨烯电学和热性能的研发都能很快发现其商业应用，特别是在缩小电子电路进而缩小当今使用的电子产品方面。我们需要对石墨烯持乐观态度，而非一味消极。

目前，全球仅有很少的公司从事商业化生产石墨烯的活动。许多公司则努力将重点放在为某特定应用而标准化使用石墨烯上，进而顺势生产石墨烯。例如，Graphenea Bluestone Global Tech.2-D Tech 和 Graphene Frontiers 等公司正致力于开发新型生产技术。这项技术能使他们生产出高质量的单层石墨烯片，用于品质更优、远景更长的应用，如可触摸显示屏和升级版光电池。

近年来，加拿大 NanoXPIore 公司已每年从石墨中生产 3t 纯石墨烯纳米粒子（GNPs）。该公司在加拿大拥有最大的石墨烯生产能力。此外，该公司已将石墨烯在生产过程中进行功能化这一过程做到尽善尽美。通过努力销售，该公司提高了 218 万美元的业绩，成为行业中的翘楚。

一旦将石墨烯合成，下一步便是将石墨烯加工到一块元件上，如用于手机和防弹背心的电子晶体管等。诸如防弹背心这类产品则要求将石墨烯与其他材料进行混合，以此保证用于某特殊用途的石墨烯仍能保持其理想品质。大部分这类产品的生产和专利权由一些小公司拥有，而这些小公司也做好了将其技术转让给大公司用以生产和销售给终端用户的准备。目前，仅有两家公司（AMO 和 Bluestone Global Tech）生产并销售用于现代技术的元件，如石墨烯晶体管、光电探测器这类终端产品。而诸如 IBM、三星和闪迪等众多公司则致力于针对应用和终端用户需求的石墨烯生产。这类公司使用的石墨烯大部分为化学气相沉积法生产的石墨烯。

Graphene Frontier 是一家脱离美国宾夕法尼亚大学的独立公司。该公司正致力于开发通过卷对卷式的“大气压下化学气相沉积工艺”来制备石墨烯。借助 160 万美元的雄厚资金，Graphene Frontier 将生产 6 个传感器品牌。此类传感器将具备高灵敏度的化学和生物石墨烯晶体管，用于癌症等的疾病诊断。

欧洲各国对商业设施的开发予以支持，并资助进一步开发石墨烯用于这些设施上的应用。

Graphenea 公司联合飞利浦（Philips）与剑桥大学开发了单色有机发光二极管（OLED）器件，将三氧化钼薄膜放置于石墨烯与有机发光二极管层之间，作为透明导体层。以石墨烯为基础的透明导体的性能超过铟锡氧化物，而铟锡氧化物是目前最受欢迎且用于显示屏和太阳能电池中的透明导体，但其价格昂贵，稀少还脆弱。

Haydale 公司与 Vorbeck Materials 公司正致力于开发石墨烯薄片以及石墨烯纳米微板应用的市场，为可印刷电子技术开发出先进的复合材料以及导电墨水。更多公司则全心全意地投入石墨烯 3D 打印机的行业中，如 Grafoid.Gra-phene 3D Labs、AGT、Kibaran、青岛尤尼科技有限公司（Qingdao Unique Prod-uets）Graphene Technologies 以及 Stratasys 等公司。

Stratasys 公司在 3D 打印机行业占据了领头羊的地位，资产超过 50 亿美元，且部分由美国 - 以色列 BIRD 基金资助。

Microdrop Technologies 是一家总部位于德国的公司，其使用的石墨烯来自 Talga Resources 的供应。该公司已将石墨烯在微缩印刷、3D 打印及其他相关应用上进行过测试。

韩国三星先进技术研究所（SAIT）与成均馆大学先进材料科学与工程系合作，开发出全新的方法在半导体上制备大尺寸单晶片石墨烯，并保持了石墨烯的电子和力学性能。这是一种无皱单晶单层石墨烯。这种石墨烯长在硅晶圆上，用不含氢的锗作为缓冲层。该系统的优点得益于锗（110）晶面的各向异性的双重对称性。在该晶面上将形成许多种子，进而合并形成单晶石墨烯。另外，石墨烯和底层氢端锗表面间的弱连接性使得在石墨烯制造过程中容易进行石墨烯无刻蚀干转移，而锗衬底还可继续使用。

石墨烯的另一项独特应用是一种名为“PIatDrill”的石墨烯增强型钻井液，由 Graphene Nanochcm 公司生产。该公司计划年生产 30000 的 PIatDrill，价值 170 万美元。PIatDrill 石墨烯增强型钻井液是一种旨在提供优越性能的钻井液，其特性为对环境影响小，润滑性更好，承载能力更强且黏度更高。

美国的 Struetured Materials Industries 与康奈尔大学的电子与计算机工程系合作，共同生产石墨烯生产中所用的沉积工具和支持设备。他们生产的工具如下：

（1）水平管式反应器（化学气相沉积法和等离子增强化学气相沉积法下的石墨烯 / 碳纳米管金属基板），其加热能力最高至 1200℃。这种管式反应器适用于工艺研究与开发。

（2）垂直转盘式反应器与化学气相沉积法，可用于晶片生长和掺杂过程。

（3）多区域水平管：适用于化学气相沉积、TD、碳化硅化学气相沉积晶片生长。

（4）在金属带上通过卷对卷式化学气相沉积对石墨烯进行连续合成的多区域金属带工具。这种金属带可用于金属箔的制备以及后续掺杂工艺等。

2. 石墨开采公司

作为一种用于合成石墨烯、氧化石墨以及石墨烯纳米条带的原料，石墨对于石墨烯合成而言是必备材料。天然石墨的开采是在露天矿或者地下进行的。中国是第一大天然石墨开采国，印度、巴西、朝鲜和加拿大紧随其后。澳大利亚与瑞典也拥有石墨矿。人造石墨大部分产于美国，通过将碳化硅加热至很高的温度来去除硅物质。虽然人造石墨的质量最优，又名高定向热解石墨（HOPG），但与天然石墨相比，人造石墨的价格过于昂贵。因此，大部分商业石墨烯生产公司会与石墨开采公司合作。石墨在工业品中的使用率很高，如用于耐火材料、电池、钢铁冶炼、膨胀石墨、制动衬片、铸模面料、润滑剂，在核反应堆中作为一种基质和中子缓和剂，以及作为一种雷达吸波材料。而现今的公司更倾向于使用化学气相沉积法来对石墨烯进行大规模生产。

3. 终端用户市场及目标客户

市场和目标客户取决于以石墨烯为基础的产品，如透明导电薄膜、显示屏、复合材料、涂料、电池、生物医学、超级电容器、黏合剂、过滤器、催化剂、纺织品、传感器等。在此会列举一些可能即将开始生产以石墨烯为基础的产品的公司。

（1）汽车工业

自动化工业需要催化剂、温控材料、自洁涂料以及保护和耐磨涂料。据此，目标客户是陶氏化学和杜邦公司。目前正努力生产价格更低廉、强度更高的石墨烯纸。石墨烯纸是通过热处理合成得来的，并且具备极高的抗弯刚度和好的力学性能。石墨烯纸比钢轻4/5~5/6，但硬度比钢要高出 2 倍，拉伸强度高出 10 倍，抗弯刚度则是钢材的 13 倍。该石墨烯纸也同样能用于航空工业。因为其重量更轻，所以更省油。

（2）电子工业

三星、IBM、诺基亚等企业将会是透明导体、热管理材料、显示屏以及印制电子产品的目标客户。

（3）航空航天工业

航空航天工业对结构监测材料、阻燃材料、导电和防结冰涂料等已显示出强烈兴趣。同样，杜邦和 BASF 公司是该领域的优质目标客户。

目前，所有航空航天工业的目标公司将减轻飞机重量，由此制造出能节省耗油量的飞机。此外，材料除要保持其坚固性和防裂性外，还需要能承受较大的温差（-50℃ ~50℃）。为实现该目标，Polygraph 已对用于复合材料、涂料和黏合剂的石墨烯增强热固性聚合物进行规模化生产，而石墨烯增强热固性聚合物则满足了这些要求。使用环氧树脂黏合剂将有利于要求更高耐热性的航空发动机零件。这种先进涂料预计将降低成本。

4. 能源业

能源业已逐渐成为购买以石墨烯为基础的材料的大客户，用于生产蓄能器、太阳能电池以及过滤器。在此，客户名单包括巴斯夫股份公司（BASF）、拜耳公司（Bayer）和陶氏化学公司（Dow Chcmiceal）。

财团，包括来自七个欧洲国家的成员，将其重点放在以石墨烯为基础的储能材料的商业化上。该财团包括八家企业以及六所大学和研究所。

石墨烯电池和电极已显示出许多先进之处。西北大学的研究人员已于 2011 年合成了一种石墨烯电极，它将锂电池的蓄电量增加了 10 倍，充电快 10 倍且更持久。电池阳极由石墨烯片组成，在上面打上许多 φ10~φ20nm 的小孔，且在两个石墨烯片中间会引入硅簇。在石墨烯片上打小孔的优点在于锂离子无须在每个石墨烯层的外部边缘进行传送，而是在石墨烯上已打好的小孔中直接传送。Vor-beck Material 开发生产了石墨烯锂电池。2013 年，总部位于密歇根州的 XG Sei-ences 公司已开发出一种用石墨烯做阳极的锂电池，这比传统电池的蓄电量高四倍。该公司得到了来自美国能源部的财政支持。

石墨烯超级电容器公司发现石墨烯是一种最有希望实现高性能超级电容器的材料，因为以石墨烯为基础的超级电容器显示出高稳定性，并提升双层电容器的电学性能，以及在高电流密度下保持快速充放电和高能量密度，这一点归功于增强了离子电解质与深层区域的接触性。最近一项突破是加利福尼亚大学洛杉矶分校的研究人员开发出了微型石墨烯超级电容器。他们将硅簇插入石墨烯片的每层之间。不言而喻，电子设备的小型化是目前的大势所趋。此外，将硅簇插入石墨烯片的每层之间还有另一个优点。纯石墨烯只可携带 1 个锂原子 /6 个碳原子，而每个硅原子可支承 4 个锂原子。因此，电池阳极的蓄能量更大，可以储存 30000mA · h 而非 3000mA · h 的电量。已证明它的充电时间也有所增强，15min 即可充满电而非 2h。然而，目前尚无使用石墨烯的超级电容器投入市场。

莱斯大学的研究人员正努力生产 3D 超级电容器。在激光诱导石墨烯加工过程中，一束由计算机控制的激光烧蚀一种聚合物以生产出一种适用于电子产品或蓄能器的柔性、定型多层石墨烯片。通过在每个聚合物片的两面用镭射光烧蚀石墨烯，他们已制造出了超级电容器。该部分同中间的固态电解质进行堆加以获得一个多层构造的微型超级电容器。他们准备将其尺寸放大，用于商业领域。因为他们发现与锂离子电池相比，同样尺寸的 LIG 超级电容器有 3 倍的动力性能（能量流动速度）。此外，LIG 超级电容器是柔性的，且能在常温下的户外制成而不需要特殊的环境。LIG 超级电容器必定能用于多种柔性电子产品。

另一项则是加拿大公司 Lomiko Metals 和 Graphene ESD 之间的合作。这两家公司共同努力开发成本低廉的以石墨烯为基础的超级电容器。这种电容器能承受很高的放电电流并且可作为电子产品、电动车和电力网的万能储能电容器。

石墨烯在能源业的另一项应用是改进版风力发电机。与使用碳纳米管材料相比（由伦斯勒理工学院提出）将石墨烯以该复合材料重量的 0.1% 的比例添加至环氧复合材料中能大大增加其强度。因此，现今这些复合材料因其超轻、超强性能而用于风车叶片上。据估计，将石墨烯应用于风力发电机技术中对于海上风力发电机而言可有效控制住成本。

5. 石墨烯太阳能电池

因石墨烯具有高导电性、透明、薄并且涂在硅薄膜上性能保持不变的特性，亥姆霍兹中心硅太阳能发电研究所（HZB Institute for Silicon Photovoltaics）认为它是可用于太阳能电池的材料，相关新闻稿如下：

鉴于此，他们在一片铜薄片上制备石墨烯，然后将其转移至一块玻璃基板上，最后将其涂在一块硅薄膜上。他们检测了两个通常用于传统硅薄膜技术的不同版本：一个样品中包含非晶形硅层，即硅原子处于无序状态，与坚硬的熔化玻璃类似；而另一个样品中则包含多晶硅以帮助他们观察结晶工艺对石墨烯特性的影响。

即使顶层形态因为被加热至几百摄氏度的高温而完全改变，依然能检测出石墨烯。

位于卡斯特利翁省的西班牙海梅一世大学（Spain’s Universiat Jaume 1）和牛津大学

（Oxford University）的一组研究人员一直致力于光伏和光电设备的研究。2014年，他们对外报告称制造出了有效转化率达15.6%的石墨烯太阳能电池，而且预计将很快投入量产。该太阳能电池将二氧化钛和石墨烯相结合，当作电荷收集器。接着他们使用钙钛矿作为太阳光吸收器。此外，他们还是在低温条件下（150℃）用溶剂进行沉积来制造的，这也降低了生产成本。

荷兰DSmA · head公司与埃因霍芬理工大学合作，对商业化石墨烯太阳能电池十分感兴趣，并准备投入生产。

研究人员表示他们是第一批研究这些材料中电荷在垂直方向上传输性能的，垂直方向是太阳能电池的有机光伏器件或发光二极管充电电荷行进的方向。但是该团队也有一些意料之外的发现——在石墨烯上沉积50nm厚的聚合物薄层的导电性能是沉积10nm厚的聚合物的50倍。该团队断定通过更好地控制半导体薄膜的厚度和晶体化结构，设计效率更高的以石墨烯为基础的有机电子设备是可能的，并且最有可能从该研究工作收益的领域是下一代光伏装置和柔性电子器件。

6. 制造业

目前制造业研究多种应用和使用石墨烯的方法。预计，他们将成为合成石墨烯和以石墨烯为基础的产品的需求大户，如油墨、抗菌防臭纤维、催化剂、防护涂层、体育用品及过滤器。目前表示出兴趣的是2M公司和杜邦公司。

制造业需要专门合成石墨烯的设备，并且已着手生产。2M Strumenti公司致力于将Moorfield公司生产的纳米化学气相沉积系统推向市场。设计该设备的目的是通过化学气相沉积工艺，实现快速且节约成本地生产石墨烯和碳纳米管。2M公司的另一项产品是2M LAB-CVD，这是一种管式沉积系统。采用这样的配置是因为石墨烯基板的尺寸可从1in提高至6in和8in。它可以支持气体面板和数字质量流量控制器。气体面板可为母液配置一个创新的蒸发冷却系统以保证气体的稳定流动。AIXTRON-Nanoimstruments公司生产的PECVD，是一个名为Aix-tron-“Black Magic”的等离子增强化学气相沉积设备，运用等离子技术来合成石墨烯。

以石墨烯为基础的导电油墨在直接喷墨打印柔性导电图形方面找到其市场。该导电油墨是通过在甲基吡咯烷酮中对石墨进行液相剥离生产出来的。它用于打印薄膜晶体管。VorbeckMaterials公司致力于将该导电油墨商业化。

石墨烯3D实验室分拆自石墨烯实验室。它与Lomiko Metals拥有一家合资企业。石墨烯3D实验室拥有积极的研发部门和试验工场，并且很快会将一种以石墨烯为基础的3D打印材料公之于众。线材石墨烯不仅能导电，而且比未经过特殊处理的线材更耐用。以石墨烯为基础的3D打印材料可用于当前的3D打印机。石墨烯3D实验室也将尝试开发具有磁性的线材。石墨烯3D实验室的创始人和首席运营官伊莲娜 · 波利科娃（Elena Polyakova）博士表示，“在高端电子产品市场，生产商可通过使用导电的以石墨烯为基础的3D打印材料来实现一步打印最终产品。他们不仅可以打印出机械结构，而且按下按钮就可以将电路布置和散热结构同时打印出来。”

石墨烯3D实验室最近推出了3D打印的石墨烯电池雏形，由添加了聚合物的石墨烯纳米微板组成。这种电池得到的电池产能效率已经可以与一般的AA电池相提并论。为制造出该款电池，石墨烯3D实验室已经同纽约州立大学石溪分校进行合作并且与美国的ZeGo Robotics公司签订了合同，在开发3D打印机锥形时，使用该公司的导电石墨烯线材和其他功能增强型复合材料。

青岛尤尼科技有限公司是一家中国企业，该公司已准备使用这种由玻璃纤维石墨烯组成的材料进行实际打印。他们在中国的商展期间已展出了一台12m ×12m用于打印建筑物的巨大3D打印机。据说，打印材料是一种玻璃纤维石墨烯复合材料，可以用于打印十分坚固的物体。该公司将挑战打印直径7m、高8m的北京天坛的复制品。

石墨烯技术公司与斯川塔斯公司合作，也计划开发石墨烯增强型3D打印材料。石墨烯技术公司是一家加拿大公司，拥有从二氧化碳中以环保的方式来合成石墨烯的专利权，而斯川塔斯公司则是一家市值超过50亿美元的3D打印公司。以美双边产业研发基金将协同资助该研发成果。

体育用品企业对生产既坚固又轻便的设备感兴趣并已开始关注石墨烯的应用。网球明星诺瓦克·德约科维奇（NovakDjokovic）使用了由石墨烯制成的网球拍。该球拍由奥地利体育用品制造公司海德（HEAD）制造。海德与中国台湾工业技术研究所合作开发了这款球拍。该项目得到了奥地利政府的资金支持。

塞威科技（Zyvex Technologies）是全球首家分子纳米技术公司，与埃维复合材料（ENVE Composites）公司进行合作，开发了碳纳米管和石墨烯工程复合材料。该公司是第一家生产出由纳米纤维构成自行车钢圈的公司。这种钢圈是为落山越野单车特别设计的。碳纳米管和石墨烯复合材料能提供超强韧性以防断裂损伤。

总部位于英国南威尔士的Haydale公司也开发了一个项目，即使用石墨烯增强材料来制造强度更高、重量更轻的赛艇。这个项目是与阿雷克斯·汤姆森（Alex Thomson）赛艇队进行合作的。海戴尔（Haydale）公司最新收购的子公司——EPI复合材料（EPI Composite Solutions）公司为最终达成该目标正致力于开发石墨烯增强材料。

石墨烯的商业化：

产品的商业化同对该产品应用的需求是密切相关的。除非这两者共存，否则不仅达不到预期的经济效益，而且企业家们对该产品的商业化也会失去兴趣。幸运的是，石墨烯行业兼具了这两方面并且受到了同等重视。因此，石墨烯科学界见证了一些突破。然而，这两方面都出了一些起步问题。在此也列举出了其中一些。

虽然石墨烯和以石墨烯为基础的产品有需求、有机会、有市场，但是在还未能大规模量产出有理想质量石墨烯的情况下（如石墨烯层、带隙或电子和光学性能），大部分应用都只能停留在实验阶段。虽然有很多人努力使这些石墨烯应用商业化，但即使有需求，仍有一些重要的石墨烯发明还未成功实现商业化。以石墨烯为基础的全息光盘、石墨烯光电探测器、可用作DNA感测器的石墨烯晶体管及石墨烯-铜复合材料。

为满足这两方面的要求，有必要进行合作研究，利用设备集成进行大面积的石墨烯生产。为实现石墨烯的商业化，须知下列内容：

1. 这些应用的时间轴和路线图是什么？根据其供应链和产品开发情况，认真规划路线。

2. 材料性能可转化为设备性能吗？验证石墨烯性能以鉴定应用的可行性是很重要的标准。

3. 材料的成本是多少？如何降低成本？该材料的需求量有多少？

4. 质量和数量达到多少才能面世？必须解决产品的质量问题以确保商业化生产所需的必要步骤。

5. 产品可实现增产吗？要实现增产，要求对工艺和进行大规模生产所需步骤进行评估。

6. 产品能实现经济效益吗？在对石墨烯的现行成本和预计成本进行审查后，有必要进行成本推测以实现对投资可行性的综合评估。

石墨烯商业化所面临的一项挑战是，用不同方法制造的石墨烯，其性能会有所变化，如微晶尺寸、样品尺寸、电荷载子迁移率、制造层数可确定石墨烯的重复性等。

1. 制造理想的带隙

实现石墨烯商业化的最大挑战是生产出的石墨烯有理想的带隙。众所周知，石墨烯具有高电导率，其电导率对许多电子应用甚至过高并且没有带隙。石墨烯能以比其他任何材料快100倍的速度传导电子或空穴，这几乎接近光速。为克服带隙问题，将通过向其表面掺杂化学成分（如将sp2碳转变成sp3结构）或制造纳米带的方法在石墨烯中人工引入带隙。但这种复杂的方法增加了大规模生产的难度，因为在加工过程中难以重现。

另一项挑战则是在商业水平上制造出无缺陷石墨烯片。生产大量纯石墨烯（无缺陷石墨烯）的难度很高。许多企业为降低缺陷发生率，都集中生产大量小面积的石墨烯薄片。

2. 高生产成本

高生产成本也是阻碍石墨烯实现商业化的一个重大因素。生长在铜箔上的50cm×50cm单层石墨烯薄膜的现行成本为263美元，生长在聚对苯二甲酸乙二醇酯上的为819美元。与此同时，由XGSciences出售的5~8nm厚的石墨烯纳米微板的价格为219~229美元/kg。

然而，其中一项以石墨烯为基础的应用，如水淡化设备，运行费用却要比传统的水淡化设备便宜15%~20%。其原因在于，该设备使用低压，意味着耗费的能源更少但产能更强。但有一点需注意，在为该系统设计石墨烯单层薄膜以及其耐用性方面，会产生一些基本问题。

3. 石墨烯及其相关产业经济

目前，各大企业和政府对石墨烯能改变经济的能力深信不疑。怀着此信念，欧盟于2013年宣布石墨烯技术是价值10亿欧元的王牌技术，这暗示着整个欧洲大陆将一同努力推动这种具有革命性质的材料走向大众市场应用。石墨烯的研究和开发有了这样的财政支持，以石墨烯为基础的技术和相关业务得到了前所未有的机会。然而，问题是：石墨烯真的会不负众望吗？就目前而言，制造石墨烯的成本依旧高昂。在线商城 Graphene Supermarket 出售纯石墨烯的价格为 40000 美元 /kg。

既然要考虑预估的市场收益，不同机构做的预测也有所差异。

巴斯夫公司（BASF）的基蒂 · 查（Kitty Cha）女士表示，石墨烯的商业化将从复合材料和电子油墨开始。因为对于这些应用，石墨烯可从石墨薄片中提取，从而大大简化其规模生产。但是在此，有必要打支预防针即从哪些渠道可获取到石墨？是从全球任意地点还是只能依靠一些固定区域？一旦石墨的获取来源商业化，其地理位置便成了控制石墨烯价格的重要因素。许多科学家认为，以石墨烯薄膜为基础的技术产品，如显示屏、光伏电池、蓄电池或超级电容器将很快涌现于市场。Graphenea 公司的科技总监阿玛伊娅 · 苏鲁图（Amaia Zuru-tuza）举例说明了石墨烯对于能源业的可能性。而该公司是一家涉及石墨烯领域最前沿技术的公司，正致力于蓄电池和光捕捉技术的研究工作。

4. 石墨烯及其前景

谁能想象，石墨烯这个最初从铅笔尖上分离出的神奇材料将会成为主导未来的材料。这难道是由于它的透明性、轻便性、柔性、坚固性以及超薄性（厚度仅为一层原子）和许多其他独特的特性，如特殊的电荷迁移性能、热性能、光学性能以及力学性能，从而激发了整个科学界的研究人员说服全球企业家开始想象石墨烯有能力主导未来技术吗？答案只有一个：是的。人们相信在不久的将来，石墨烯有能力取代硅和铟锡氧化物，因为它拥有所有的积极特征，正如过去的稀有合金和塑料对当今生活的革命性改变一样。

折叠式手机触摸屏、药剂载具、防护涂料、食品包装、风力发电机，以及更加快速的计算机芯片和宽带、超高容量的电池和直接嵌入彩色显示屏的透明高效的太阳能电池板，这些离石墨烯掀起的技术革命仅一步之遥，并且离成为现实也近在咫尺。

此外，与其他一个入射光子产生一个电子的材料不同，石墨烯中的一个入射光子会使许多电子受激从而产生大量的电子信号 [弗兰克 · 科芬斯（FrankKoppens）]，由此石墨烯可产生电流。石墨烯的这种特性使许多未来应用成为可能，如使锂离子电池的电量更加持久。石墨烯完美的结晶性和高导电性对电子产品和电气设备适用度极高，如二极管和晶体管。

1. 柔性电子屏幕

最有希望从幻想成为现实的应用是可用于手机等装置的柔性电子屏幕。因其电子化学稳定性能以及柔性和透明的特点，石墨烯是最适合制造共轭聚合物发光电池（LEC）的材料。该技术已获得了初步成功并很快能面向市场。电子巨头三星是众多对该技术感兴趣的公司之一。苹果公司也期望能分得一杯羹，但其速度似乎落后于三星。与仅拥有两项专利的苹果相比，三星拥有 38 项与石墨烯相关的专利技术。在这之前，苹果已经通过使用铟锡氧化物来制造第一款触屏手机。巴斯夫（BASF）公司与新加坡国立大学合作，共同开发了石墨烯在有机电子器件中的应用，如有机发光二极管装置（OLED）和有机光伏电池（OPV）。

2. 具备超高机械强度的石墨烯复合材料

另一项可能的未来应用是制造具备超高机械强度的石墨烯复合材料，用于建筑物、汽车、轮船、渔船、飞机、宇宙飞船及机器人等。如此一来，表示石墨烯将改变我们生活方式的说辞便不足为怪了。

在此，还需指出，世界网球冠军玛利亚 · 莎拉波娃（Maria Sharapova）以及世界第一的男网球选手诺瓦克，德约科维奇（Novak Djokovie）使用了由石墨烯制成的网球拍。这种球拍既坚固又轻便，因为有专利权的限制，还无法获取其生产细节。但令人欣慰的是，在市面上出现由石墨烯制成的板球拍和曲棍球球拍的一天将很快来临。

3. 石墨烯替代 SD 闪存卡

人们也期望石墨烯能替代 SD 闪存卡以及接收无线电信号的金属天线。

4. 新一代扬声器

另一项未来应用似乎可替代传统的、通过与空气产生共振而发出声音的扬声器。人们发现通过加热处理，石墨烯也能实现相同的功能。因其超薄的特性，石墨烯几乎无须电流便可进行加热，且能迅速降温。所以通过石墨烯片，声频电流便可轻易地产生声波，从而生产出高保真音频扬声器。石智元（Ji Won Suk）在得克萨斯州大学正在开发一种“热线式受话器”，将透明扬声器置于整个屏幕。

5. 更快的计算机芯片和宽带

生产电子器件的企业目前正朝着无限缩小其产品尺寸的方向努力。他们致力于把更多的器件放在宽度小于 1mm 的芯片上。而石墨烯的结晶完整性以及高于硅片的导电性正显示出可在分子水平上生产二极管和晶体管等电子设备的潜力。

IBM 公司已宣告其生产出了晶圆级的石墨烯电路。该电路是一种利用石墨烯中的高速电子实现功能的宽带射频混合器（电视机、手机和收音机的必备器件）。石墨烯的该种特性有望应用于高频手机传送中，即应用在接收器以及为基站发送信号中。IBM 公司生产的石墨烯器件早已超过了目前手机使用的频率。这一结果有望拓宽手机使用的无线电频谱，增强手机连接信号。

隐患：每一步都可能出现错误。但是，我们必须记住一点，最初我们尝试将硅用于电子器件的生产时虽然困难重重，但是最后也成功完成生产。与硅相比，开发石墨烯的速度可能更快。

石墨烯的重要性从众多环保人士开始关注石墨烯以及基于石墨烯的材料在未来影响力中可见一斑。加利福尼亚大学的研究人员提出了石墨烯被释放于环境后将产生何种后果的假设。它会是未来的一种污染源吗？产生此种疑问的原因在于石墨烯氧化纳米微粒可快速传播至晶圆表面，而假如它又通过某种途径流入江、湖、海中，便可对动植物乃至人类造成某种伤害。无论何时，一项全新的科学蓬勃发展起来，势必会提出环境方面的考量。因此，在这些方面的研究以及规定也需引起重视。在研究石墨烯的同时还需考虑环境因素。

6. 超强防弹衣

马萨诸塞大学（University of Massachusett）的研究人员表示，当子弹击中石墨烯后，石墨烯会在子弹撞击点伸长变形成圆锥状，吸收大量的子弹动能。研究人员表示，虽然有裂缝形成，但石墨烯制成的防弹背心对子弹冲击力的吸收能力是凯夫拉防弹衣的两倍多，并且承受动能的能力比钢材高 10 倍。他们尝试通过使用多层石墨烯或制造一个复合材料结构来解决裂缝问题。由于石墨烯薄且拥有超高的机械强度，所以它是最适合制造防弹背心的材料。

7. 石墨烯无人机

大疆创新科技有限公司（DJI）是一家中国国际化公司。该公司正在开发一种多旋翼飞行器形式的石墨烯无人机，将石墨烯用于机身、机翼以及支撑架。该无人机重量轻、刚性大、电池容量大，能实现较快加载且寿命长。然而，由于石墨烯电池还未实现商业化应用，石墨烯无人机还将推迟上市。

如今石墨烯技术已然成为一种“黑科技”，比如利用石墨烯聚合材料生产出来的汽车电池，只充电几分钟，就可以让汽车续航 1000 千米。这种技术在西班牙、韩国等国家，都接近于实现突破。但这仅仅是石墨烯的神奇应用之一。石墨烯材料还有望引发触摸屏和显示器产品的革命，制造出可折叠、可伸缩的显示器件；有望被用于制造超轻型飞机材料、超坚韧的防弹衣等。石墨烯还可以做到智能包装，包装袋上即时标注食品保质状况，让人真正体会到便捷、安全和实用。另外，它还将推动海水淡化等技术的发展。

石墨烯不仅是世界上最强、最坚硬、最薄的物质，还是已知的电阻率最小、导热系数最高的物质，因此也是最理想的电极和半导体材料，被认为可以引发现代电子科技和信息技术的革命。石墨烯比钻石还坚硬，以至于科学家想用它制造梦寐以求的“太空电梯”——超韧缆线。

“后石油时代”是新能源、可再生能源快速成长和发展的时期，也是石油替代产品的培育、成长和发育的时期。而石墨烯作为 21 世纪最具创新价值的超级新材料，无疑是替代能源领域的首选材料，在航空航天、太阳能电池、纳米电子学、高性能纳电子器件、生物医疗、复合材料、场发射材料、气体传感器及能量存储等专业科学领域都具有广泛的应用前景，即将掀起一场席卷全球的新产业革命。

目前，石墨烯的相关研究日益受到产油大国的高度重视，甚至上升到了国家政策的高度。早在 2015 年 11 月 22 日，阿联酋总统哈利法就宣布了“国家科学技术和创新最高政策”，表示阿联酋将投入 3000 亿迪拉姆（约合 820 亿美元）支持知识经济和创新发展，为迎接“后石油时代”做好准备。据悉，该计划将包含 100 项动议，投资领域主要包括教育、健康、能源、交通、太空和水资源，除此之外，还包括机器人、太阳能、知识产权保护、干细胞研究及生物科技。阿联酋副总统兼总理、迪拜酋长穆罕默德则表示，出台上述政策和资金支持计划是阿联酋国家经济形态转型的重要战略决策，新的经济形态下阿联酋将逐渐脱离对石油资源的依赖。

一个新时代的开始，往往意味着一个旧时代的结束。150 多年来，石油改变了世界，创造了人类新的文明，促进了社会的发展。但石墨烯新材料的问世和迅猛发展，尤其在替代能源领域的应用前景上，被全球经济产业界看好。如今，越来越多的业内人士表示，石油产量不可能始终满足人类不断增长的需求，种种迹象显示，世界的石油产量正在接近高峰，世界正在走向后石油时代。21 世纪初石墨烯的横空出世，加快了后石油时代的到来。依赖石油资源发展产业经济已不可持续，这已经成为产油国的共识。

石油作为一种传统资源存在诸多内生的劣势，新的替代品需要有预见性地发现与开发。比如石墨烯新能源技术的进步，终结了石油的黄金时代。这些对于产油国来说是巨大的利空。石油这种“黑金子”将被石墨烯这种新的“黑金子”所取代。石油国家的政治地位和收入将急剧下降，他们在过去数十年积累起来的数万亿美元的储备资产，将如烈日下的冰山一样开始融化，逐步消失。从迪拜到利雅得，从阿布扎比到莫斯科，那些源自石油的权力、财富、荣光和傲慢，将逐步变得斑驳陆离，最终成为梦幻泡影。

我国石墨烯近期主要应用于复合材料、导电导热涂层、超级电容器、锂离子电池等，未来进一步的发展可能是柔性显示、太阳能、高性能芯片方面。从技术环境来看，石墨烯已经过了炒作的最热时期，很多公司已经将注意力从石墨烯的制备转移到终端应用，产业爆发点已经形成。

从政策环境来说，国家经济处在重要的战略转型期，要实现可持续发展，传统材料面临迭代升级，这也为石墨烯的产业化发展提供了一个机遇。目前，我国石墨烯企业超过百家，并在常州、无锡、青岛、深圳等地形成产业集群，逐渐成为全球石墨烯发展的中心。其他国家也愿意与我国开展合作，如英国国家石墨烯研究院与我国华为公司的合作就是很好的见证。分部下一步将协助中国国际石墨烯资源产业联盟深入推进中阿两国石墨烯制备技术与产业化应用的合作。

中国国际石墨烯资源产业联盟除了成立阿布扎比分部，还在全球一些重点城市设立了近 20 个分支机构，以推进国际石墨烯产业合作。目前，虽然中国处于石墨烯技术原创国首位，专利受理数量大幅领先于其他国家，但存在量产难、推广成本高、上游强下游弱的不争事实。过去受限于技术不成熟、市场不成熟、生产线能力不足等因素，石墨烯成本昂贵，曾一度高于黄金价钱的几十倍，导致无法量产。

石墨烯最有潜力的应用是作为硅的替代品，制造超微型晶体管。石墨烯的电阻率极低，被期待可用来发展成新一代电子元件。石墨烯也被认为是良好的导体，适合用来制造透明触控屏幕、发光板、太阳能电池板等产品。石墨烯产业的发展与宏观经济发展形势密切相关。GDP 高位运行，说明有良好的经济环境，企业有更强的创新活力。经济的发展使市场对该类产品产生更大的需求，并且推动石墨烯技术实现突破，有力拉动产业的快速发展。

目前国内的石墨烯企业多为处于创业成长期的中小企业，虽然企业数量初具规模，但龙头企业数量不多，规模也相对较小，较难带动整体产业链的发展和完善。

具体来看，我国从事石墨烯产业化方向的企业还较少，而石墨烯粉体由于下游应用较为广泛分散，多数公司从自己主业出发，研究石墨烯粉体，用作主业产品的添加剂和助剂，多家上市公司有所涉及。

除了“烯王”移动充电电源的上市，东旭光电还推出了一款由东旭光电控股子公司上海碳源汇谷与伟芝延电子科技（上海）有限公司共同打造的石墨烯基锂离子电池动力滑板车。该款新型滑板车是全球首款快充型休闲娱乐类终端应用产品，充电时间仅需 12 分钟，较其之前所用电池，充电时间大幅缩短，极大地提升了用户体验。东旭光电消费级产品的出现，是石墨烯产业化应用的一次极具意义的试水。

从石墨烯相关企业聚集区域分布看，国内直接从事石墨烯生产、销售和应用开发的企业主要集中在东部地区，其中江苏省是石墨烯企业聚集程度最高的省份，目前仅常州一个市便拥有石墨烯原料制备及应用领域规模以上工业企业 33 家、高新技术企业 16 家，成为石墨烯产业发展的主要力量。

结 语

石墨烯是一种单原子层二维碳纳米材料，层内碳原子之间以共价键相连，呈现蜂窝状晶格结构。长期以来，人们一直认为单原子层的二维材料是不稳定的，所以不可能在自然界中获得。直到 2004 年 Novoselov 等人用一种非常简单的胶带剥离法将石墨剥离成单层的石墨烯，从此开启了石墨烯等二维纳米材料的新时代。

石墨烯从被人们发现到现在十几年的时间里，因其独特的力学、光学和电学等物理化学性能吸引着世界众多科学家的目光。正是由于石墨烯在材料领域的迅速兴起，一些在结构上与其相似的二维纳米材料（如氮化硼、二硫化钼和黑磷等）也得到蓬勃发展，整个二维纳米材料大家族引起了全世界科学家的关注。目前，虽然有关石墨烯制备方法的报道很多，但是由于各种制备方法的局限性限制了石墨烯的应用研究和工业化发展，如何找到一种低成本大规模生产高质量石墨烯的方法仍然是当前石墨烯研究的重点。另外，加速石墨烯的功能化以及复合材料的研究也可以扩宽它的应用领域。随着研究的不断深入，石墨烯及其复合材料在新能源材料、生物医学净水、纳米电子器件等领域将具有广阔的应用前景。

参考文献

[1] 邹婷婷 . 氧化石墨烯的飞秒激光微结构制备与应用 [D]. 中国科学院大学 (中国科学院长春光学精密机械与物理研究所),2021.

[2] 谢晓旭 , 王彦 , 诸静 , 于俊荣 , 胡祖明 . 基于夹心结构的碳纳米管 / 石墨烯复合柔性导电纤维的制备及其应用 [J]. 现代化工 ,2020,40(10):188-192.

[3] 翟倩楠 , 冯树波 . 氧化石墨烯的制备、结构控制与应用 [J]. 化工进展 ,2020,39(10):4061-4072.

[4] 黄哲观 . 基于喷墨 3D 打印的石墨烯复合材料的研究 [D]. 中国科学技术大学 ,2020.

[5] 覃蜀迪 . 功能化细菌纤维素纳米复合材料的制备及性能 [D]. 陕西科技大学 ,2020.

[6]Zhou Yang,Duan Chenguang,Huang Zongyu,Ma Qian,Liao Gengcheng,Liu Fei,Qi Xiang.Stable flexible photodetector based on FePS/reduced graphene oxide heterostructure with significant enhancement in photoelectrochemical performance[J].Nanotechnology,2021,32(48).

[7] 吉希希 . 三维结构石墨烯及其复合材料的制备与电化学和吸波应用 [D]. 哈尔滨工业大学 ,2020.

[8] 唐文晶 . 电化学法制备石墨烯基油水分离膜及应用研究 [D]. 长春工业大学 ,2020.

[9] 薛晗 . 碳纳米管和石墨烯无氢化学气相沉积制备的研究 [D]. 山东科技大学 ,2020.

[10] 贾宇飞 , 陈文骏 , 叶辰 , 杨荣亮 , 杨蕾蕾 , 张子安 , 胡清梅 , 梁秉豪 , 杨柏儒 , 汤子康 , 林正得 , 桂许春 . 基于马兰戈尼效应制备具有周期性褶皱结构的石墨烯薄膜及其在高灵敏应变探测中的应用 (英文)[J].Science China Materials,2020,63(10):1983-1992.

[11]Shimomura Kenta,Imai Kaname,Nakagawa Kenta,Kawai Akira,Hashimoto Kazuki,Ideguchi Takuro,Maki Hideyuki.Graphene photodetectors with asymmetric device structures on silicon chips[J].Carbon Trends,2021,5.

[12] 林建达 . 石墨烯三维结构的制备与调控及其在锂离子电池中的应用 [D]. 广东工业大学 ,2020.

[13] 王鹏欢 . 基于二维纳米材料原位自组装的硅橡胶泡沫复合材料制备、结构与性能调控研究 [D]. 杭州师范大学 ,2020.

[14]LauermannováAnna-Marie,LojkaMichal,JankovskýOndej,FaltysováIvana,SedmidubskýDavid,PavlíkováMilena,Pivák Adam,ZáleskáMartina,MarušiakŠimon,Pavlík Zbyšek.The influence of graphene specific surface on material properties of MOC-based composites for

construction use[J].Journal of Building Engineering,2021,43.

[15] 张卿 . 碳量子点制备及应用研究 [D]. 上海交通大学 ,2020.

[16] 席壮壮 . 氧化石墨烯 / 水滑石复合材料的制备、表征及应用研究 [D]. 华南理工大学 ,2020.

[17] 杨松潭 .ABS 基体表面高导电铜 - 石墨烯复合镀层的制备及其性能研究 [D]. 华南理工大学 ,2020.

[18]Jayawardena Savidya,Kubono Atsushi,Rajapakse R.M.G.,Shimomura Masaru.Effect of titanium precursors used in the preparation of graphene oxide/TiO2 composite for gas sensing utilizing quartz crystal microbalance[J].Nano-Structures&Nano-Objects,2021,28.

[19] 杨成明 . 多层石墨烯表面制备片层氢氧化物及其储能应用研究 [D]. 杭州电子科技大学 ,2020.

[20] 胡浩岩 . 降解胶原 / 氧化石墨烯复合材料的制备、结构及性能和应用 [D]. 陕西科技大学 ,2020.

[21] 王娟 . 石墨烯复合纳米纤维神经支架的构建及其在周围神经再生中的应用 [D]. 东华大学 ,2020.

[22] 李朝利 . 石墨烯 / 银 / 棉织物导电复合材料的制备、表征及应用 [D]. 浙江理工大学 ,2020.

[23] 丁玉洁 . 石墨烯纳米带及其复合材料的制备与性能研究 [D]. 哈尔滨工业大学 ,2019.

[24] 王永高，王继华译 ;[奥地利]Viera Skakxlova,[新西兰]Alan B.Kai ser. 石墨深加工技术与石墨烯材料系列石墨烯的性能、制备、表征及器件 [M]. 哈尔滨 : 哈尔滨工业大学出版社 .2019.

[25] 陈松波 . 石墨烯基超级电容器电极材料的制备与性能 [D]. 兰州大学 ,2019.

[26] 刘青青 . 类石墨烯量子点的制备及其荧光性能研究 [D]. 太原理工大学 ,2019.

[27] 金开 . 石墨烯 / 导电聚合物复合材料的制备及其储能性能研究 [D]. 东南大学 ,2019.

[28]Yu Yangjinghua,Sun Runjun,Wang Zhong,Yao Mu,Wang Guohe.Self-supported Graphene Oxide/Sodium Alginate/1,2-Propanediamine composite membrane and its Pb2+adsorption capability[J].Journal of Environmental Chemical Engineering,2021,9(5).

[29] 高学凯 . 聚苯胺 / 石墨烯 / 聚氨酯水性防静电涂料的制备研究 [D]. 齐鲁工业大学 ,2019.

[30] 和玉 . 功能石墨烯环氧复合防腐涂料的制备及性能研究 [D]. 陕西科技大学 ,2019.

[31] 王玲 . 石墨烯 /Au 复合材料的制备及 SERS 应用 [D]. 上海工程技术大学 ,2018.

[32] 祖立武 , 王旭 , 王雅珍 , 王宇威 , 徐双平 , 贾伟男 . 层状结构氧化石墨烯 / 聚丙烯接枝磺化苯乙烯 / 聚苯胺复合抗静电剂的制备及应用 [J]. 化工进展 ,2018,37(11):4370-4377.

[33] 桑蕾 . 氧化石墨烯改性水性聚氨酯膜的制备、结构调控及应用 [D]. 合肥工业大学 ,2018.

[34]Liu Guanjun,Yang Fan,Bai Yujiao,Han Chuang,Liu Wenbo,Guo Xingkui,Wang Peipei,Wang Rongguo.Enhancement of bonding strength between polyethylene/graphene flakes composites and stainless steel and its application in type IV storage tanks[J].Journal of Energy Storage,2021,42.

[35] 周金浩 . 掺杂石墨烯的可控制备及性能研究 [D]. 电子科技大学 ,2018.

[36] 李东新 . 漆酚、石墨烯改性阴极聚氨酯电泳树脂的制备及性能 [D]. 青岛科技大学 ,2018.

[37] 任军 . 新型二维材料的制备、结构表征、光学性质研究及应用 [D]. 北京工业大学 ,2018.

[38] 陈小霞 . 三维结构石墨烯复合材料化学修饰电极的制备及应用 [D]. 延安大学 ,2018.

[39] 付长璟编著 . 石墨烯的制备、结构及应用 [M] 哈尔滨 : 哈尔滨工业大学出版社 2017.

[40] 郑瑞伦，夏继宏，杨文耀著 ; 杨邦朝主审 . 石墨烯材料热学和电学性能研究 : 从非简谐效应视角 [M]. 成都 : 西南交通大学出版社 2019.